先导化合物发现与新药研发

高炳淼　孔杜林　王烁今　主编

版权所有　翻印必究

图书在版编目（CIP）数据

先导化合物发现与新药研发／高炳淼，孔杜林，王烁今主编． -- 广州：中山大学出版社，2025．7．
ISBN 978 - 7 - 306 - 08450 - 7

Ⅰ．TQ463

中国国家版本馆 CIP 数据核字第 20258LB186 号

出 版 人：王天琪
策划编辑：吕肖剑
责任编辑：吕肖剑
封面设计：林绵华
责任校对：周明恩
责任技编：靳晓虹
出版发行：中山大学出版社
电　　话：编辑部 020 - 84110283，84113349，84111997，84110779，84110776
　　　　　发行部 020 - 84111998，84111981，84111160
地　　址：广州市新港西路 135 号
邮　　编：510275　　传　　真：020 - 84036565
网　　址：http：//www.zsup.com.cn　E-mail：zdcbs@ mail.sysu.edu.cn
印 刷 者：广东虎彩云印刷有限公司
规　　格：787mm×1092mm　1/16　14.5 印张　272 千字
版次印次：2025 年 7 月第 1 版　2025 年 7 月第 1 次印刷
定　　价：68.00 元

如发现本书因印装质量影响阅读，请与出版社发行部联系调换

编 委 会

主　　编：高炳淼　孔杜林　王烁今
副 主 编：王雪松　徐俊裕　邱军强
编写人员：(按姓氏音序排序)
　　　　　陈　娇　符金星　高炳淼
　　　　　孔杜林　李　晨　邱军强
　　　　　宋　芸　王烁今　王雪松
　　　　　徐俊裕　张雪映　钟　霞
秘　　书：张雪映

目录

Contents

第一章　概述 …………………………………………………………………… 1
　第一节　先导化合物的发现 ………………………………………………… 3
　第二节　先导化合物的优化策略 …………………………………………… 26
　参考文献 ……………………………………………………………………… 48

第二章　中枢神经系统先导化合物的发现与新药研发 ……………………… 53
　第一节　阿片类镇痛药的发现与新药研发 ………………………………… 54
　第二节　抗抑郁药的发现与新药研发 ……………………………………… 66
　参考文献 ……………………………………………………………………… 76

第三章　心血管系统先导化合物的发现与新药研发 ………………………… 81
　第一节　"普利"类降血压药的发现与新药研发 …………………………… 82
　第二节　"洛尔"类降血压药的发现与新药研发 …………………………… 85
　第三节　"他汀"类降血脂药的发现与新药研发 …………………………… 88
　参考文献 ……………………………………………………………………… 93

第四章　化学治疗先导化合物的发现与新药研发 …………………………… 97
　第一节　抗流感病毒药的发现与新药研发 ………………………………… 98
　第二节　抗耐药菌抗生素的发现与新药研发 ……………………………… 117
　参考文献 ……………………………………………………………………… 131

第五章　消化系统药物先导化合物的发现与新药研发 ……………………… 137
　第一节　"替丁"类抗溃疡药的发现与新药研发 …………………………… 138

第二节 "拉唑"类抗溃疡药的发现与新药研发 …………… 146
参考文献 ……………………………………………………… 150

第六章 降血糖先导化合物的发现与新药研发 ………………… 155
第一节 胰岛素的发现与新药研发 ……………………………… 157
第二节 二肽基肽酶Ⅳ抑制剂先导化合物的发现与新药物研发 …… 166
第三节 钠-葡萄糖协同转运蛋白2抑制剂先导化合物的发现
　　　 与新药研发 ………………………………………… 177
参考文献 ……………………………………………………… 181

第七章 抗肿瘤先导化合物的发现与新药研发 ………………… 185
第一节 抗肿瘤植物来源先导化合物 …………………………… 186
第二节 新型分子靶向抗肿瘤药物 ……………………………… 208
参考文献 ……………………………………………………… 222

第一章 概述

新药研发是人类进步的重要标志之一，也是制药产业永恒不变的主题，更是医药企业生存和发展的基石。随着科技飞速进步和人们生活品质的提升，对药物的需求和期待也日益增长。作为发展中的大国，中国想要跻身世界医药强国行列，就必须在新药研发上加大投入，提升自主创新能力。

新药研发是一个耗时长、涉及内容复杂、耗费大、失败可能性大的过程，大致可以分为两个阶段，即新药发现阶段和新药开发阶段。在新药发现阶段，主要包括靶点的选择和确定、先导化合物的发现和先导化合物的优化。新药开发阶段是对候选药物进行开发，即按照规定要求进行较为系统的临床前研究和临床研究。临床前研究主要包括药学（原料药和制剂）研究、药效学研究、药代动力学研究和安全性（一般毒理、长期毒性、特殊毒性和生殖毒性）评价等；临床研究是在人体内进行的药物系统性研究，以确认新药的疗效和安全性。在完成Ⅰ、Ⅱ、Ⅲ期临床试验后，将研究资料整理后向所在国家的药物管理部门提出新药注册申请，还需要等待数月或数年，获批准后才可能上市。新药获得上市许可后须进行Ⅳ期临床试验以进一步确认新药的疗效和安全性，同时研究其长期副作用和药物滥用情况等。据统计，研制一种新药，从立项开始计算需12～24年，所需费用已上升至少到14亿美元。在活性化合物的合成和成药性研究中，大约在10000个化合物中可有10个进入到临床试验，而仅有1个可能成为药物上市（图1-1）。

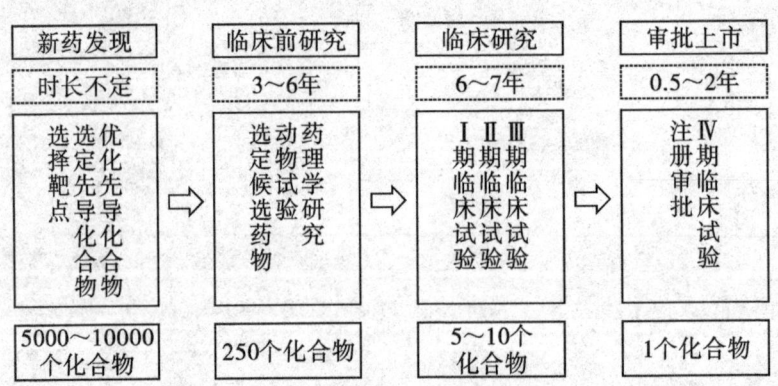

图1-1　新药研发的一般过程

新药的研究开发有多种途径和方法，其关键问题是找到一个可供研究的先导化合物，从先导化合物出发，经过进一步的结构改造、优化和设计，最终研制成活性好、毒副作用小、安全有效的药物。开展创新药物发现研究，为人们提供更好更多的药物，是我们药学工作者义不容辞的责任，也是促进我国国民经济又好又快且持续发展的重要保证。

第一章 概述

第一节 先导化合物的发现

先导化合物（lead compound）简称先导物，又称原型物（prototype compound），具有所期望的生物或药理活性，但会存在一些其他不合适的性质，如较高的毒性、较差的溶解度、选择性不高或药物代谢等问题。因此，在先导化合物结构基础上，可以对其进行一系列的结构改造或修饰，得到符合治疗要求的新药。先导化合物的发现不仅是创新药物研究的基础，而且是影响创新药物研究周期长短的关键因素，更是新药研发流程中至关重要的环节之一。

先导化合物的发现有多种途径和方法。早期寻找先导化合物的方法多是基于经验和尝试，通过大量化合物的筛选与偶然发现，主要涉及天然产物的活性成分、药物的副作用或新用途、药物代谢产物、人体活性内源性物质等。但随着生命科学的相关学科快速发展，组合化学、点击化学和高通量筛选，计算机辅助药物设计，人工智能等新技术大大加快了发现先导化合物的速度。

一、传统的先导化合物发现方法

（一）随机偶然发现先导化合物

先导化合物的发现是药物研发过程中的重要一步。有时候，先导化合物的发现并非经过系统的计划和筛选，而是偶然。通过偶然事件，研究人员发现具有意外药物活性的化合物，从中得到具有潜在活性的先导化合物，并对其进一步进行研究和优化。

第一个苯并二氮䓬类药物是偶然发现的，Leo Sternbach 原计划合成苯并庚氧二嗪，但得到的化合物（喹唑啉 N-氧化物）没有安定活性，于是终止了此项目。两年后清理仪器时，Sternbach 发现烧瓶中有残余非常漂亮的结晶，他没有将之当废物丢弃，而是重新测定了活性，意外发现这种结晶有很好的安定作用。经结构测定，确定是七元环的拼合产物，这就是氯氮䓬（chlordiazepoxide），也就是第一个苯并二氮䓬类的药物。经过对氯氮䓬结构的深入研究和优化，以地西泮（diazepam）为代表的一系列具有镇静活性的苯并二氮䓬类药物成功研发。除了地西泮之外，还有许多其他药物也是在随机和偶然的情况下被发现的。例如，抗肿瘤药物紫杉醇（paclitaxel）的发现就源于对太平洋紫杉树皮的研究，当时研究者们并没有预料到这种树皮会具有抗肿瘤活性。同样，抗精神病药物氯丙嗪（chlorpromazine）的发现也是在一次偶然的药物筛选实验中。

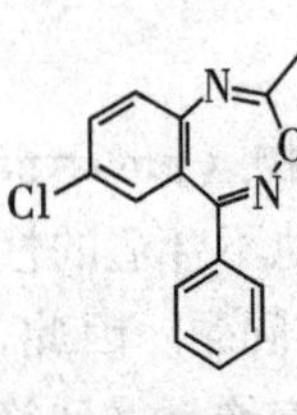

苯并庚氧二嗪 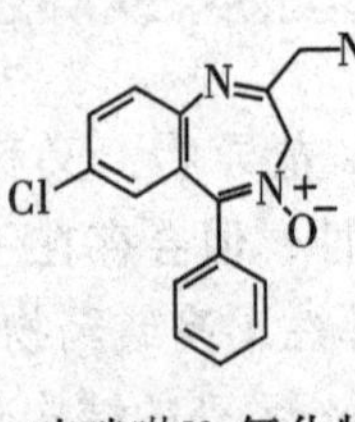　　喹唑啉N-氧化物 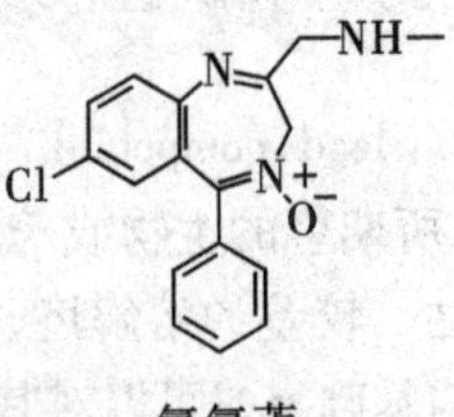　　氯氮䓬 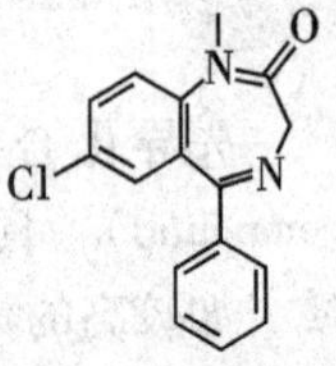　　地西泮

这些案例共同表明了科学研究中的偶然性和不可预测性。尽管现代药物研发已经高度依赖于精确的科研计划和先进的技术手段，但随机和偶然事件仍然在新药的发现过程中扮演着重要的角色。因此，科研人员在追求科研目标的同时，也需要保持开放的心态，随时准备捕捉那些意外的发现和灵感。

（二）从天然产物的活性成分获得先导化合物

天然产物是人类最早使用的药物，包括从动物、植物、微生物及海洋生物中得到的化合物。天然产物往往具有结构多样和复杂、药理活性独特、有效成分含量低等特点。天然产物不仅是药物发展早期阶段的新药来源，而且至今仍然是药物发现研究中新先导化合物的重要来源。近年来，人们已经直接从天然产物中获得大量的先导化合物，并且这些化合物也取得了很好的疗效。

1. 植物来源

在药物发展的早期阶段，人们从植物中开发出许多生物活性成分，如吗啡、阿托品、利血平、长春新碱、喜树碱等药物，这些天然生物活性成分往往有新颖的结构类型，新的结构常常对应独特的药理活性。青蒿素（artemisinin）是我国科学家屠呦呦从药用植物黄花蒿中分离得到的抗疟药，被WHO评价为"继奎宁之后具有里程碑意义的又一全新抗疟特效药"。青蒿素及其半合成衍生物是目前最有效的抗疟药物，其对于已对氯喹有耐药性的疟原虫也有较高的杀灭作用。青蒿素对疟疾具有速效、低毒的特点，但是用后"复燃率"很高，而且只能口服，生物利用度低，且因溶解度小而难以制成注射剂液用于抢救严重病人。二氢青蒿素（dihydroartemisinin）是对青蒿素进行还原得到的化合物，其抗疟的效价比青蒿素高1倍。由于二氢青蒿素的分子中存在半缩醛结构，性质不够稳定，而且溶解度也未见改善，科学家对其10位结构进行优化得到蒿甲醚（artemether）和青蒿琥酯（artesunate），其抗疟活性均高于青蒿素。

| 青蒿素 | 二氢青蒿素 | 蒿甲醚 | 青蒿琥酯 |

2. 动物来源

　　动物来源的先导化合物在药物研发中扮演着重要角色，它们通常从动物体内的毒液、毒素、激素或其他生物活性物质中提取。例如，从巴西毒蛇的毒液中分离出的含九肽的替普罗肽（teprotide）是一种新型的非阿片类强效镇痛剂的先导化合物。替普罗肽对血管紧张素转化酶（ACE）有特异性的抑制作用，具有降低血压的作用，但不能口服。替普罗肽的发现开启了 ACE 抑制剂的研究热潮，后续研究通过对 ACE 的结构特点研究，设计并合成出可以口服的非肽类 ACE 抑制剂卡托普利（captopril）。后面再以卡托普利为先导化合物，开发了依那普利（enalapril）等一系列活性强、副作用小、作用时间长的药物。地棘蛙素（epibatidine）是一种从小型厄瓜多尔树蛙皮肤中提取出来的生物碱，动物实验表明其镇痛药效比吗啡要强 200 倍。地棘蛙素与尼古丁的化学结构和功能相似，能够与神经元上的烟碱型乙酰胆碱受体（nAChR）结合，并通过激活这些受体来产生镇痛作用。除了上述例子外，还有许多其他动物来源的先导化合物正在被研究和开发中。

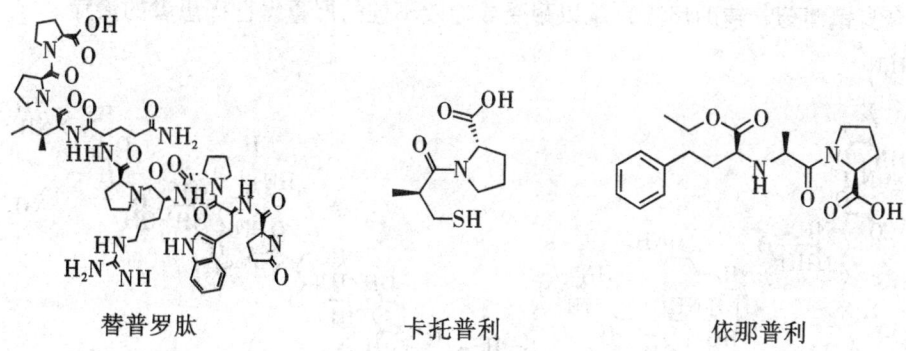

| 替普罗肽 | 卡托普利 | 依那普利 |

3. 微生物来源

　　从微生物资源的开发中能获得供研究用的先导化合物和新药。例如日本医学界的远藤章从桔青霉提取出抑制羟甲戊二酰辅酶 A 还原酶活性成分美伐他汀（mevastatin），但临床效果并不理想，且在实验犬观察中发现了其致癌作用，但为新型降血脂药物的发现奠定了基础。直到此后洛伐他汀（lovastatin）、普伐他汀（pravastatin）等药物问世，"他汀"类药物成了医学界的"网红"。随着医学研究的不断深入，他汀类药物的种类和剂型也在不断发展和完善。新型他汀类药物在降低胆固醇水平的同时，还具有更好的安全性和耐受性，也进一步提高了患者的用药体验和治疗效果。

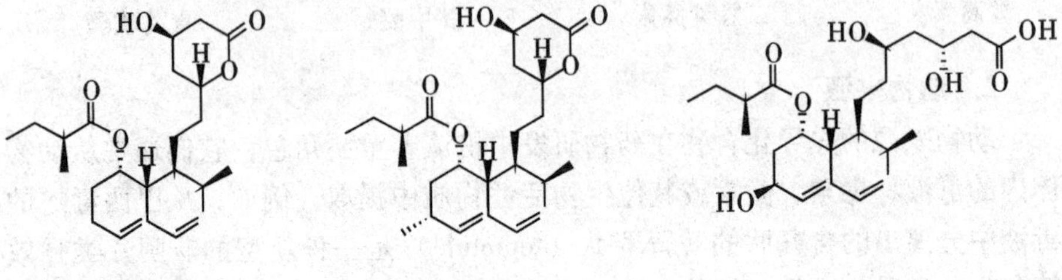

美伐他汀　　　　　洛伐他汀　　　　　普伐他汀

4. 海洋生物来源

海洋生物是新型药物和其他具有独特药用价值的生物活性物质的重要来源，在抗肿瘤、抗病毒、抗菌、抗衰老以及治疗心血管疾病等领域具有广阔的应用前景和明显的优势。软体动物芋螺产生的芋螺毒素、刺胞动物海葵产生的海葵毒素由于分子量小、富含半胱氨酸、结构特殊并具有丰富的生物活性，最引人注目。例如从芋螺毒液中发现的多肽类药物齐考诺肽（ziconotide）具有强效的镇痛效果且不具有成瘾性，长期使用不产生耐药性，安全性高且不良反应较少。齐考诺肽在2004年被批准用于对其他治疗（如全身镇痛药、辅助疗法）难以耐受或疗效不佳的严重慢性痛患者的治疗。

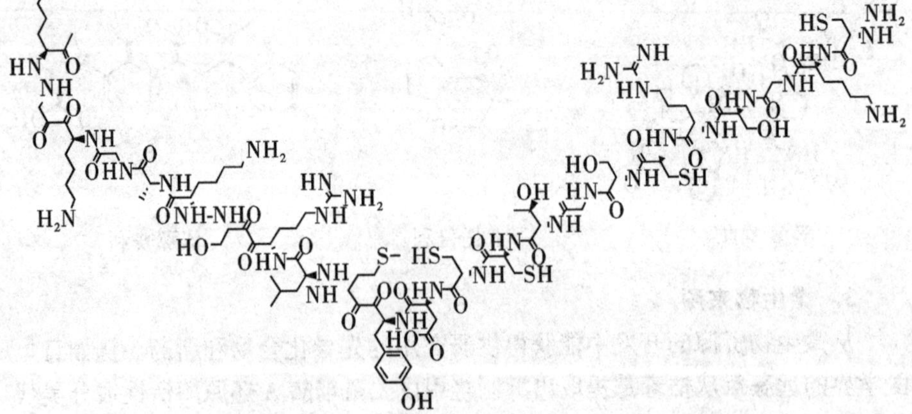

齐考诺肽

（三）通过药物的副作用或新用途发现先导化合物

在药物研究中，常可以从已知药物的副作用出发找到新药，或将副作用与已有的治疗作用分开而获得新药。在某些情况下，一种药物的副作用可能对另一种疾病有治疗作用。这需要了解药物的药效学基础，如果副作用与治疗作用的药效学基础不同，就有可能将两者分开，否则就难以实现。

雷洛昔芬（raloxifene）最初被开发是作为一种治疗乳腺癌的药物，然而，在临床试验中，它作为乳腺癌治疗药物的疗效并不显著。研究人员发现，雷洛昔芬在治疗骨质疏松症方面具有潜在的益处。在一些研究中，接受雷洛昔芬治疗的女性患者骨密度有所增加，骨折风险降低。这一副作用观察促使科学家们进一步探索雷洛昔芬在骨骼健康方面的作用。通过进一步的研究，科学家们发现雷洛昔芬能够选择性地作用于骨骼组织上的雌激素受体，促进骨形成和抑制骨吸收，从而改善骨密度和降低骨折风险，这一发现为开发新型治疗骨质疏松症的药物提供了重要的先导化合物。

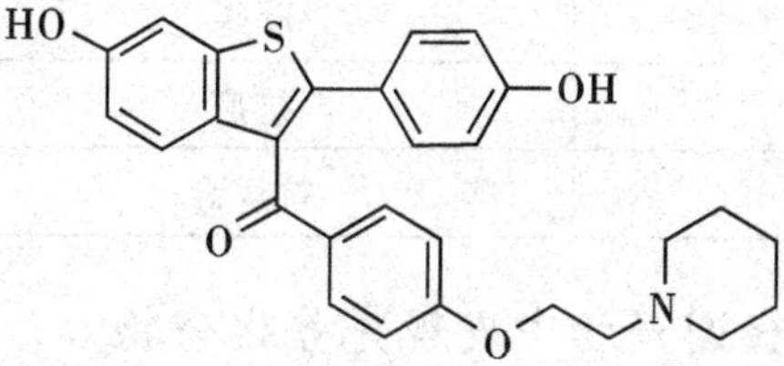

雷洛昔芬

基于副作用的先导化合物研究在新路径的发现中具有很大的意义，主要是其利用在人体而不是在动物身上直接发现的生物活性信息。此外，即使没有药理方面的动物模型，该途径仍可以寻找到化合物新的治疗活性。

许多药物在临床应用过程中表现出对某些疾病的非预期的作用，从而发现了新的适应证（老药新用）。老药新用不能完全算是发现先导化合物，但可以认为是发现原药物新的作用机制，利于发现先导化合物。部分老药新用的案例如表1-1所示。

表1-1 部分具有新作用的药物

药物	作用	新用途
加兰他敏	重症肌无力	老年痴呆
克伦特罗	哮喘	尿失禁

(续上表)

药物	作用	新用途
多沙唑嗪	高血压	前列腺肥大
司来吉兰	帕金森病	老年痴呆
福辛普利	高血压	心力衰竭
阿司匹林	解热镇痛抗炎	预防心血管疾病
二甲双胍	降糖	抗衰老、抗癌
双硫仑	解酒	抗癌
沙利度胺	止吐	多发性骨髓瘤
利多卡因	抗心律失常	中枢镇咳
氨甲蝶呤	抗肿瘤	风湿性关节炎
氟伏沙明	抗抑郁	新冠肺炎
考来维仑	降脂	降糖
氯喹	抗疟	新冠肺炎
瑞德西韦	抗病毒	新冠肺炎

(四) 从药物代谢产物中发现先导化合物

药物通过体内代谢过程，可能被活化，也可能失活，甚至转化成有毒的化合物。大多数药物在体内代谢的结果主要是失活和被排出体外，但有些药物经代谢转化成一些新的仍有活性且毒副作用小的化合物，这样的代谢产物可成为先导化合物。在药物的研究中，可以选择其活化形式或考虑可以避免其代谢失活或毒化的结构来作为先导化合物。采用这类先导化合物，得到优秀的药物的可能性较大，甚至可能直接得到比原来药物更好的药物。

例如抗炎镇痛药保泰松（phenylbutazone）在体内经氧化代谢主要生成苯环4-位羟基化和 $\omega-1$ 位羟基化的两种代谢产物。4-位羟基化产物羟布宗（oxyphenbutazone）抗炎活性强于保泰松，已经作为新药上市。$\omega-1$ 位羟基化产物具有新的药理活性，可促进尿酸的排泄，具有治疗痛风的作用，以其为先导化合物开发出抗痛风药即磺吡酮（sulfinpyrazone）。

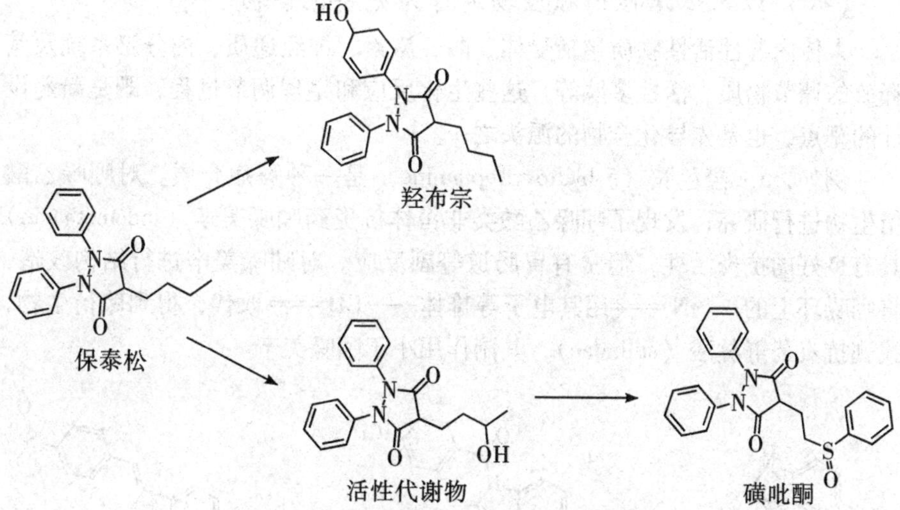

图1-2 从保泰松代谢产物中发现磺吡酮

（五）以药物合成中间体作为先导化合物

某些药物合成的中间体因与目标化合物有结构上的相似性，应具有相似的药理活性。在药物研发的早期阶段，以合成中间体作为先导化合物的策略可以为后续药物优化提供方向。这种方法可以通过合成和评估一系列中间体来逐步改进药物的性质，最终获得理想的先导化合物。

二氢叶酸还原酶的抑制剂如氨甲蝶呤（methotrexate），是一种广泛应用于临床的免疫抑制剂和抗癌药物。在寻找氨甲蝶呤类似物的过程中，一个简单的中间体——巯嘌呤（mercaptopurine）被发现具有活性但毒性相对较强。在随后的优化过程中，产生了一种于体内释放巯嘌呤的前药——硫唑嘌呤（azathioprine），其被发现作为免疫抑制剂比以前使用的糖皮质激素更有效。环孢素出现之前，硫唑嘌呤成为器官移植领域的重要药物。此外，这一系列药物的另一个中间体——别嘌呤醇（allopurinol）因能够抑制黄嘌呤氧化酶的活性而被广泛应用于痛风的治疗。

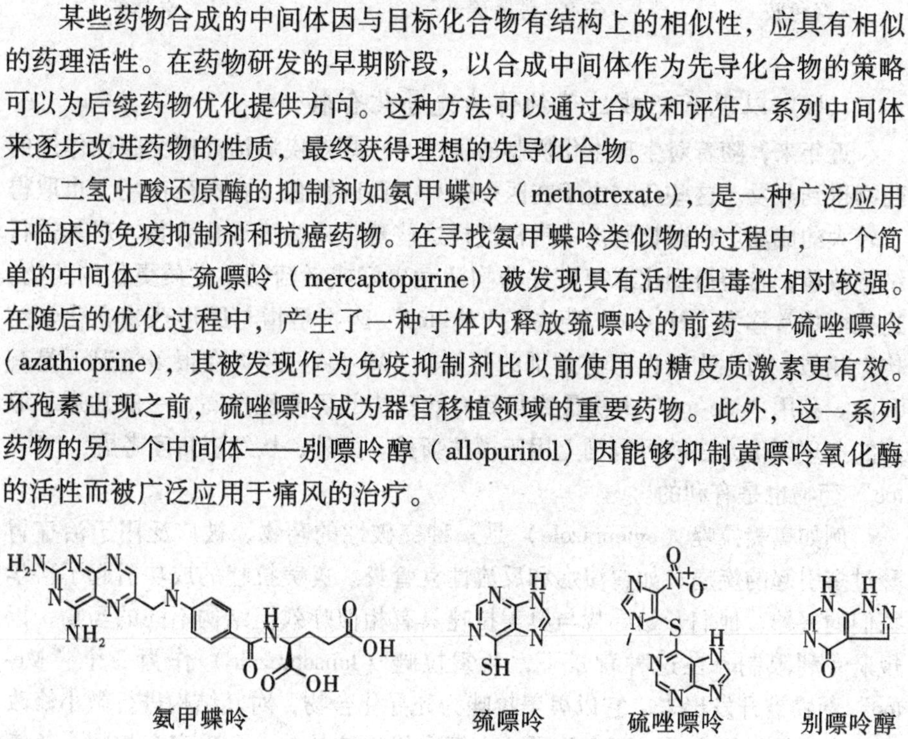

（六）以人体活性内源性物质作为先导化合物

人体内源性活性物质包括受体、酶、激素、神经递质、内分泌系统及其释放的调节物质、活性多肽等。这些生化反应和生理调节过程，既是新药设计的靶点，也是先导化合物的源头之一。

例如，5-羟色胺（5-hydroxytryptamine）是一种炎症介质。对吲哚乙酸衍生物进行研究，发现了吲哚乙酸类非甾体抗炎药吲哚美辛（indomethacin）具有良好的抗炎活性，但常有胃肠道等副反应。对吲哚美辛进行结构改造，将吲哚环上的——N══用其电子等排体——CH══取代，得到茚衍生物，找到抗炎药舒林酸（sulindac），其副作用小于吲哚美辛。

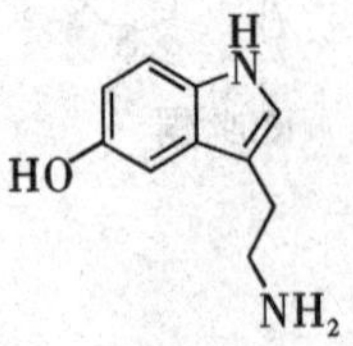

5-羟色胺 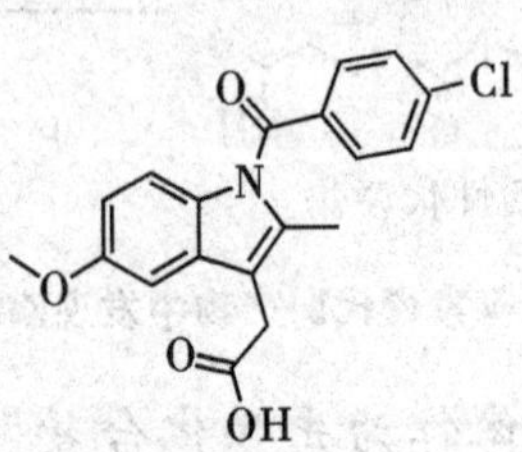　　　　吲哚美辛 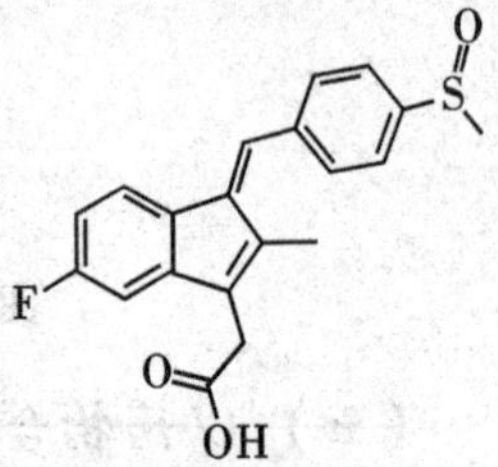　　　　舒林酸

（七）以现有突破性药物作为先导化合物

近年来，随着对生理生化机制的了解，一些对疾病治疗有突破性作用的药物得到开发。这些药物由于在医疗效果方面的特色，在医药市场上也取得了较大的成功。在药物研发中常常选择这些药物作为先导化合物，对其进行结构改造，希望得到比原突破性药物活性更好或者药动学性质更优的药物，这些药物常称为"Me-too"药物。"Me-too"药物是指与原形药物在化学结构上相似，但生物活性稍有差别的药物。"Me-too"药物在很多情况下是有利的。利用"Me-too"方法最终得到有效药物的可能性很高，一般知道了原药的药理评价方法就可以马上用于模仿新药。另外，从经济角度考虑，"Me-too"药物也是有利的。

例如奥美拉唑（omeprazole）是一种突破性的药物，被广泛用于治疗胃酸过多引起的疾病，如胃溃疡和反流性食管炎。奥美拉唑的成功引起了科学家们的兴趣，他们开始寻找与奥美拉唑具有相似疗效但结构不同的药物，以规避专利限制。在这种背景下，兰索拉唑（lansoprazole）作为一个"Me-too"药物被开发出来。它以奥美拉唑为先导化合物，对其结构进行微小修改和优化。从结构上看，两者除了一个氟取代的烷基外，几乎完全相同。兰索拉唑在临床试验中显示出与奥美拉唑相当的疗效，而且它的稳定性和口服利用度较奥美拉唑都有显著提高,并且由于其独特的化学结构,成功地规避了奥美拉唑的专利限制。

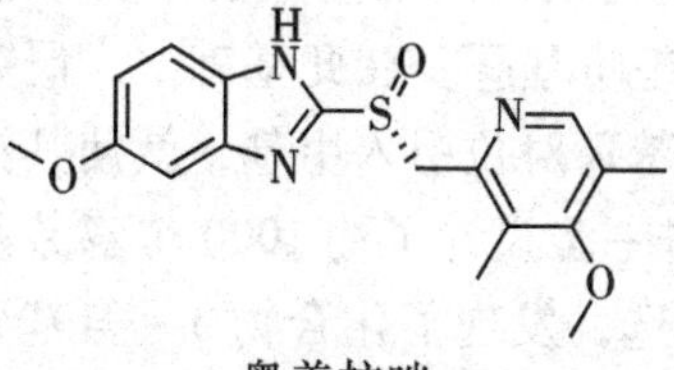

奥美拉唑 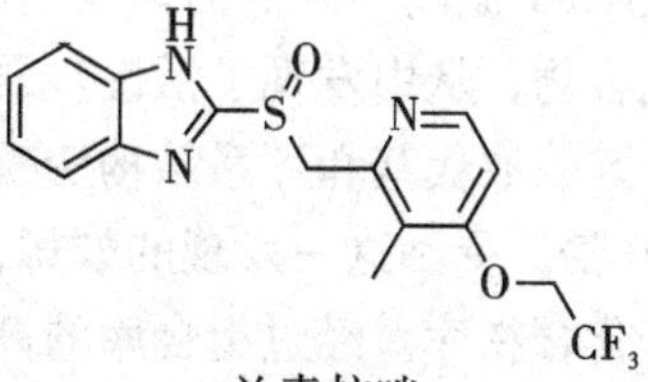　　　　　　　　兰索拉唑

二、组合化学、点击化学和高通量筛选推动先导化合物的发现

新药研发的效率在很大程度上取决于化合物的合成和生物评价的速度,这直接关系到人力、资金是否得到充分的利用和是否能够快速获得回报。长期以来,药物合成多遵循着传统的一次合成并评价一个化合物的模式。组合化学采用了完全不同的策略,可以同时制备含大量分子的化合物库。点击化学则是通过构建多样性化合物库和优化先导化合物结构,为先导化合物的发现提供了丰富的候选资源。将之与高通量筛选技术结合,可极大地加快先导化合物发现和优化的速度。

(一)组合化学

组合化学(combinatorial chemistry)是在短时间内将不同分子构建模块,根据组合原理将它们系统地装配成不同的组合,由此得到大量具有结构多样性特征的分子,从而生成数量巨大的化合物库的技术。这种方法基于这样的前提:通过随机筛选的方式发现活性分子的概率与所选化合物的数目成正比。简而言之,筛选的化合物数量越多,发现具有活性的化合物的机会就越大。表1-2列举的数据表明,以代数级增加组建模块的数目,所生成的化合物数量呈几何级数增加。

表1-2　组合化学中组建模块与形成化合物数量的关系

1个分子中连接的模块数	模块总数为10个	模块总数为100个
3	10^3	10^6
4	10^4	10^8
5	10^5	10^{10}

索拉非尼（sorafenib）是第一个通过组合化学方法成功研发并上市的小分子药物，它的成功上市标志着组合化学在药物研发领域的重大突破。拜耳公司在Raf-1激酶抑制剂的研发过程中，首先通过高通量筛选方法筛选了20万个化合物，从中发现了活性较弱的3-噻吩基脲。在此基础上，研究团队通过巧妙的取代基和环系结构变换，仅在苯环对位引入甲基，就使其活性提高了10倍。受到这一发现的鼓舞，他们进一步设计了约1000个双芳基脲的小分子化合物库。经过组合库的高通量筛选，发现了化合物3-氨基异恶唑脲，最终通过环取代修饰，研发了第一款口服有效的Raf激酶抑制剂索拉非尼。索拉非尼于2005年被美国食品药品监督管理局（FDA）批准用于治疗晚期肾细胞癌，于2007年被FDA批准其用于无法切除治疗的肝细胞癌的治疗，2013年FDA又批准其用于治疗晚期（转移性）分化型甲状腺癌。

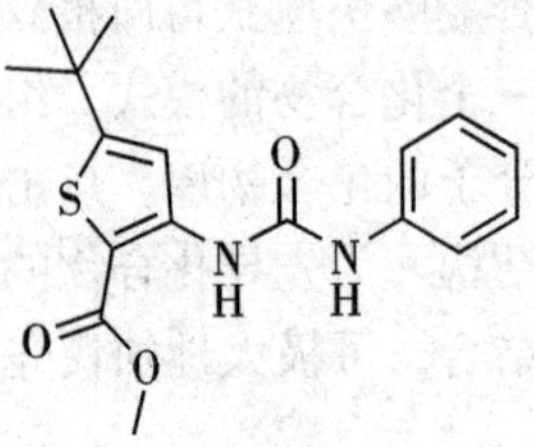

3-噻吩基脲 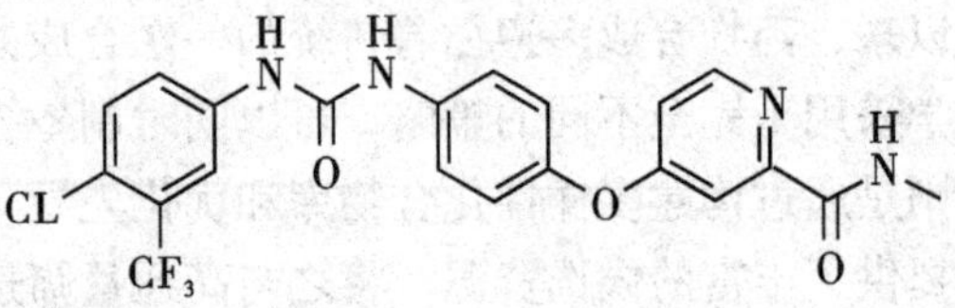　　　　　　　　　索拉非尼

组合化学既可以在溶剂中进行，也可以在固相中进行。因此常用的组合化学合成方法主要有固相合成法和液相合成法两种技术。这两种途径使科学家们能在高通量自动化方法和小规模实验室中合成他们想要的化合物。例如，为了加速新型金属抗生素的发现，Mirco Scaccaglia等人使用液相合成法制备了420个新型三羰基锰络合物组成化合物库，并对所有化合物的抗菌性能进行了评估，并对10个先导化合物进行了充分表征，所有10个化合物都显示出对革兰氏阳性菌的高抗菌活性（图1-3）。其中MnG9MeBeIm对人体细胞的毒性较低，治疗指数超过100。

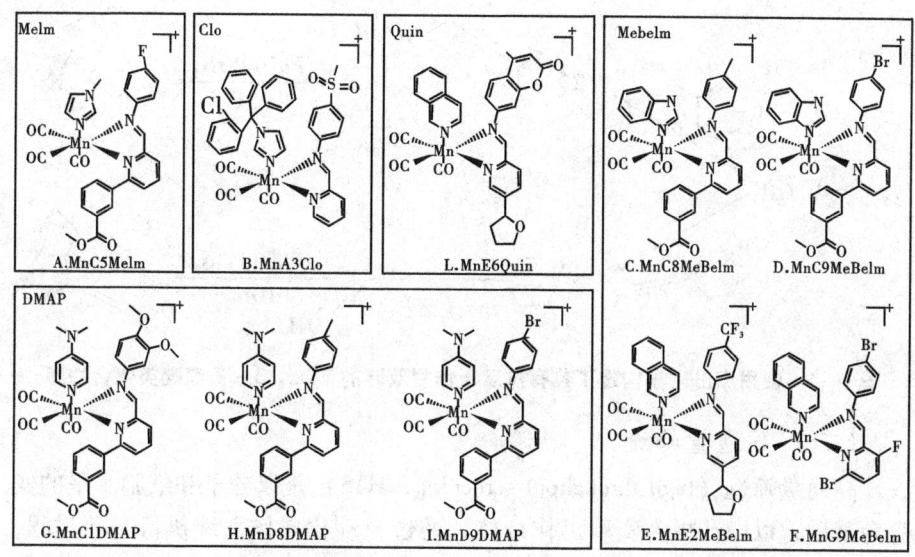

图1-3 通过组合化学发现的10个具有抗菌活性的先导化合物

(二) 点击化学

点击化学（click chemistry）是诺贝尔化学奖获奖者 K. B. Sharpless 在 2001 年提出的一个合成概念，主旨是通过小单元的拼接来快速可靠地完成形形色色分子的化学合成。它尤其强调开辟以碳-杂原子键（C═X═C）合成为基础的组合化学新方法，并借助这些反应（点击反应）来简单高效地获得分子多样性。点击化学具有原料简单易得、反应操作简单、条件温和、对水和氧气不敏感、产物选择性好、收率高、后处理简单、易纯化等优点。目前，点击化学已经被广泛用于先导化合物库的构建、新药研发等领域。

1，2，3-三氮唑在自然界至今还未发现，其主要来源于有机合成。目前，1，2，3-三氮唑类化合物被广泛用于各种疾病的治疗，尤其是抗真菌治疗。1，2，3-三氮唑骨架展现出的优秀活性，极大地激发了人们对1，2，3-三氮唑衍生物合成的兴趣。如图1-4所示，以炔醇为原料，通过 Heck 反应或者偶联反应制备出含有不同取代基的苯炔醇类衍生物，最后与叠氮化合物通过点击化学构建了具有抗衰老作用双环的1，2，3-三氮唑类化合物库。

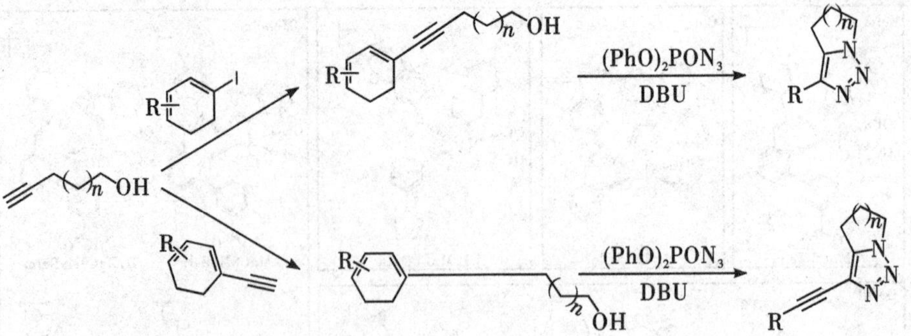

图 1-4　使用点击化学构建了具有抗衰老作用双环的 1,2,3-三氮唑类化合物库

(三) 高通量筛选

高通量筛选 (high throughput screening, HTS) 是以分子和细胞水平的实验为基础，以微孔板为实验工作载体，通过自动化操作系统执行实验过程，并以快速的检测仪器采集实验结果数据，运用计算机分析处理实验数据，并根据实验结果，从数以万计的样品中筛选出目标化合物的技术。

先导化合物的广泛筛选离不开高通量筛选。目前，应用高通量筛选方法每天可以筛选出成千上万个化合物，大大地提高了化合物的筛选效率。与传统药物筛选方法相比，高通量筛选具有高效、快速、经济的优势，并形成了一条"分子筛选—确定先导化合物—先导化合物结构优化—药理学研究"的技术路线。高通量筛选技术已经成为新药研发领域发现新先导化合物和药物新作用的重要技术。

到目前为止，人们通过高通量筛选技术筛选出了众多的先导化合物。以 Glaxo Smith Kline 化合物库为例，通过高通量筛选技术，从 200 万个化合物中筛选出了 7 个先导化合物。具体步骤如下：第一步，通过化合物对卡介苗抑制活性的初步筛选，从 200 万个化合物中得到了 62000 个候选化合物；第二步，设定化合物在 10 μM 浓度下对卡介苗有 45% 以上抑制率的条件，筛选得到了 15000 个化合物；第三步，通过设定化合物在 10 μM 的浓度下对卡介苗有 90% 以上抑制率，进一步得到了 3500 个化合物；第四步，通过设定化合物的治疗指数 (TI: HepG TC_{50}/MIC 卡介苗 >50%)，筛选出 850 个化合物；第五步，测试这些化合物对人型结核分枝杆菌的活性，成功筛选出 177 个具有抗结核活性的化合物；第六步，对这 177 个化合物进行结构分析得到了 7 个先导化合物。

三、计算机辅助先导化合物的发现

与传统药物设计相似,计算机辅助药物设计(computer aided drug design, CADD)同样能够应用于先导化合物的发现与优化这两个环节。自20世纪60年代初定量构效关系出现以来,计算机辅助药物设计方法主要用于先导化合物的优化,用于先导化合物发现阶段还只是90年代末的事情,尤其是1998年虚拟筛选的概念提出后,计算机辅助先导化合物的发现才得到迅速发展。在先导化合物的发现阶段,我们可以将CADD的应用概括为两大类方法:虚拟筛选和全新药物设计。

(一)虚拟筛选

虚拟筛选(virtual screening, VS)是指针对一个特定的药物作用靶标,在计算机上快速而有效地从一个大型数据库中筛选出所需要的化合物结构,从而大大缩短实验筛选的时间,减少实验工作量和花费,同时提高先导化合物的发现效率。以酪氨酸磷酸酯酶1B抑制剂的筛选为例,通过虚拟筛选和高通量筛选两种方法的对比,我们可以清楚地看到虚拟筛选的优势(表1-3)。高通量筛选从40万个化合物中筛选出6个$IC_{50}<10\ \mu M$的化合物,而虚拟筛选在23.5万个化合物(与前面40万个化合物有交叉)中就找到了21个$IC_{50}<10\ \mu M$的化合物。这一数据证明了虚拟筛选的参与使实验筛选的命中率大大提高。

表1-3 针对酪氨酸磷酸酯酶1B抑制剂的虚拟筛选和高通量筛选的命中率

筛选方法	化合物数量	$IC_{50}<100\ \mu M$的化合物命中率	$IC_{50}<10\ \mu M$的化合物命中率
虚拟筛选	235000	127	21
高通量筛选	400000	85	6

根据靶标三维结构是否已知,虚拟筛选可以简单划分为基于结构的虚拟筛选(structure-based virtual screening, SBVS)和基于配体的虚拟筛选(ligand-based virtual screening, LBVS)两大类。如果既有配体信息,又有结构信息,可以将两者结合起来使用,以进一步提高虚拟筛选的效率。

1. 基于结构的虚拟筛选

如果已知靶标蛋白质的三维结构,就可以采用基于结构的虚拟筛选。即从靶标蛋白质的三维结构出发,研究靶蛋白结合位点的特征性质以及它与小分子化合物之间的相互作用模式,根据与结合能相关的亲和性打分函数对蛋白质和小分子化合物的结合能力进行评价，最终从大量的化合物分子中挑选出结合模式比较合理、预测得分较高的化合物，用于后续的生物活性测试。

基于结构的虚拟筛选的目的就是从小分子化合物数据库中找到有活性的结构新颖的命中化合物，因此如何获得和使用此类数据库便显得额外重要。表1-4列出了部分常见的可供虚拟筛选的小分子化合物数据库。

表1-4 部分常见的可供虚拟筛选的小分子化合物数据库

数据库	官方网址	收录化合物数量
ZINC	https://zinc.docking.org/	>7.5亿
PubChem	https://pubchem.ncbi.nlm.nih.gov	>1.8亿
ChemSpider	https://www.chemspider.com/Default.aspx	>1.29亿
eMolecules	https://zinc.docking.org/	>2030万
ChemDiv	https://www.chemdiv.com	>1600万
Open NCI Database	https://cactus.nci.nih.gov/download/nci/	>26.5万
DrugBank	https://go.drugbank.com/	>1.3万

分子对接作为基于结构的虚拟筛选中最重要的方法，可以预测小分子与其靶标蛋白质（或受体）的结合取向（或结合模式/姿态），以预测小分子的亲和力和活性。分子对接旨在搜寻小分子配体与靶标蛋白分子的活性作用位点，使得两者结合形成低能构象。分子对接包括3个相互关联的部分：结合位点的识别、构象搜索算法及打分函数。结合位点的识别是指在靶标蛋白分子中确定与配体作用的活性部位。构象搜索算法是指在只考虑配体分子是柔性的前提下，以某种优化算法搜索到配体的位置、取向及构象。打分函数是指在搜索结合构象的过程中评价其好坏。分子对接软件有免费（AutoDock、MOE等）和商业软件（Discovery Studio、Schrodinger、GOLD和FlexX等）两种。这些分子对接软件的区别如表1-5所示。

表1-5 常见的分子对接软件的比较

项目	类别	软件
打分功能	力场	DOCK、MOE
	经验	LUDI、FlexX、AutoDock
	半经验	GOLD、Discovery Studio

（续上表）

项目	类别	软件
搜索算法	随机（GA）	GOLD、AutoDock
	随机（MC）	ICM，Glide
	随机（其他）	Tube
受体柔性	刚性受体	全部软件
	结合位置部分柔性	GOLD、SLDE、DOCK、AutoDoc、FlexX
	结合位置全柔性	ICM
配体柔性	刚性配体	全部软件
	半柔性配体	FlexX、DOCK、AutoDock、Glide、Surflex
	全柔性配体	GOLD

基于结构的虚拟筛选目前已经是一种快速、高效、经济的发现先导化合物的方式。以新型溴结构域蛋白4（BRD4）抑制剂的发现为例：抑制 BRD4 是治疗前列腺癌的有希望的策略，为了能找到抑制 BRD4 的化合物，研究者从含有 1600 万个化合物的 ChemDiv 数据库下载了 1269287 个化合物分子，使用 Glide 软件对化合物进行了虚拟筛选，然后挑选了 77 个化合物进行生物活性测试，其中 5 个化合物显示了抑制 BRD4 活性。研究者从中挑选了抑制 BRD4 活性最好的 SQ-1（$IC_{50} = 676.1 \pm 1.28$ nM），进一步确定了它的结合模式。在此基础上，对 SQ-1 进行结构优化，得到了活性更高的 BRD4 抑制剂 SQ-17（$IC_{50} = 95.88 \pm 1.11$ nM）（图1-5）。

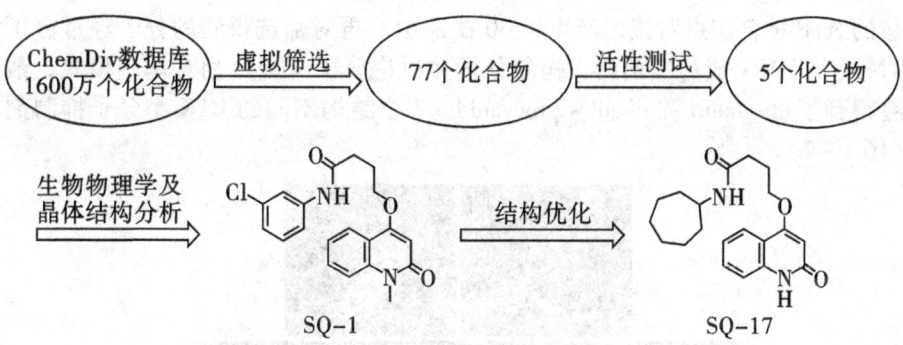

图1-5 BRD4 抑制剂的虚拟筛选与结构优化

基于结构的虚拟筛选的最终结果取决于使用的小分子化合物数据库、靶标蛋白质结构和对接程序及其参数设置。如果化合物数据库本身没有任何对于靶标有活性化合物的话，虚拟筛选最终也不可能得到命中化合物。同样，基于分子对接特别是打分函数的不精确性、对接过程中难以考虑靶点结构的柔性和溶剂化效应等原因，虚拟筛选也可能导致假阳性和假阴性。因此，应合理而不是盲目使用基于结构的虚拟筛选技术。

2. 基于配体的虚拟筛选

基于配体的虚拟筛选无须已知靶标蛋白质的三维结构，只需要少数已知活性的配体结构信息。其一般利用已知活性的小分子化合物，根据化合物的药效团模型或分子相似性在化合物数据库中搜索能够与它匹配的化学分子结构，最后对这些挑选出来的化合物进行实验筛选研究。

（1）基于药效团模型的虚拟筛选。

当药物靶点的结构未知时，可以基于配体的结构进行药效团的构建，从一系列活性化合物结构出发，确定其生物活性必需的疏水基因、氢键等特征元素；当化合物的活性已知时，还可以建立药效团的3D-QSAR模型。在此基础上，从大量化合物数据库中搜索符合药效团模型的化合物并预测其生物活性，从而实现活性化合物的高度富集，为高通量筛选提供优质的待筛化合物。

由于药效团不代表确切的化学基团，而是代表化学官能团及其空间关系，因此检索到的命中化合物通常包括结构不同的化合物。例如，采用了基于配体的计算机辅助药物设计方法来开发的布鲁顿氏酪氨酸激酶（BTK）抑制剂的药效团模型，是从PubChem、ChEMBL、DrugBank等数据库中选取了405个BTK小分子抑制剂作为训练集分子，使用Schrodinger软件构建了5个药效团模型，其都具有2个芳香环、1个氢键受体和1个氢键供体等药效团特征元素（图1-6）。随后使用ZINC和NCI两个小分子化合物数据库针对药效团模型进行筛选，分别筛选了18600和1923233个分子，命中了620个具有匹配化学特征的分子。通过虚拟筛选工作流程，将这些分子与BTK结构域的ATP结合位点对接，产生了30次命中。再对筛选得到的分子经过分子对接、ADMET成药性预测、构象分析并讨论分子-蛋白相互作用模式，最终得到了chestanin和digalloylprocyanidin 2个结构不同的BTK小分子抑制剂（图1-7）。

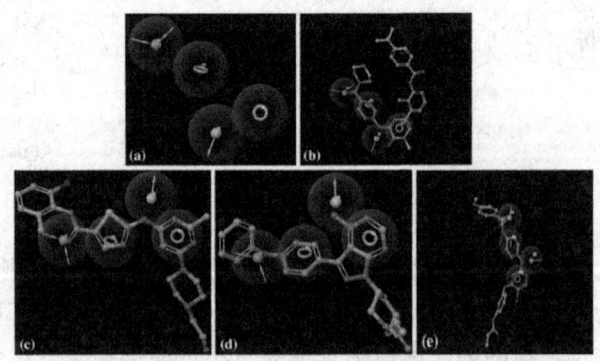

图1-6 基于BTK抑制剂虚拟构建的5个药效团模型

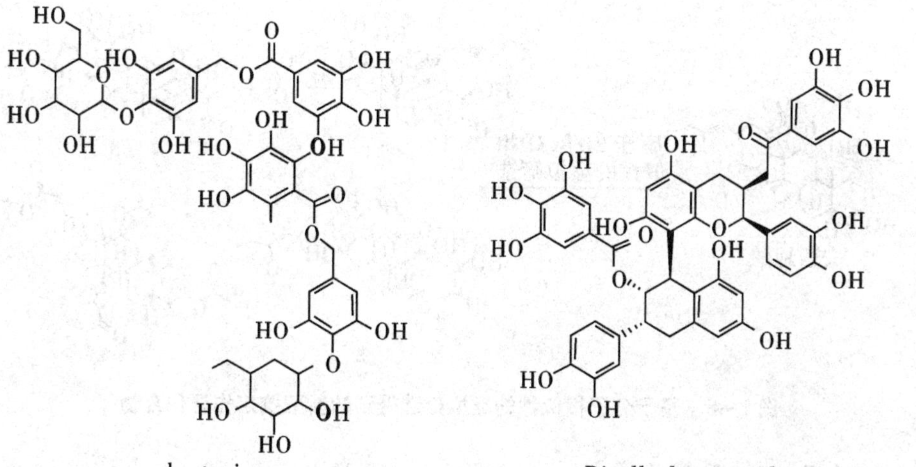

图1-7 基于药效团模型的虚拟筛选发现的2个BTK小分子抑制剂

(2) 基于分子相似性的虚拟筛选。

基于分子相似性的虚拟筛选是将一个或多个与蛋白质结合的配体结构作为数据库搜寻的条件,从化合物数据库中搜索符合相似性标准的化合物以用于高通量药物筛选的方法。上述药效团搜索法仅利用了配体的部分结构特点,而分子相似性方法则利用了分子的整体结构特点,将化合物数据库与对照化合物的结构或形状进行比较,从中搜索符合条件的化合物。目前,分子相似性方法已被广泛应用于药物设计过程中。由于组合化学合成技术的应用,化合物合成速度得到大大提高,因此产生了大量不同结构的化合物。在此基础上,最常用的虚拟筛选方法就是基于分子相似性的方法。

为了发现新型抗疟原虫药,研究者采用基于2D和3D相似性的虚拟筛选方法,并使用夫西地酸作为搜索词从化合物数据库中搜索符合条件的化合物。根据预测的分配系数logP进一步过滤所得命中化合物,最终得到了4个活性更高的化合物,这些化合物可以通过结构修饰来进一步探索,以鉴定和开发具有更高选择性的更有效的抗疟药(图1-8)。

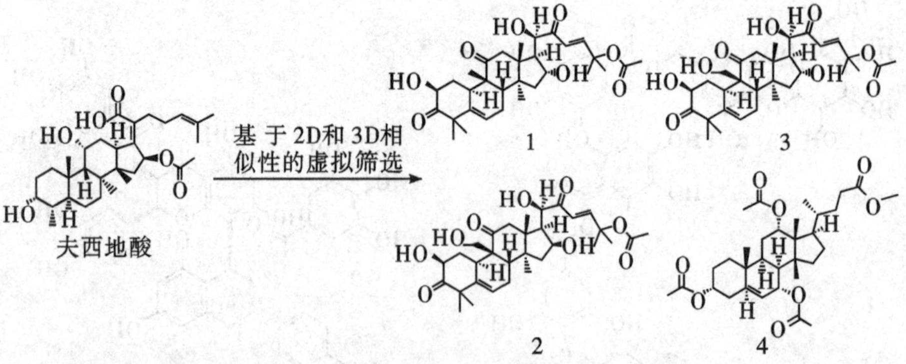

图 1-8 基于分子相似性的虚拟筛选得到的新型抗疟先导化合物

（二）全新药物设计

全新药物设计（de novo drug design，DNDD）又称从头药物设计，是根据靶标的结构和性质特征，从头开始设计出与靶标结合部位形状和性质相匹配的小分子结构的方法。早期的全新药物设计既有以原子为基本构建单元，也有以分子片段为基本构建单元的，然后按照一定的规则把原子或片段一个个连起来，最终构建成一个完整的分子。

1. 基于原子的药物设计

基于原子的药物设计是根据靶点的性质如静电作用、氢键和疏水性等，逐个地增加原子，配成与靶点形状和性质互补的分子。大多数早前的从头药物设计都是基于原子进行配体的生长设计。比如，原子生长法的发明者 Nishibata 和 Itai 用原子生长分子设计程序尝试设计了大肠杆菌二氢叶酸还原酶（DHFR）抑制剂，通过 DHFR 三维结构分析，选择 3 个氢键原子，即 Asp27 的羧基氧原子、Ile5 和 Ile94 的羰基氧原子作为锚原子。经程序自动生成 300 个分子结构，用 LORE 程序以能量和结构特性为参数，从中选择了 6 个分子结构，经过生物测试证明其具有活性（图 1-9）。

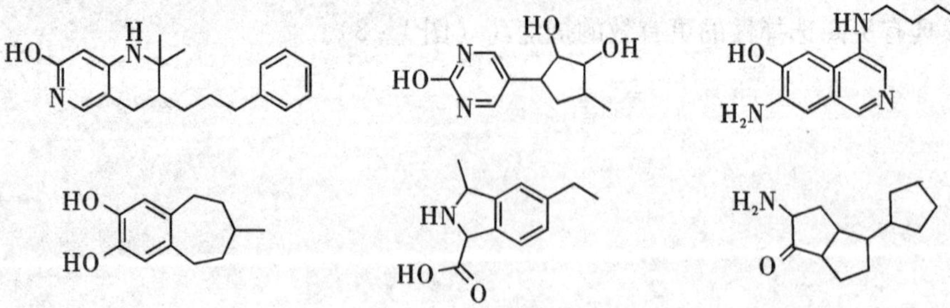

图 1-9 基于原子的全新药物设计发现的一些化合物的结构式

这类方法的优势是可以有效地利用广阔化学空间中的各种化学骨架，产生满足特定连接规则和设计的分子。然而，基于原子的药物设计方法任意构建的分子，可探索的构象的空间巨大，无疑增加了计算搜索空间的难度。而且由于没有考虑化学可合成性，很容易产生很难合成的分子结构。

2. 基于分子片段的药物设计

基于分子片段的药物设计（fragment-based drug design，FBDD）是近年来兴起的一种药物设计方法。FBDD 方法由于设计的分子通常更具有可合成性，因此逐渐发展成一种常规且实用的药物设计方法。据统计，已有 6 种上市药物和 40 多种进入临床试验的药物小分子是通过 FBDD 设计得到的。

FBDD 方法主要分为三个步骤：①片段分子库的构建［分子片段通常需要遵循 Miles Congreve 等提出的"三规则"，即分子量 <300 Da、氢键供体和受体≤3、脂水分配系数（clogP）≤3］；②片段的筛选（使用多种实验或计算机技术方法筛选获得与靶标蛋白质具有结合能力的分子片段）；③由分子片段优化生成先导化合物。从新药发现的角度而言，发现活性片段仅仅是研究的第一步，将活性片段转化为先导化合物甚至是候选化合物，才是基于分子片段的药物设计的最终目的。由分子片段优化生成先导化合物的策略主要有片段连接、片段生长及片段融合 3 种。

（1）片段连接。

2 个或者多个分子片段与某个靶点的活性位点中的亚口袋结合，通常采用片段连接策略。这种方法能够发挥"片段与受体结合力"的加和效应，例如，将作用于组蛋白甲基转移酶（DOT1L）口袋的片段 a（IC_{50} = 240 μM）和作用于相邻口袋的片段 b（IC_{50} = 9 μM）连接得到一个结构新颖且高效的 DOT1L 抑制剂——先导化合物 5（IC_{50} = 4 nM）（图 1 - 10）。但是如何选取一个连接方式以保持各个片段的结合构象、结合方式，发挥加和效应，依然存在巨大的挑战。

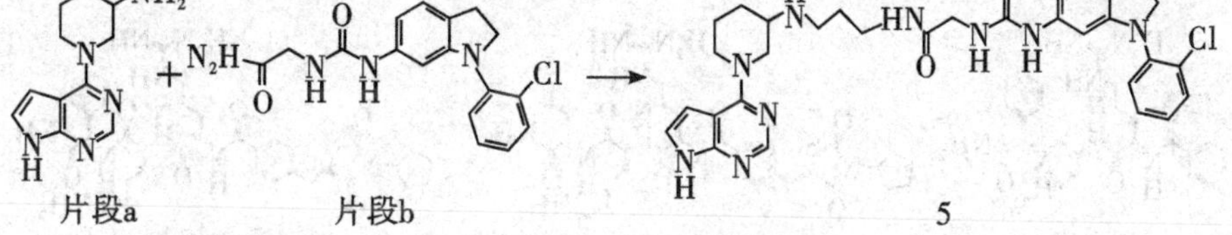

图 1 - 10　片段 a 与 b 连接得到先导化合物 5 的过程

（2）片段生长。

如果只有一个分子片段与靶点的活性位点结合，我们就可以采用片段生长策略。可以根据结合位点的微观环境在片段的不同位置上增添各种合适的基团，从而得到新的分子。尽管通常优选添加疏水性官能团以增加活性，但是化合物脂水分配系数过高也会导致如溶解度差、易聚集及生物利用度低等结果。因此，应首先考虑在片段的特定位置生长极性官能团，如氢键供体或受体，使其与蛋白质形成氢键相互作用，然后在后续的生长步骤中增加疏水性片段。例如，在肽基脯氨酰基顺反异构酶（Pin1）抑制剂发现过程中，在片段 c（IC_{50} = 180 μM）的基础上增加疏水片段甲基、苄基和氢键供受体酰胺片段等，得到先导化合物 6（IC_{50} = 2 μM），活性提高了约 90 倍（图 1 – 11）。

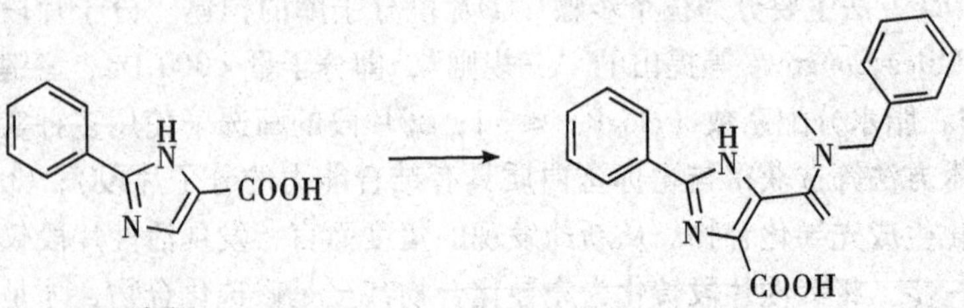

片段c　　　6

图 1 – 11　片段 c 生长为先导化合物 6 的过程

（3）片段融合。

如果两个活性片段结合的位点有部分重合，可以通过片段融合策略将片段重合部分以合适的方式合并。不同系列化合物活性变化的趋势可用于确定与蛋白质结合的重要的片段和相互作用，这些信息有助于将不同系列中的重要片段杂化形成新的衍生物。比如，在登革热蛋白酶竞争性抑制剂研发过程中，基于片段 d（IC_{50} = 3.3 μM）和片段 e（IC_{50} = 2.5 μM）分别与 DENV 蛋白酶形成共结晶结构，将二者叠合后片段进行融合得到先导化合物 7（IC_{50} = 0.6 μM）（图 1 – 12）。这一方法使两个具有微摩尔亲和力的抑制剂片段融合成一种更有效、更具竞争性的登革热蛋白酶抑制剂。

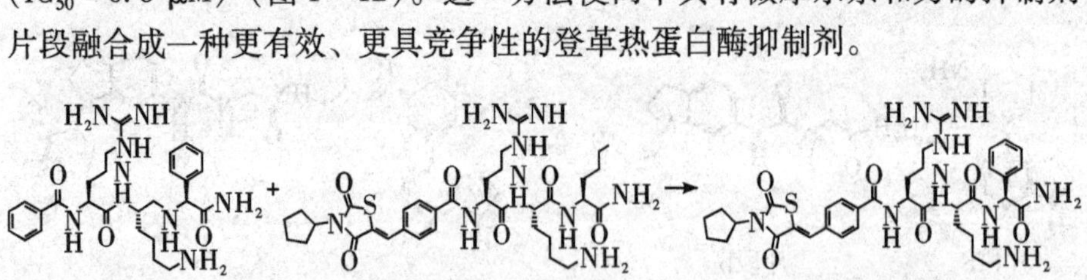

片段d　　　片段e　　　7

图 1 – 12　片段 d 与 e 融合得到先导化合物 7 的过程

四、人工智能助力先导化合物的发现

在药物研发中，人工智能利用大数据和机器学习方法，即从论文、专利、临床试验结果等大量信息中提取出药物点和小分子药物的结构特征，根据已有的药物研发数据提出新的可以被验证的假设。自主学习药物小分子与受体大分子靶点之间的相互作用机制。并且根据学习到的各种信息预测药物小分子的生物活性，设计出上百万种与特定靶标相关的小分化合物，并根据药效、选择性、ADMET 等其他条件对化合物进行筛选。对筛选出来的化合物进行合成并经过实验检测，然后把实验数据再反馈到人工智能系统中用于改善下一轮化合物的选择。经过多轮筛选，最终确定可用于进行临床研究的候选药物。人工智能的使用大大加速了药物研发的过程，并能对新药的有效性和安全性进行预测。

（一）人工智能、机器学习和深度学习

人工智能（artificial intelligence，AI）是计算机能够模拟人类智能的一门学科和技术。机器学习（machine learning，ML）是人工智能的一个分支，原理是使计算机能够通过数据和经验自动地学习和改进性能，不需要明确的编程指令。深度学习（deep learning，DL）则是机器学习的一种特殊形式，通过模拟人脑神经网络的结构和功能进行学习和决策。三者之间的关系是 AI 技术涵盖 ML 和 DL。

人工智能的三大基石是数据、算法和算力。算法作为其中之一，具有九大经典算法，具体算法类型见表 1-6。ML 算法在新药研发领域被广泛用于分类和回归预测等方面，常见的 ML 算法包括决策树、随机森林、支持向量机、k-最近邻算法、朴素贝叶斯分类器等；DL 算法包括深度神经网络（deep neural network，DNN）、卷积深度网络（convolutional neural network，CNN）、循环神经网络（recurrent neural network，RNN）和自编码器（auto encoder，AE）等。DL 算法适合处理大数据，模型也更为复杂。随着计算机性能的提高和数据量的积累，DL 算法在新药研发中的应用越来越广。

表1-6 人工智能常见应用算法

AI技术	算法类型	算法特点
ML	决策树	决策树是一种将决策流程以树状结构清晰表示的ML方法，本质上是通过一系列规则对数据进行分类的过程
	随机森林	随机森林是通过构建多个决策树对样本进行训练并预测的一种分类器，其最终输出的类别是由每个决策树输出的类别的众数而决定
	支持向量机	支持向量机能够处理小数据集中的高维变量，可以用于分类和回归问题，但更多用在分类问题上
	k-最近邻算法	k-最近邻算法是一种用于分类和回归的无监督学习算法，是一个理论上比较成熟的方法，也是最简单的ML算法之一
	朴素贝叶斯分类器	朴素贝叶斯分类器是应用最为广泛的分类算法之一，只需要少量的训练数据即可估计出一些必要的参数，能够在许多复杂的条件中取得较好的效果
DL	DNN	DNN由输入层、隐藏层和输出层这3个部分组成，每层都包含若干个神经元，是最早应用于药物发现的DL算法之一
	CNN	CNN是一种前馈神经网络，其在图像识别领域的表现优异
	RNN	RNN是一类用于处理序列数据的神经网络，例如时间序列数据、基因和蛋白序列数据或分子线性输入字符串（SMILES）等，具有记忆性、参数共享且图灵完备（turing completeness）的特点，因此在对序列的非线性特征进行学习时具有一定优势
	AE	AE是一种用于非监督学习的神经网络，具有非常好的提取数据特征表示的能力，典型的用途是用于数据降维，它是深层置信网络的重要组成部分，在图像重构、聚类、机器翻译等方面有着广泛的应用

大量基于人工智能的算法，包括机器学习和深度学习，已经成为 AI 辅助药物设计中的有力工具。例如基于机器学习的虚拟筛选从红树林次生代谢产物确定了可能靶向 KRAS^{G12C} 的 2 个先导化合物。具体步骤如下：选择随机森林作为预测化合物靶向活性的模型，然后对先导化合物进行虚拟筛选和共价对接，获得了 4 种海洋天然产物。在 ADME 和毒性研究后，选择 KI-1 和 KI-2 进行进一步验证，药效团分析表明它们具有良好的药效学特征。这些发现表明，红树林衍生的次生代谢物 KI-1 和 KI-2 可能是潜在的 KRAS^{G12C} 抑制剂。

在过去五年里，研究人员已经成功地运用了机器学习和深度学习的方法来预测新型抗生素、抗病毒化合物等。比如，Liu 等人成功地运用了一个包含 7684 个分子（这些分子具有抑制鲍曼不动杆菌生长的特性）的数据集，训练出了一个 DNN 模型，并对具有抗鲍曼不动杆菌活性的结构新分子进行了计算机预测。通过这种方法，发现了一个对鲍曼不动杆菌具有窄谱活性的抗菌化合物 abaucin（图 1-13）。

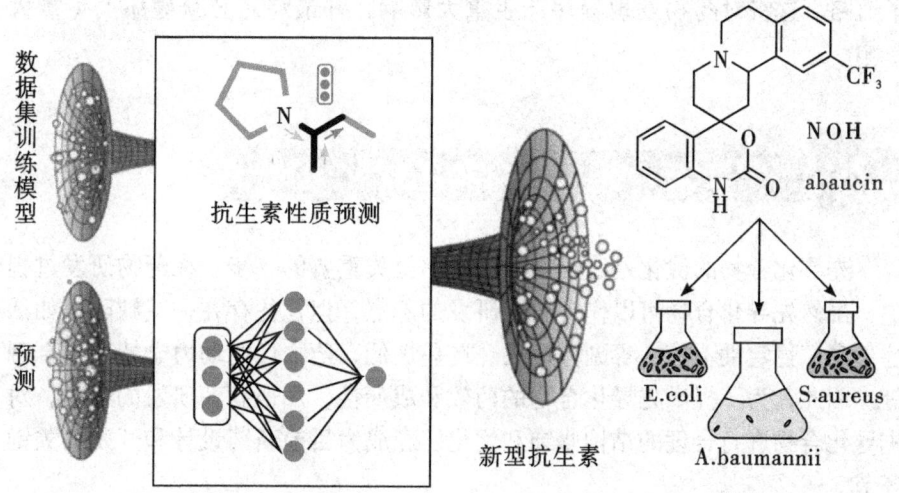

图 1-13　基于深度学习发现的一个对鲍曼不动杆菌具有窄谱活性的化合物

（二）人工智能模型和药物重定位

在先导化合物的发现研究中，人工智能模型主要分为两大类：筛选模型和生成模型。筛选模型能快速且低成本地从海量化合物中筛选出良好的先导化合物。生成模型能生成结构新颖且符合要求的先导化合物，并且模型的命中率较传统模型有明显的提高。因此，借助人工智能模型发现先导化合物成为研究的新方向。

筛选模型可以从海量的化合物中筛选出先导化合物，也可以从上市药物或通过临床Ⅰ期的候选药物中筛选出针对其他疾病相关靶点的先导化合物。从上市药物和候选药物中得到先导化合物的方法称为药物重定位。

药物重定位的一大显著优势在于，当遭遇突如其来的传染病且无药可用时，它能够迅速识别出具有治疗效果且毒性较低的化合物。以2020年全球范围内爆发的新型冠状病毒为例，该疫情导致了大量的人员伤亡。为了迅速发现能够安全有效地治疗新型冠状病毒感染的化合物，药物化学家们借助人工智能筛选模型，从已有的药物库中筛选出对新型冠状病毒具有良好抑制作用的化合物，比如氯喹/羟氯喹、伊维菌素、法匹拉韦、秋水仙碱、瑞德西韦、地塞米松、甲泼尼龙、阿奇霉素、卡莫司他和巴瑞替尼等。这一策略不仅展现了药物重定位在应对突发传染病时的巨大潜力，也为全球公共卫生危机提供了新的解决方案。

由于候选药物的海量数据集，现代药物发现已经进入了大数据时代。综上所述，人工智能在大数据时代的新进展为未来的药物理性开发和优化铺平了道路，这将对药物发现程序产生重大影响，并最终对公众健康产生重大影响。

第二节　先导化合物的优化策略

先导化合物的优化是药物研发领域中至关重要的一步。在药物研发过程中，虽然先导化合物可以作为新药研发的起点，但往往存在一些缺陷，如活性不高、稳定性不够、毒副作用大、选择性低、药物代谢动力学特性不合理等。因此，为了提高先导化合物的药效和成药性，加速新药研发的进程，对先导化合物进行合理的结构修饰和优化已经成为目前新药设计和开发的关键环节。

先导化合物的优化思路根据不同优化目的可大致分为三类：增强药物疗效，改善药物代谢动力学特性和安全性，以及提高化学可及性。传统的结构优化工作大都致力于增强药物疗效，其优化策略往往涉及经典的药物化学原理和现代先进的计算机辅助药物设计技术。近年来，研究者们逐渐意识到不良的药物代谢动力学特性和难以耐受的毒性反应是阻碍药物研发的关键要素，因此在先导化合物优化阶段应该考虑改善其药物代谢动力学属性和减少相关毒副作用。最后，在结构优化过程中提高先导化合物的化学可及性是重要环节。通过合理的药物设计来突破其合成困难性和有限可用性等阻碍，将先导化合物成功转化为药物，应用于实际临床治疗中。

本节根据优化主要目的进行分类，优化策略的主要关注点将根据涉及的优化目的不同而不同。例如，若考虑药物疗效，优化策略则侧重于增强化合物与特定靶点之间的相互作用方面；如果关注药物代谢动力学和安全性，优化策略则着重调整化合物的物理化学性质；当关注点是化学可及性时，那么策略将变为强调简化复杂的自然模板。然而，先导化合物的优化并非一蹴而就，而是一个复杂而细致的过程，在实际优化过程中往往要考虑多种目的同时需要结合多种策略，最后再采用大量的实验进行验证和评估。

通过先导化合物的优化，药物研发人员可以更好地满足患者对安全、有效治疗的需求。不仅如此，先导化合物的优化还有助于扩展药物研发的领域和应用范围，为人类健康事业做出更大的贡献。

一、药物疗效的优化

药效的优化通常是先导化合物结构改造的主要目标。通过对先导化合物进行不同程度的化学修饰对其药效产生不同的影响，而结构改造也可能导致多维目标优化。药效优化主要涉及三种不同层次的优化策略，分别为官能团的化学修饰、以构效关系为导向的优化和基于药效基团的分子设计。

（一）官能团的化学修饰

提高药物疗效最简单的方法是对官能团直接进行化学修饰。在这种方法中，化合物结构修饰可以采用生物电子等排替换，衍生、添加或置换官能团，改造环体系，以及改变天然骨架的饱和状态等方法，化合物的基本结构核心通常未被改变，主要依靠经验和直觉进行判断改造。其基本的原理就是相似的结构呈现类似的生物活性。

1. **生物电子等排替换**

作为经典的药物化学原理，利用生物电子等排性改造先导化合物是其结构修饰以增强活性的首要手段。生物电子等排体是指一类基团或取代基具有相似的物理化学性质，如分子体积、电子分布、药物的解离常数和油水分配系数。由于这种相似性，它们可能具有相同、相关或相反的生物活性。基于这个概念，先导化合物结构的一个片段可以被另一个片段取代，从而调节其药效学和药代动力学特性。生物电子等排体可以分为经典和非经典两大类型。经典的生物电子等排体基于相同的生物等构基团的价态，而非经典的生物电子等排体指具有等效性质的功能团，它们在形状、化学性质等方面与原始分子中的功能团相似，包括反同宿、同位生物子、退火，以及逆向退火。

药物设计中常用的生物电子等排体见表1-7。

表1-7 药物设计中常用的生物电子等排体

分类		相互替换的等排体
经典生物电子等排体		
	一价	$-X$、$-OH$、$-NH_2$、$-CH_3$、$-SH$、$-\tau-C_4H_9$、$-i-C_3H_7$
	二价	$-O-$、$-S-$、$-CH_2-$、$-NH-$、$-Se-$、$-CO_2-$、$-COCH_2-$
	三价 四价	$-N=$、$-P=$、$-CH=$、$-As=$、$-Sb=$ $\overset{|}{-}\overset{|}{C}-$、$\overset{|}{-}\overset{|}{Si}-$、$=C=$
	环内等价	$-CH=CH-$、$=CH-$、$-S-$、$=N-$、$-O-$、$-CH_2-$、$-NH-$
非经典生物电子等排体		
	羟基	OH、CH_2OH、$NHCOR$、$NHSO_2R$、$NHCONH_2$、$NHCN$
	羰基	CO、$C=C(CN)_2$
	羧基	$COOH$、SO_2NHR、SO_3H、$CONHOH$ 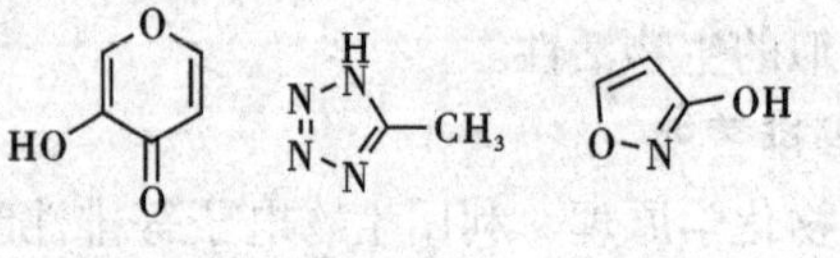 (含4-羟基-4H-吡喃-4-酮、5-甲基四唑、3-羟基异噁唑结构)
	硫脲	$-HN-C(=S)-NH_2$、$-HN-C(=NCN)-NH_2$、$-HN-C(=CHNO_2)-NH_2$
	苯环	苯、吡啶、嘧啶、噻吩、呋喃、异噁唑

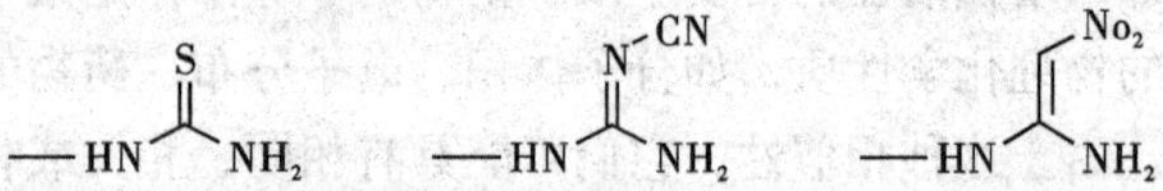

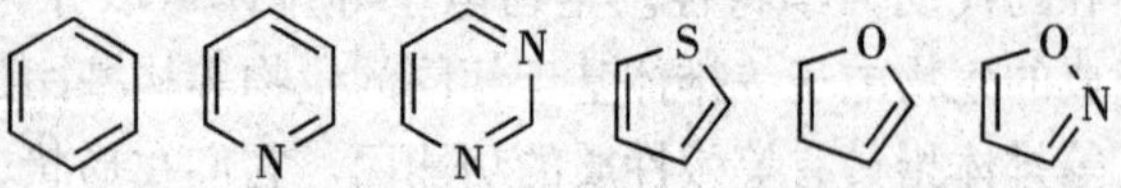

电子等排体替换策略被广泛应用于许多药物的研发进程中,例如抗菌类药物、抗癌药物、抗病毒药物、驱虫类药物、抗抑郁药、抗组胺药、质子泵抑制剂等。本部分将举两个电子等排策略新近应用于先导化合物改造的成功案例。利什曼病是一种由利什曼原虫引起的热带疾病。基于先前的研究显示咪唑烷酮化合物是有效的抗利什曼原虫药,通过电子等排策略得到了三种类似物(图1-14),并被证明其具有很好的抗利什曼原虫活性,而丝裂原活化蛋白激酶是其最可能的靶标蛋白。此外,近年有研究者基于已上市的抗艾滋病药物利匹韦林(rilpivirine)的结构,得到含有噻吩[3,2-d]嘧啶中心环的先导化合物(图1-15)。随后为了提高药效,通过生物电子等排体策略用噻吩[2,3-d]嘧啶取代噻吩[3,2-d]嘧啶,开发出对野生型和突变型菌株表现出更强效力的化合物。

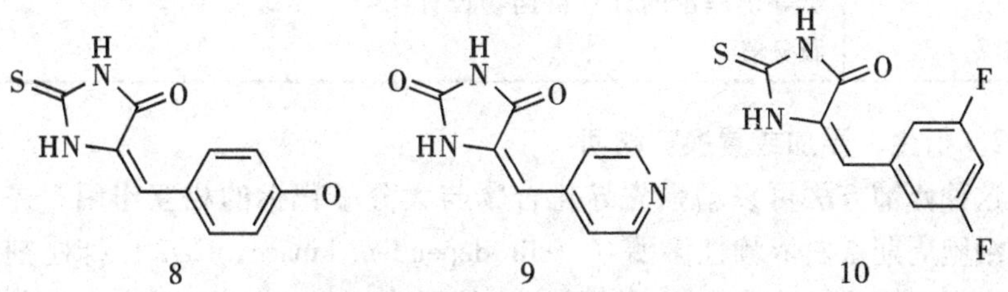

图1-14 三种具有抗利什曼原虫活性的化合物

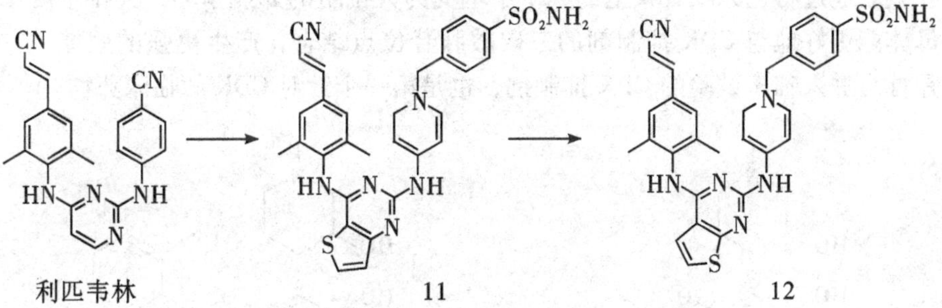

图1-15 基于利匹韦林结构开发的化合物

随着现代技术计算机辅助药物设计的发展,新药研究与开发的速度得到较大提高。近年来,相继出现的几款基于电子等排理论开发的软件或数据库,能够更好地帮助研究者们发现与研发新药。这些利用生物电子等排原理修饰分子结构的软件或数据库见表1-8。

表1-8 利用生物电子等排原理修饰分子结构的软件或数据库

软件/数据库	说明	网站
SwissBioisostere	包含5586462种不同生物电子等排转换类型的数据库	http://www.swissbioisostere.ch
BoBER	进行生物电子等排替换的服务器工具	http://bober.insilab.org
MB-Isoster	基于生物电子等排理论的药物设计程序	https://www.unifal-mg.edu.br/molmodcs/tools/
MolOpt	基于数据挖掘、深度生成机器学习模型及相似性比较的生物电子等排理论的计算机药物设计服务器	http://xundrug.cn/molopt

2. 衍生、添加或置换官能团

这种修饰方法可以增强先导化合物与大分子靶标的相互作用，提高药效。细胞周期蛋白依赖性激酶（cyclin-dependent kinase，CDK）抑制剂的发现和发展，阐述了该策略的有效性。夫拉平度（flavopiridol）作为一种黄酮类抗肿瘤药来源于印度土著植物首次分离得到的天然色原烷生物碱——罗希吐碱。通过将色原酮骨架上的一个甲基变为大位阻的邻氯苯环，夫拉平度比母体能更好地与CDK抑制剂的三磷酸腺苷位点结合，产生更强的效能。它是首个进入临床试验的CDK抑制剂，也是第一个针对CDK的临床药物。

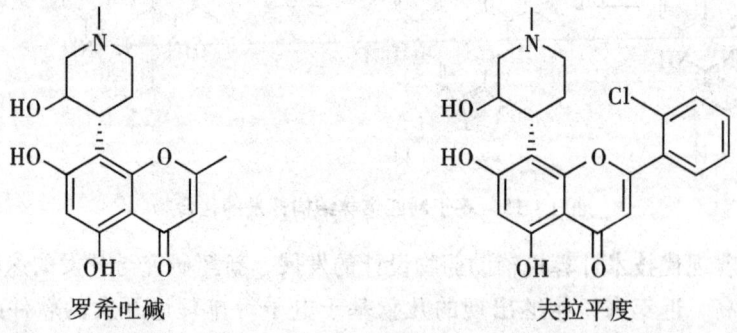

罗希吐碱　　　　　　　　　夫拉平度

3. 改造环体系

在药物结构中，常常包含一些具有特定功能的环，通过先导化合物结构中环消除、环缩小或扩大、开环或闭环，能够使其更好地与靶分子形状互补而提高药效。例如，B 淋巴细胞瘤-2 基因（B-cell lymphoma-2，Bcl-2）抑制剂链玉红菌素 B（Streptorubin B）是一种细菌的吡咯类生物碱，对其进行环结构修饰，开发出用于治疗慢性淋巴细胞白血病临床药物奥巴克拉（obatoclax）。链玉红菌素 B 结构中的吡咯环被吲哚环取代，且吡咯环上的环葵烷被简化成两个甲基，从而生成更为强效的 Bcl-2 抑制剂奥巴拉克，同时被应用于治疗其他癌症的临床试验中。

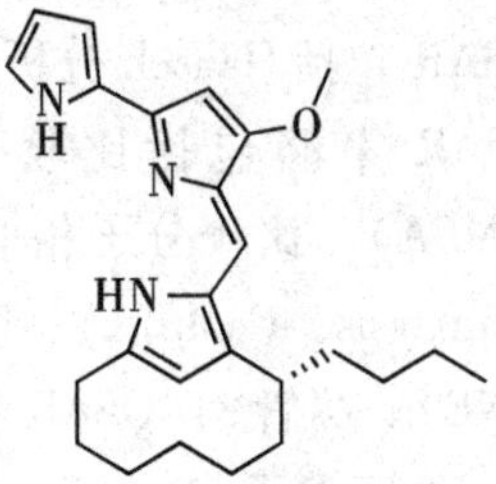

链玉红菌素 B 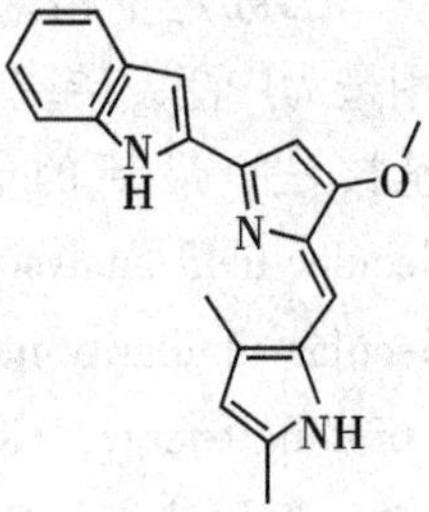   奥巴拉克

4. 改变天然骨架饱和状态

将天然先导化合物结构中部分骨架变为饱和或不饱和可以改变整个分子构象，从而改善药效及其药代动力学性质。从海洋焦曲霉菌中分离得到的天然产物 13 是一种 2，5-二酮哌嗪类抗肿瘤细胞微管蛋白结合剂的细胞毒素。在改造该天然化合物提高其生物活性过程中，合成并评估了多种脱氢类似物，从而发现具有抗多重耐药肿瘤细胞活性的药物普那布林（plinabulin）。普那布林应用于治疗非小细胞肺癌临床试验中，于近年被国家药品监督管理局药品审评中心拟纳入"突破性治疗品种"。

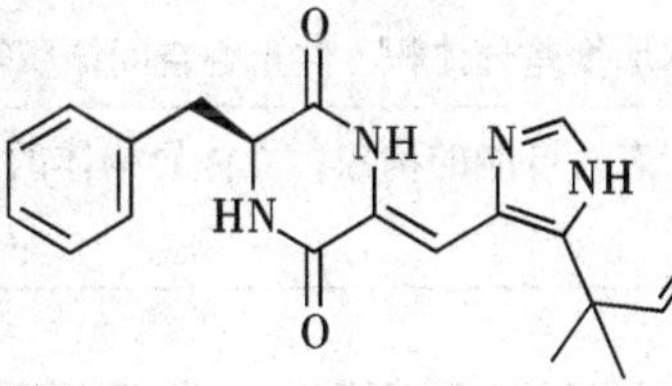

13 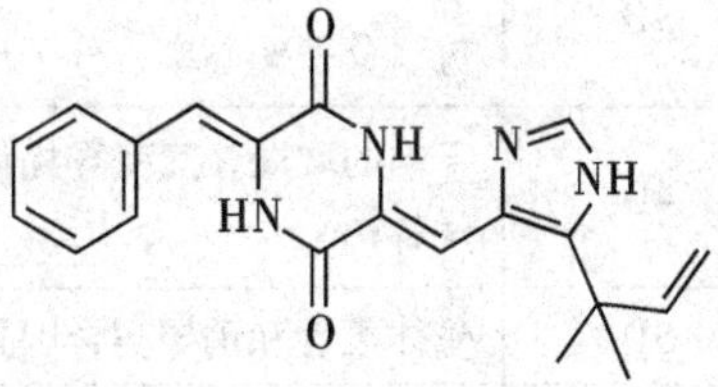   普那布林

（二）以构效关系为导向的优化

定量构效关系（quantitative structure-activity relationship，QSAR）是指利用理论计算和统计分析工具来研究系列化合物的物理化学性质、拓扑特征与其生物效应（如药物活性、药效学特性、毒性、药代动力学参数和生物利用

度等）之间的定量关系。定量构效关系以数学模型表达和概括出量变规律，随后应用这些模型来预测或设计具有所需性质的新化学物质，是药物设计及结构优化中的一个重要理论计算方法和常用手段。

QSAR 使用配体的分子特性作为描述符。为了生成良好的 QSAR 模型，需要一组信息丰富的描述符，这些描述符与预期的生物功能/活性定量相关。目前，QSAR 技术根据描述符的维度可分为六种类型（零维到六维），如表1-9 所示。其中，二维定量构效关系（2D-QSAR）与三维定量构效关系（3D-QSAR）应用最为广泛。传统 2D-QSAR 包括 Hansch 分析法、Free-Wilson 模型法、分子连接法。最新的 3D-QSAR 策略包括比较分子场分析法（comparative molecular field analysis，CoMFA）、比较分子相似性指数分析法（comparative molecular silmilarity indices analysis，CoMSIA）、比较结合能分析法（comparative binding energy，COMBINE）。尽管 3D-QSAR 在药物发现领域取得了显著的成功，但仍然有很多缺陷，故开发了 4D、5D 和 6D-QSAR 等更先进的多维 QSAR 策略。

表1-9 基于分子描述符维度划分的 QSAR 技术类型

维度	参数说明
0D	使用从原子数、键数、分子量、分子式、分子性质获得的描述符
1D	与整个化学结构有关的分子特性，如官能团、logp、溶解度等
2D	使用了拓扑结构模式、分子结构与物化参数（热力学参数），如电拓扑状态指数、Wiener 指数、连通性指数、生成热、手性中心、可旋转键等
3D	利用三维结构特性，如电子偶极矩、受体表面分析参数、疏水性、静电势、分子偏心率、分子形状分析、球形度差分体积、共重叠空间体积等
4D	不同的取向，互变异构体或质子化状态，可能的构象，立体异构体的训练等
5D	受体柔性和诱导契合因素等
6D	溶剂化效应在受体-配体相互作用中的影响等

QSAR 模型的构建过程大致分为四个步骤：①从数据库或文献中收集和构建化学数据集；②描述符的计算和数据预处理；③在生物活性与选定的描述符之间建立关系（模型）；④应用 QSAR 模型设计和预测化合物的生物学特性。当前 QSAR 技术已广泛应用于药物设计与开发领域，为科研人员节省了大量的时间、人力和物力。本节以部分具有抗肿瘤活性的埃博霉素类似物

和抗炎活性 2 - [（吡啶 - 3 - 氧）甲基] 哌嗪衍生物为例, 简单阐明 QSAR 在先导化合物结构优化中的重要性。

埃博霉素（epothilones）是一类从细菌分离得到的大环内酯类化合物, 能够与微管蛋白结合使癌细胞无法顺利进行有丝分裂, 从而使癌细胞凋亡。因在抗肿瘤谱、安全性和水溶性等方面均优于紫杉醇, 埃博霉素的结构经过大量改造和优化, 揭示了部分构效关系, 如图 1 - 16 所示。大体上, 16 - 元的大环和 7 个手性中心的配置是保持生物活性的关键, 而变更、添加或删除其他部分的基团则可以改变化合物一些特性。因此, 以这一 SAR 为指引, 几个新的埃博霉素类似物被发现并应用于临床试验。例如, 氟迪隆 (fludelone) 是母体 C26 被氟取代的衍生物, 而异氟迪隆 (iso-fludelone) 则是把氟迪隆的噻唑更替成异恶唑, 以提高其药效和生物稳定性。沙戈匹隆 (sagopilone) 是埃博霉素的另一个亲脂性衍生物, 其将埃博霉素的噻唑环替换成苯并噻唑环, C6 位甲基改为丙烯基, 不仅显著提高了抗肿瘤活性, 还能穿过血脑屏障。异氟迪隆和沙戈匹隆都进入了临床试验。

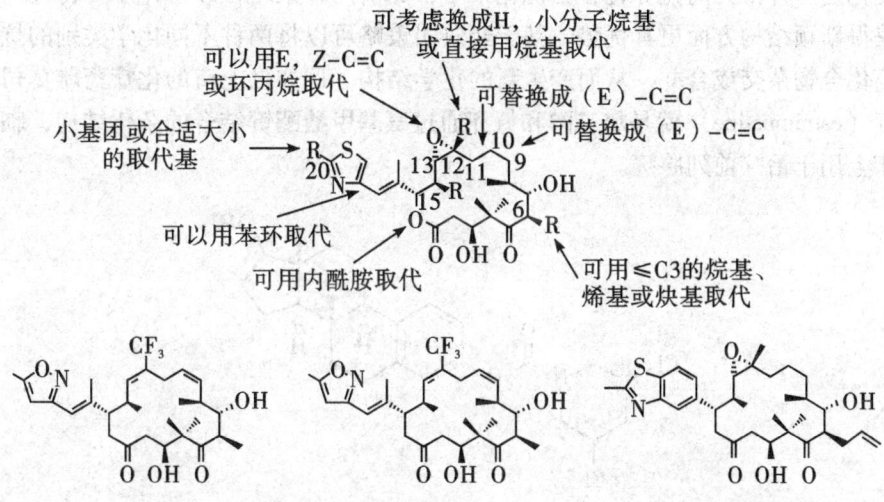

图 1 - 16　埃博霉素衍生物重要 SAR 总结及相关类似物的结构

2 - （吡啶 - 3 - 酰氧基）甲基哌嗪（PPZ）是一类具有抗炎活性的化合物, 其作用靶点为烟碱乙酰胆碱受体（Nicotinic Acetylcholine Receptor, nAChR）的 α7 亚型。最近, 研究人员采用 3D-QSAR 模型和分子对接对一系列 27 个 PPZ 类似物进行分析, 通过 CoMFA 分析结果筛选出 PPZ 类似物 11 的活性最高, 类似物 13 的活性最低, 并且分别导出其与 α7 nAChR 作用的等势图（图 1 - 17）。研究者可根据等势图和活性预测结果提示进一步改造药物，以提高药效。

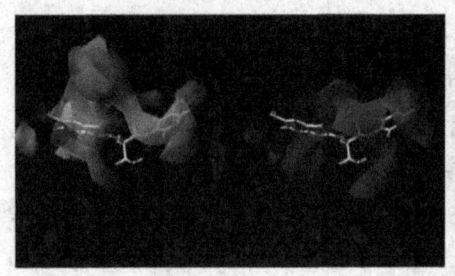 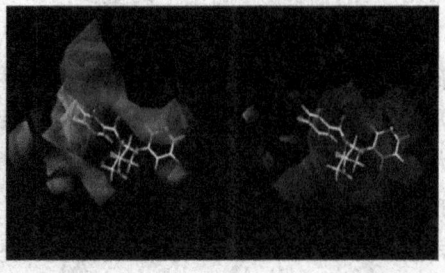

图 1-17 PPZ 类似物 11（左）和类似物 13（右）分别与靶点 α7nAChR 作用的 CoMFA 等势图，显示了空间场分布和静电场分布

（三）基于药效团的分子设计

药效团（pharmacophore）是小分子化合物被靶点生物大分子识别所必需的物理化学特征及空间排布。基于先导化合物的药效团模型进行药物设计与优化是一种常见的先导化合物优化策略，比前两种策略在改善化学可得性与获得新颖结构方面更具优势。基于药效团策略可以将两种不同化学类别的抗癌化合物杂交或合并，从而产生新的化学结构。例如已上市的化疗药雌莫司汀（estramustine）就是雌二醇和氮芥通过氨基甲酸酯键结合的杂化结构，临床上用于治疗前列腺癌。

雌莫司汀

生成药效团模型一般有两种方法：

1. 基于配体的药物设计方法

在已知配体的叠合上，阐明共同的结构元素和药效团特征，以发现生物活性更高的新结构，通常用于新药的高效设计。原理是具有相似化学结构的化合物会表现出相似的结合特性。基于配体构建药效团的数据来源于单个或多个已知活性的配体（如化合物小分子或多肽）的特征信息。该策略主要优势是对应的靶点可以是未知或未被研究的。研究者曾基于配体药效团模型来设计和优化具有抗血栓活性的先导化合物，以获得强效的人前列腺素 E 受体 3（human prostaglandin E receptor，hEP3）拮抗剂。首先基于 19 个化合物药效特征数据，构建了六特征的三维药效团预测模型 P6，随后使用 11 种化合物的测试集验证模型 P6 具有良好的预测能力，为获得强效的新化学型 hEP3 拮抗剂提供较好的优化策略（图 1-18）。

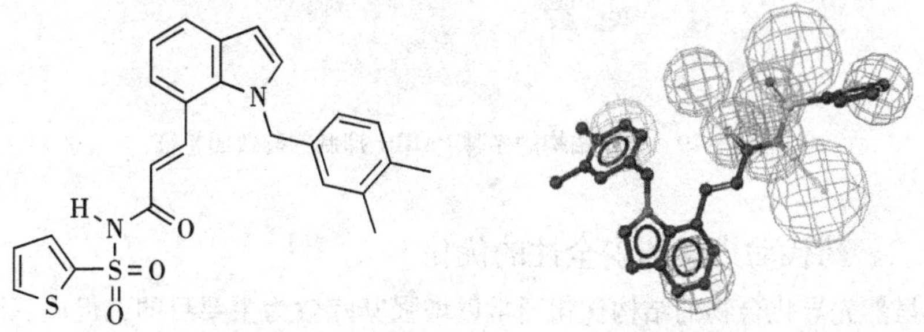

图 1-18　三维药效团预测模型 P6（左）；训练集化合物 17 的化学结构

2. 基于结构的药物设计方法

建立在实验阐明的蛋白质-配体复合物上。其药效团构建来源是靶标的载脂蛋白结构（如蛋白质或核酸大分子）或配体-靶标复合物。当生物靶点的三维结构模型是已知并可获取时，则采用基于结构构建药效团的方法能够精确地进行药物设计及优化。例如，聚腺苷二磷酸核糖聚合酶 1（Poly ADP-Ribose Polymerase 1，PARP1）是一种参与细胞 DNA 损伤自我修复的酶，其抑制剂被用于乳腺癌治疗。有研究采用基于结构的药效团模型优化策略成功地研发出一种具有独特骨架的新型 PARP1 抑制剂，其药效团模型构建数据源于研究团队虚拟筛选出的先导化合物和其他文献中其他 10 种 PARP1 抑制剂的药效团特征；通过模型设计和合成了一系列衍生物并测试其生物活性，随后进一步优化，最后得到一个新型化合物（图 1-19）。它可以和 PARP1 蛋白特异性结合，并且与母体化合物相比，半抑制浓度降低了近 20 倍。

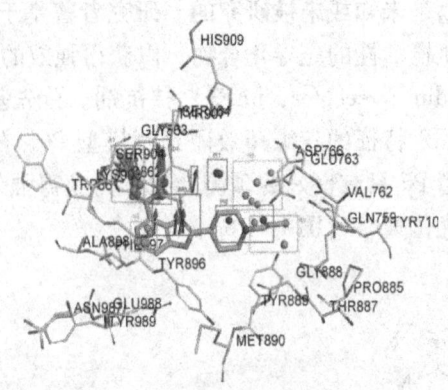

图1-19 基于结构的多种PARP1抑制剂药效团特征

二、药代动力学和安全性的优化

虽然先导化合物的结构优化通常以增强其疗效为主要目的,但确保新的先导化合物具有可接受的吸收、分布、代谢和排泄的药代动力学参数,同时最大限度地减少毒性作用越来越受到关注。以提高药物疗效为目的往往涉及对化合物原型结构的部分细节进行改造,以增强与大分子靶标的特异性作用,而以改善先导化合物药代动力学和安全性质为目的的优化策略一般与整个化合物的性质相关。以下将从水溶性、细胞渗透性、血浆稳定性、药物转运体、改善代谢与排泄、提高安全性这几个角度,简要讨论先导化合物优化时采用的策略。其优化策略有一些手段和方法与提高药物疗效部分相似,因此为了避免冗余,相关概念将不再复述,此处主要侧重于讨论化学结构修饰对其药代动力学和安全性质的影响。

(一)水溶性

水溶性是化合物的基本物理特性,其溶解性与药物分子在体内的吸收、分布、代谢、排泄乃至毒性息息相关。若药物具有优良的水溶特性则能提高其疗效和改善体内的药代动力学性质。值得注意的是,溶解度不是越大越好,若药物水溶性过高则可能会造成脂溶性差或难渗透等问题。然而,当前大部分在研药物的水溶性都较差,因此,提高化合物的水溶性仍是目前药物研发过程中的重点关注问题。

改善先导化合物水溶性基本策略有引入亲水基团或可电离基团、氢键的添加和删除、合成前药、生物等构体置换、破坏分子的平面性和晶体排列方式,以及利用现代计算机技术预测溶解度以更好地优化先导化合物等。以下将从上述策略中挑选几条进行举例简述。

第一章 概述

1. **引入亲水基团或可电离基团**

这种修饰方法通过降低先导化合物的亲脂性以提高其溶解度，是最常见和最经典的策略。例如蛋白酶抑制剂卡非佐米（carfilzomib）的发现是源于对先导化合物 YU-101 结构中乙酰基的 N 端引入一个吗啉基，以改善其水溶性，临床上用于治疗多发性骨髓瘤。

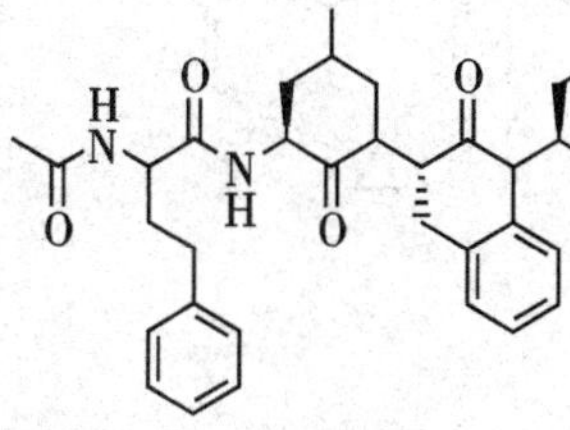

YU-101 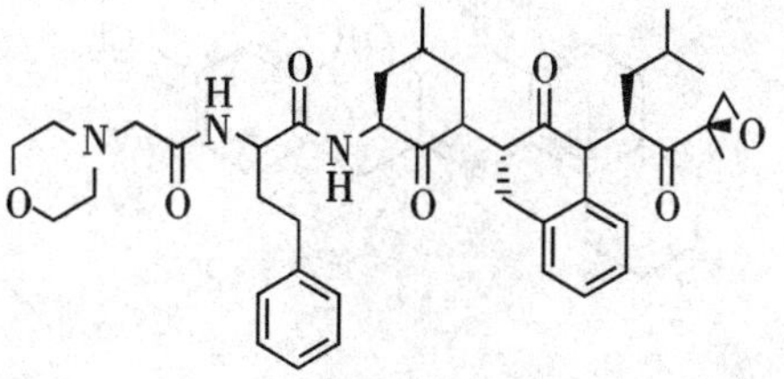　　　　　　卡非佐米

2. **添加/删除氢键**

其基本原理可能是通过添加氢键受体或供体，与周围水分子形成氢键从而提高溶解度。或者通过删除氢键以降低熔点，致使化合物溶解度增加。例如，研究人员对一种水溶性差但具有抗鱼藤酮毒性活性的三嗪并嘧啶二酮类衍生物 14 进行结构优化，通过加入—CF_3 取代的苯环后形成化合物 15 不仅提高了原先导化合物的溶解性，还显著提高了它的生物活性和代谢稳定性。由于随后引入系列烷基并未进一步改善溶解性，故推测—CF_3 取代苯环基团能改善溶解度的原理可能是由于水和氟原子间形成了氢键，从而增加了水溶性。

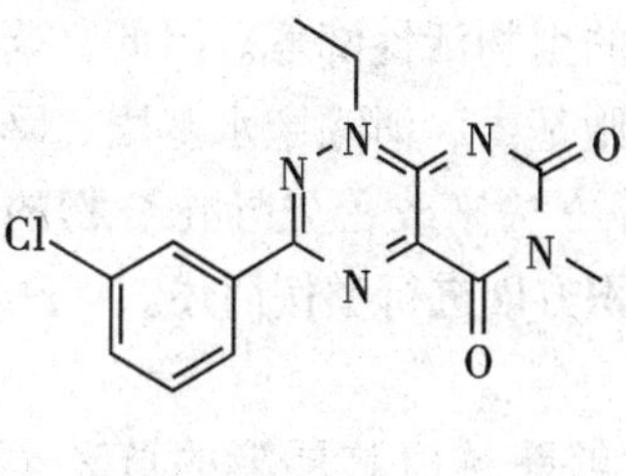

14 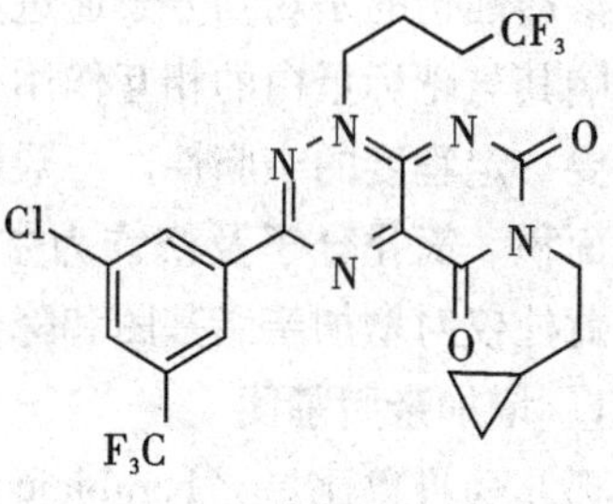　　　　　　15

3. **破坏分子的平面性和晶体排列方式**

该方法是小分子药物发现与优化过程中一种替代传统方法的新策略。有文献表明化合物中紧密的晶体堆积结构和平面排列方式可能会造成化合物与水分子相互作用差，同时升高熔点，从而降低化合物的水溶性。因此，改变药物分子平面性和晶体堆积紧密度是改善水溶性的一种方式。如先导化合物

喹啉-4-羧酸衍生物 16 是一种溶解度非常低的 P 选择素抑制剂，但通过引入环丙基和 CF₃ 片段，破坏了分子结构的平面性，减少晶体堆积，最终获得的改性化合物 17，溶解度提高了 1000 倍。

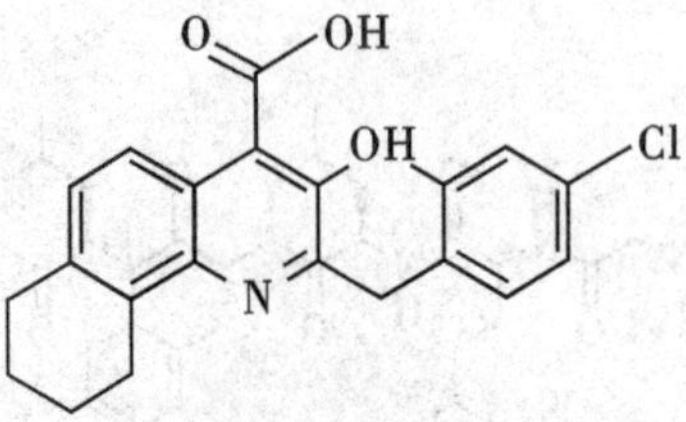

16

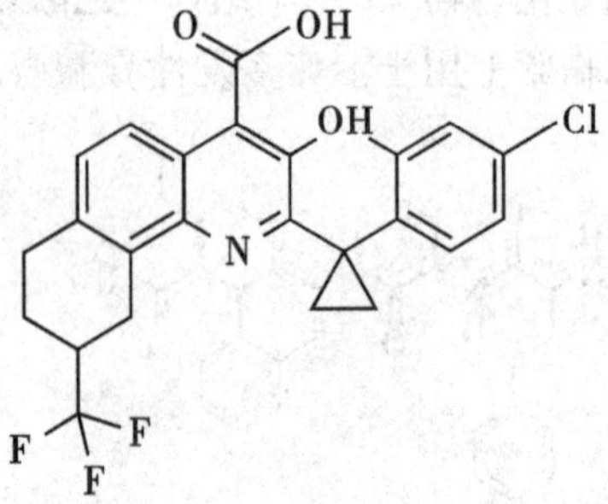

17

4. 利用现代计算机技术预测并改善溶解度

对溶解度的错误预判是导致许多体外实验结果分析错误的一个主要原因。因此，在药物发现与研究的早期就利用计算机工具来预测先导化合物的溶解度并改造的优化策略越来越受到关注。该方法不仅提高了候选药物后期在临床应用的成功性，还节省了科研工作者大量的时间和精力。目前可用于预测溶解度的计算工具有 QSAR 模型、定量结构-性质关系研究、分子动力学模拟、类导体筛选模型、Hildebrand 和 Hansen 溶解度参数和自由能计算等。

（二）细胞渗透性

渗透性指的是药物分子通过生物屏障的能力。若药物的细胞通透性差则会影响其与靶标蛋白的相互作用，造成药物的生物活性降低。因此，药物分子需要一定程度的亲脂性。一般通过增加亲脂基团、消除亲水基团、降低极性表面积、简化分子及修饰为主动转运体等方法来改善先导化合物的亲脂性。此处仅对增加亲脂基团和降低极性表面积方面进行举例简述。

1. 增加亲脂基团

孤儿药贝鲁比星（berubicin）是首个能够跨越血脑屏障的蒽环类抗癌药，它的发现就是通过引入亲脂基团提高细胞渗透性的典型例子。该药物是 4-氧苄基阿霉素衍生物，引入的苄基能促进渗透穿过血脑屏障使其从其他蒽环霉素衍生物中脱颖而出，可用于治疗恶性神经胶质瘤。

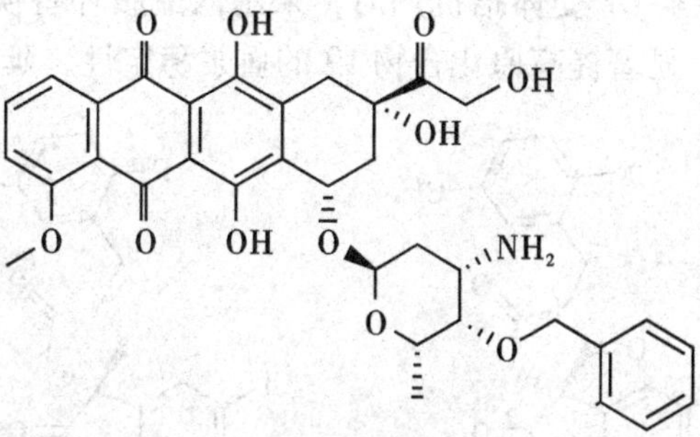

第一章 概述

贝鲁比星

2. 降低极性表面积

药物的极性表面积是指其分子表面极性部分的总面积，是常用的药物化学参数之一。Biofocus 公司通过化学修饰化合物 18 的结构，降低极性表面积，以增强脑细胞通透性，最终获得化合物 URMC-099。URMC-099 作为一种混合谱系激酶抑制剂，可用于治疗帕金森疾病。

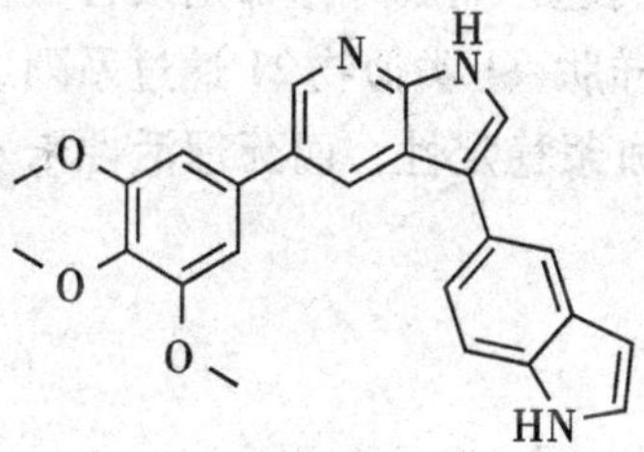

18 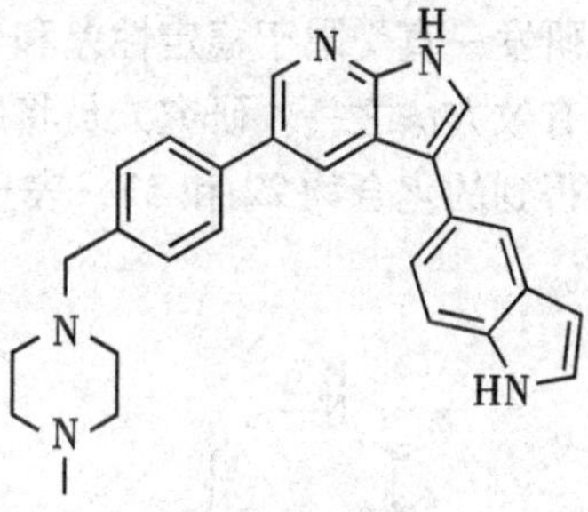　　　　　　　　　　URMC-099

（三）血浆稳定性

血浆中存在多种水解酶，小分子化合物结构中一些特定的官能团（如酯基、酰胺键和羧酸盐等）容易被这些水解酶水解。因此，在药物研发早期需要考察先导化合物的血浆稳定性，找出潜在的不稳定基团并对其进行结构修饰，提高血浆稳定性，延长药效，降低清除率，提高生物利用度，同时降低药物后期因稳定性差而终止试验的潜在风险。提高药物血浆稳定性的策略通常包括：替换易水解基团、成环修饰、骨架跃迁和增加空间位阻等。此处仅对替换易水解基团和成环修饰方面进行举例简述。

1. 替换易水解基团

可以利用生物电子等排体原理替换化合物中的易水解官能团，例如默克公司在研发前列腺素 D2 受体拮抗剂时，采用内酰胺环替换琥珀酰亚胺环结构得到化合物 20，显著提高原化合物 19 的血浆稳定性，延长药效。

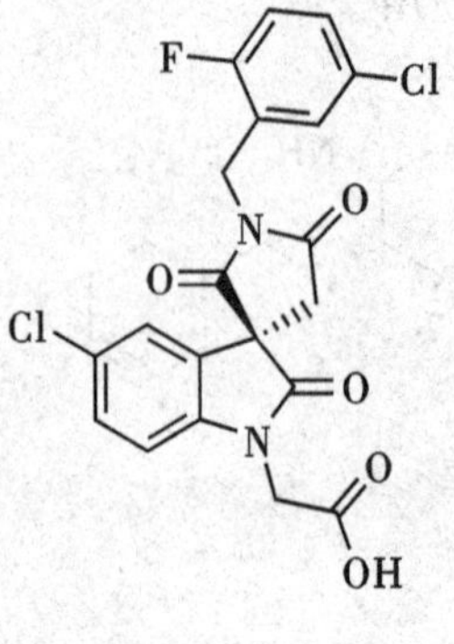

19 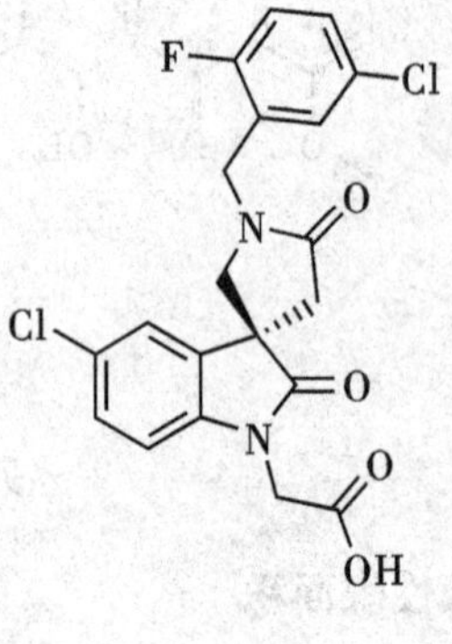   20

2. 成环修饰

该方法通过修饰药物分子中特定官能团成环，限制其转动并以特定构象与靶标蛋白作用，达到提高血浆稳定性和生物利用度的目的。例如多肽类药物的研发一直受限于稳定性差和生产困难等问题，而成环修饰是改善其稳定性的有效方法之一。研究人员将胰高血糖素样肽-1 类似物 21 通过系列成环修饰得到的化合物 22 和 23，表现了较好的血浆稳定性，而药理活性未发生改变。

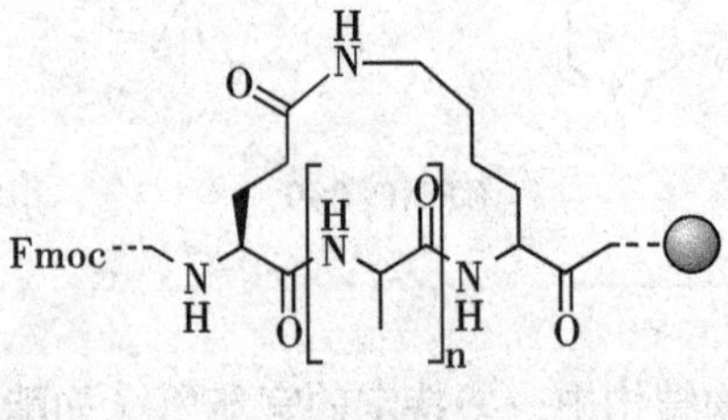

21 [Gly8]GLP-1(7-37)-NH2
22 c[Glu18-Lys22][Gly8]GLP-1(7-37)-NH2
23 c[Glu18-Lys26][Gly8]GLP-1(7-37)-NH2

（四）药物转运体

药物在体内的吸收和分布与生物膜上的转运体有密切关系，尤其是一些亲水性药物因无法通过生物膜，需要转运体参与跨膜运输。转运体的存在使得药物在各器官或组织中的浓度不尽相同，同时若存在多种药物竞争同一转运体或者转运体被药物抑制时也会影响药物的吸收和分布。因此，针对药物转运体对药物分子进行改造和设计可以为先导化合物优化提供一种新思路。人体内与药相关的转运体可分为可溶性载体超家族（solute carrier，SLC）和三磷腺苷结合盒转运体超家族（ATP-binding cassette，ABC）。

1. 基于 SLC 转运体的优化

SLC 转运体主要包括：寡肽转运体、有机阴离子转运体、有机阴离子多肽转运体和有机阳离子转运体等。抗精神疾病类药物 LY354740 的改造就是针对寡肽转运体进行先导化合物优化的例子。原药物分子中的氨基与丙氨酸通过酰胺键结合，设计得到的前药 LY544344 对寡肽转运体具有高度选择性，且给药半小时后前药完全转化为 LY354740 而进一步发挥药效。

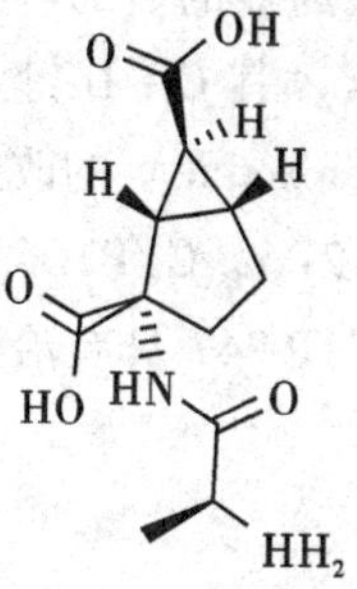

LY544344

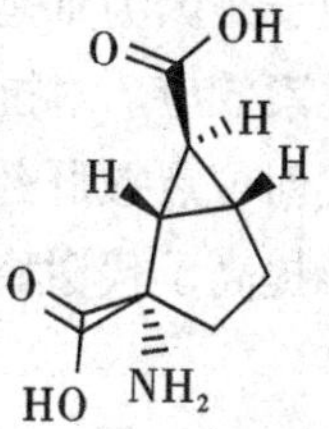

LY354740

2. 基于 ABC 转运体的优化

此类转运体包括 P 糖蛋白、蛋白乳腺癌耐药蛋白和多药耐药相关蛋白等。例如，有研究者通过降低药物 pKa 的方式来减少 β-分泌酶 1 抑制剂被 P 糖蛋白转运出脑外的影响，从而延长其治疗阿尔茨海默病时效。由于化合物 24 游离的氨基是发挥药效的关键，无法进行修饰，但在氨基相连的环上引入双键可以使氨基的孤对电子离阈，降低 pKa。得到的化合物 25 活性未改变，但减少了 P 糖蛋白外排，延长了药效。

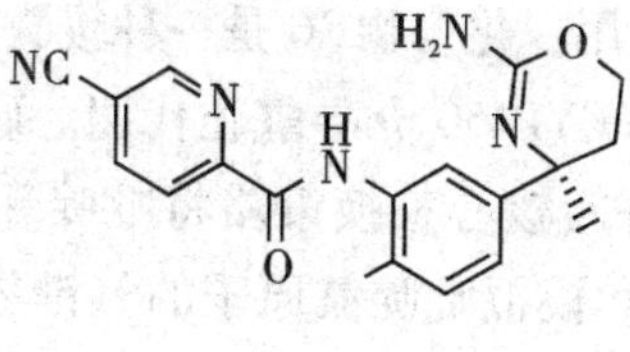

24

（五）改善代谢与排泄

药物在体内的清除主要通过肝脏进行代谢，肾脏进行排泄。代谢反应分为 Ⅰ 相代谢和 Ⅱ 代谢，前者主要涉及药物自身结构的变化反应，而后者则是药物或其代谢产物与体内一些基团发生结合反应，最终脂溶性药物分子转化为极性强和水溶性好的化合物排出体外。提高代谢稳定性和肾脏清除率的先导化合物优化策略有：降低化合物脂溶性、骨架修饰、前药改造、改变立体构型、封闭代谢位点、生物电子等排体替换和基于机器学习方法等。此处仅对封闭代谢位点，生物电子等排体和基于机器学习方法进行举例简述。

1. 封闭代谢位点

在已知化合物代谢途径时，可以采用此法提高药物分子的代谢稳定性，改善清除率。例如在容易与肝脏内药物代谢酶作用的代谢位点可以用氟、氯、氘等原子替代，封闭其代谢位点，达到延长药效的目的。其中，氘原子可以替代氢原子是因为氘是氢的稳定形态同位素，其 C–D 键难以断裂，具有动力学同位素效应。对抗抑郁药帕罗西汀（paroxetine）的改造就是利用该原理，避免代谢位点被肝药酶（cytochromeP450 2D6，CYP2D6）氧化，改变了代谢途径，提高了代谢稳定性。新的化合物 CTP-347 具有治疗绝经期潮红的临床作用。

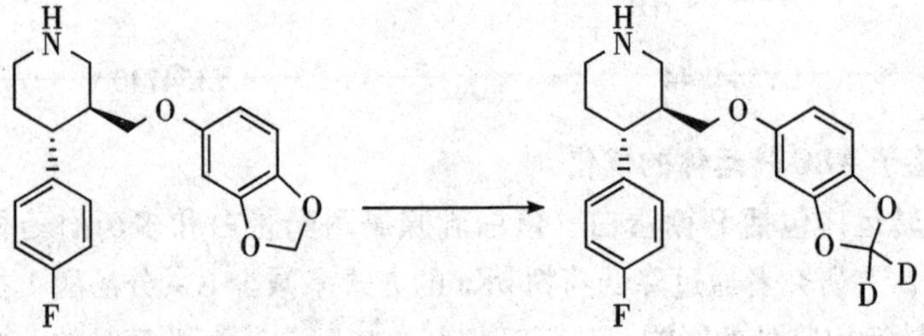

帕罗西汀　　　　　　　　　　　　CTP-347

2. 生物电子等排体替换

本方法是先导化合物优化最常用和最有效的策略之一，在改善药物代谢和排泄方面也有广泛的应用。化合物 26 是一种缓激肽（bradykinin，BK）B1 拮抗剂，在体内由肝药酶 CYP450 介导氧化代谢。研究人员为了避免其代谢激活，最开始基于非芳香族核心替换策略将吡啶环替换成乙二胺（化合物 27）。随后为了构象约束和模拟吡啶氮原子的氢键势能，引入了酰胺羰基得到化合物 28。然而化合物 28 无活性，因此在后续优化中，引入环丙基环，得到的化合物 29 与靶点的亲和力显著升高，并且环丙烷环结构 116° 键角，有效地模拟了与吡啶环结构中的 120° 角，比原化合物 26 具有更高的代谢稳定性。

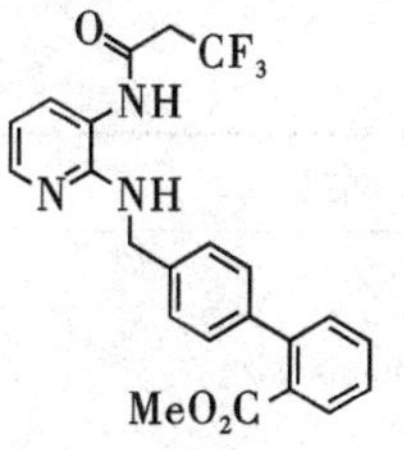

3. 基于机器学习的方法

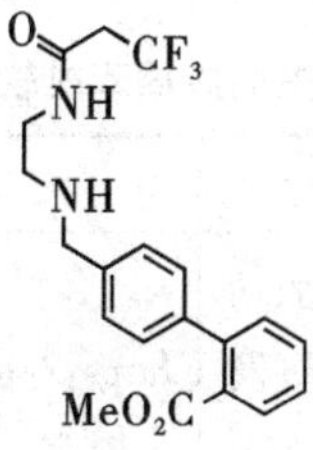

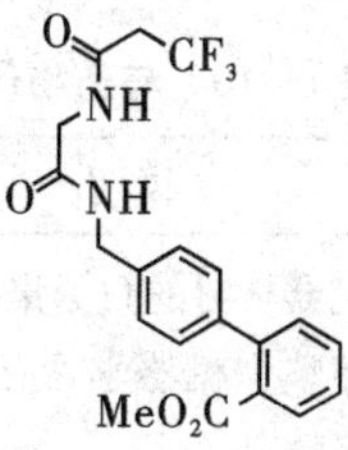

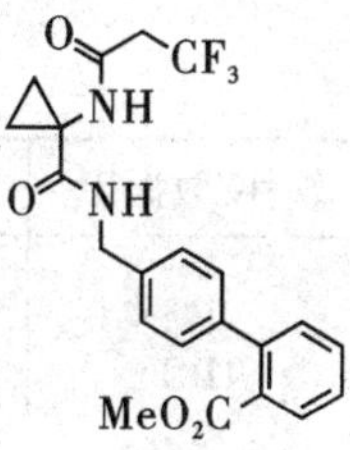

机器学习是一种人工智能技术，通过机器能够从之前输入的数据或实验中学习，而无须直接编程，能够应用于药物发现的所有阶段，其中在预测药物代谢和排泄参数方面具有较高的应用价值。ML 的核心方法包括 K-最近邻算法、支持向量机、随机森林、人工神经网络、朴素贝叶斯等。这些算法可以分析药物的分子结构和理化性质，预测药物的代谢途径，同时基于已知药物代谢信息的大型数据集构建的模型可以识别与特定代谢转化相关的结构特征，预测潜在的代谢物和参与代谢的关键酶。因此，基于机器学习方法可以在药物研发的早期就对化合物进行代谢稳定性预测，及早淘汰代谢性质差的化合物，或者对其进行结构优化以提高代谢稳定性。此外，它还可以估计药物从体内清除的速度，预测药物清除率，为后续制订适当的给药方案和确保药物安全有效性提供有价值的信息。

研究人员可以通过自己设计开发算法或者一些现有的数据库和软件来预测药物在体内代谢和清除的相关信息（表 1-10）。例如，有研究者建立了一种 NB 模型来预测新型抗结核药物在小鼠肝微粒体（mouse liver microsomal, MLM）的稳定性。首先，以一种代谢不稳定的抗结核药物作为参比化合物，它的 88 个类似物作为训练集，共得到 411 个类似物。随后挑选并合成了 13 个预测代谢稳定的分子并测试了 MLM 的稳定性，结果表明所有合成的分子在代谢稳定性方面都优于母体化合物，体现了该模型可用于预测新型抗结核药物的代谢稳定性，同时突出了其在先导化合物优化过程中的实用性。

表1-10 与药物代谢相关的数据库或软件

软件/数据库	说明	网站
TDC	基于机器学习的数据集,提供的功能贯穿整个机器学习在药物研发的所有环节	https://tdcommons.ai/
MetaSite	代谢物的自动化筛选和鉴定	http://www.moldiscovery.com/software/metasite
METLIN	代谢物数据库,含超过96万个化合物信息	https://metlin.scripps.edu
MetaCyc	包含已知生命代谢通路的数据库	https://metacyc.org/
Metabolights	代谢组学实验和衍生信息数据库	https://www.ebi.ac.uk/metabolights/
MetaQSAR	代谢物数据库	http://www.vegazz.net/
BioTransformer	预测小分子代谢和代谢物鉴定的计算工具	https://bitbucket.org/djoumbou/biotransformerjar/src/master/
CypReact	CYP450反应物预测工具	https://bitbucket.org/Leon_Ti/cypreact)
SwissADME	预测药代动力学性质性质	http://www.swissadme.ch/
TOPKAT	毒理学性质预测	http://accelrys.com
ACD/Percepta	药代动力学与毒性预测与先导物优化软件	https://www.chemico.com.cn/
PreADMET	药物的药代动力学性质预测工具	https://preadmet.webservice.bmdrc.org/adme-prediction
QikProp	药物的药代动力学性质预测工具	https://www.schrodinger.com/products/qikprop
ADMET Predictor	药物的药代动力学和毒性预测软件	https://www.simulations-plus.com/software/admetpredictor
FAF Drugs4	药物的药代动力学和毒性预测软件	http://fafdrugs4.mti.univ-paris-diderot.fr/

（六）提高安全性

降低药物的毒性，提高用药安全性是药物研发过程中的重要环节。药物产生毒性一般有两个关键原因：脱靶效应和药物特质性毒性反应。前者可通过对化合物结构进行修饰优化以提高对靶点的特异性，而后者因涉及内源性生物分子的不可预测应激引起的非特异性不良反应，其机制复杂且难以预测，故一般通过增加药效以缩短药物作用时间或者通过改造药物分子中的警惕结构，以期降低毒性风险。总之，为了降低毒性风险对先导化合物进行结构优化的策略有去除警惕结构简化分子、电子等排体替换、改变代谢途径、前药修饰和基于机器学习预测毒性等。此处仅对后三种方法进行举例简述。

1. 改变代谢途径

警惕结构在体内代谢后易引起级联反应，产生毒性，可以通过对警惕结构的改造，降低毒性。如β-拉帕醇（β-lapachol）是一种具有显著抗肿瘤活性的天然先导化合物，在临床应用中由于严重的毒性反应而被撤回。因为分子中的蒽醌骨架对人体内源性亲核物质亲和性高，易产生毒性，属于一种警惕结构。后续通过结构改造发现了化合物β-拉帕醌（β-lapachone），其具有较强的抗癌活性，但毒性小，因为结构中内环化使得亲电性降低同时空间位阻增大，从而影响与内源活性物质相互作用。

β-拉帕醇　　　　　β-拉帕醌

2. 前药修饰

前药修饰策略最常用于改善药物溶解度和提高口服生物利用度，然而通过前药设计改善化合物代谢和增强靶向性，使其在降低药物毒性方面同样具有应用价值。例如维卡格雷（vicagrel）的发现是对氯吡格雷（clopidogrel）的中间代谢物引入前药基团改造得来的。因为氯吡格雷经由 CYP2C19 代谢时会产生氯吡格雷抵抗效应，造成毒性风险，而维卡格雷直接代谢成有活性的中间体，避免了氯吡格雷抵抗现象产生，且维卡格雷的有效剂量更低，极大地降低了药物的毒性风险。

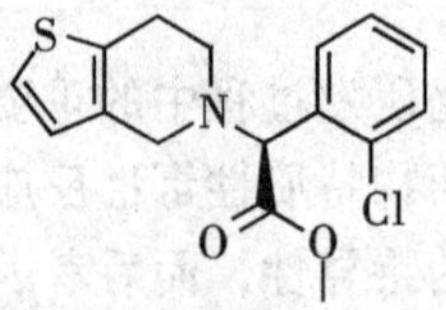

氯吡格雷 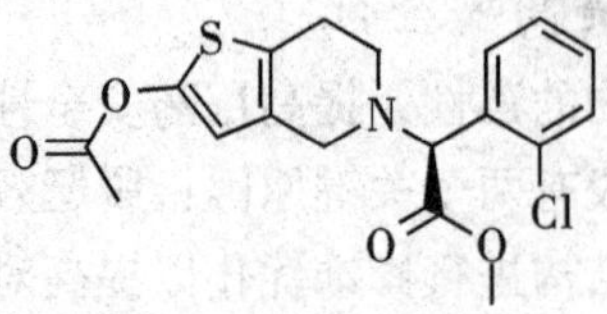　　　　　　维卡格雷

3. 基于机器学习预测毒性

通过人工智能技术和机器学习方法可以分析化合物的化学结构和特性来预测药物的毒性。机器学习算法基于毒理学数据库建立的模型可以识别警惕结构或预测毒性反应，为后续化合物改造提供参考信息，以期降低药物毒性，避免临床试验中潜在的不良反应。

三、化学可及性的优化

除了药效和药代动力学性质外，先导化合物能成功开发成药物并用于临床的另外一个局限要素是化学可及性，也称为合成可及性。这个问题对于天然先导化合物来说尤为关键，因为自然资源有限，同时存在环境保护的压力，而无法满足这些天然产物的充足供给。虽然现在开发了人工化学合成和生物合成方法，但这些方法仍面临着严峻的技术难题，距离大规模生产和应用还很远。基于天然产物结构的简化类似物进行半化学合成仍是当前提高先导化合物化学可及性的实用策略。化学合成简化的天然产物类似物的方法有简化复杂的天然产物结构、减少冗余的手性中心和骨架跃迁等。

（一）简化复杂的天然产物结构

很多天然产物的分子结构复杂，并非所有的官能团都有生物活性，因此在不降低生物活性的前提下，通过减少环的数量、改变分子连接方式、基于结构设计或药效团设计来删除非必需基团来简化结构，是提高先导化合物化学可及性和加快药物研发进程的有效策略。例如五味子丙素（schisandrin C）是一种源于五味子的木脂素，具有抗乙型肝炎病毒和降低转氨酶生物活性。通过删除7元环以简化结构，得到的双环醇类化合物30保留了较强的药理活性，同时溶解度和其他药代动力学性质都有所改善，临床上可用于治疗慢性肝炎引起的转氨酶水平升高的患者。

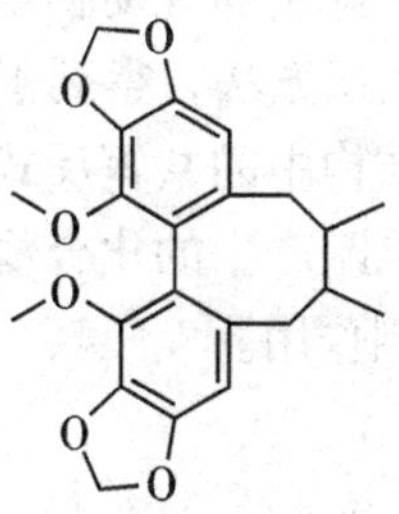

第一章 概述

五味子丙 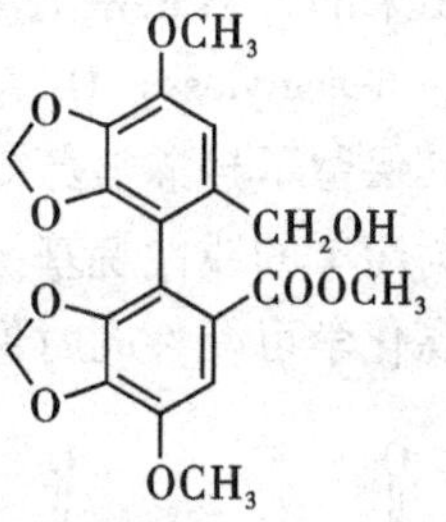　　　　　　　　　30

（二）减少冗余的手性中心

减少原型化合物结构中的手性中心数目也是提高化学可及性的重要途径。例如对抗结核分枝杆菌药物贝达喹啉（bedaquiline）的改造就是一个很好的例子。贝达喹啉是一种针对分枝杆菌 ATP 合酶的抑制剂，临床上用于治疗耐多药结核病，但化学合成困难且价格昂贵。因此，有研究通过去除贝达喹啉结构中相邻的两个手性中心，系统地简化了分子结构，大大简化了合成过程。体外抗结核实验表明，改造后的化合物 31 对药敏结核分枝杆菌 H37Rv 和耐药菌株 12153 均有较好的抑制活性。

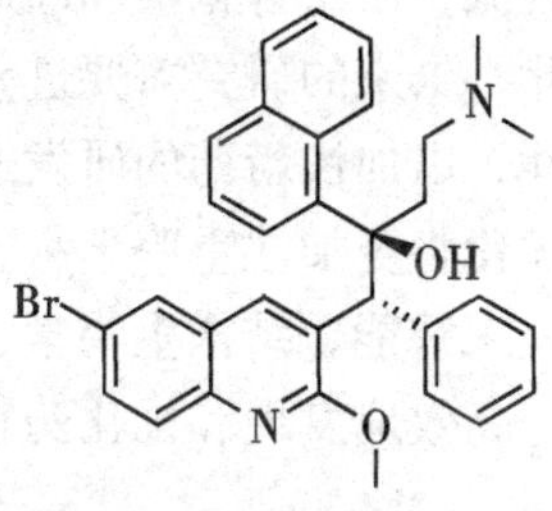

贝达喹啉 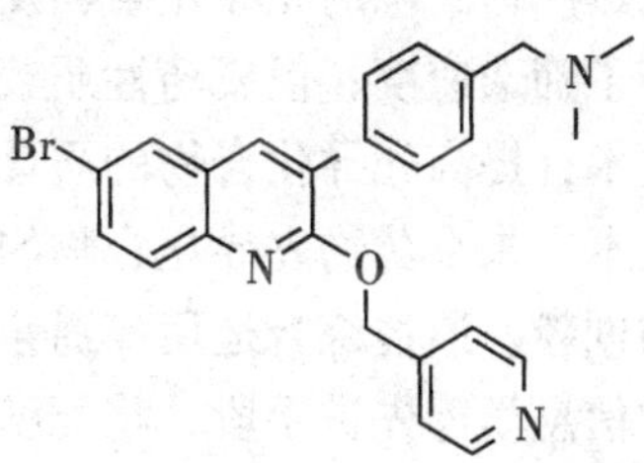　　　　　　　　　31

（三）骨架跃迁

骨架跃迁（scaffold hopping）也称先导物跃迁，是指已知活性化合物分子中的核心骨架被另一个具有类似功能的骨架取代，从而得到一个结构新颖化合物。骨架跃迁可分成四类：杂环替换、开环或闭环、肽模拟和基于拓扑的跃迁。该策略被广泛应用于先导化合物优化，是提高药物药效、药代动力学性质和化学可及性的有效途径。此处采用新型靶向抗癌药伏立诺他（vorinostat）的发现作为例子，来简述骨架跃迁策略被成功应用于提高先导化合物的化学可及性。曲古抑菌素 A（trichostatin A，TSA）是一种从链霉菌属细菌分离出来的天然先导化合物,能够选择性抑制哺乳动物组蛋白去乙酰化酶(histone deacetylase, HDAC)。通过骨架跃迁方法,得到了简化类似物伏立诺他,其保留了羟酸盐药效团,但原天然结构中的共轭反式双键和手性中心被替换为简单的线性烷基链。由这种支架跳跃产生的化合物在更容易化学合成,提高化学可及性同时保留了 HDAC 抑制作用。

曲古抑菌素A   伏立诺他

新药研发过程中,先导化合物的发现和优化是一个系统而复杂的过程,涉及多种技术和方法。从天然产物中寻找活性成分、利用组合化学和高通量筛选技术、结合计算机辅助药物设计和人工智能等新技术,可以有效加快先导化合物的发现速度。在优化阶段,不仅要增强药物疗效,还需改善药物代谢动力学特性和安全性,并提高化学可及性,以确保最终研发出安全有效的药物。尽管先导化合物的发现和优化取得了显著进展,但仍面临一些挑战。例如,天然产物来源的先导化合物发现概率较低,而组合化学和高通量筛选虽然提高了筛选速度,但成药性质较差。因此,未来的研究需要进一步整合多学科技术,提高先导化合物的质量和多样性,以加快新药的研发进程并降低研发成本。未来药物先导化合物的发现和优化将更加注重跨学科、多技术的融合与创新。通过综合运用高通量筛选、人工智能、结构生物学、计算化学、生物信息学等先进手段,将能够更快速、高效地发现和优化药物先导化合物,为人类的健康事业做出更大的贡献。

参考文献

[1] SCACCAGLIA M, BIRBAUMER M P, PINELLI S, et al. Discovery of antibacterial manganese (i) tricarbonyl complexes through combinatorial chemistry [J]. Chemical Science, 2024, 15 (11): 3907-3919.

[2] ZHAO R, ZHU J, JIANG X, et al. Click chemistry-aided drug discovery: A retrospective and prospective outlook [J]. European Journal of Medicinal Chemistry, 2024, 15 (264): 116037.

[3] NIAZI S K, MARIAM Z. Computer-aided drug design and drug discovery: a prospective analysis [J]. Pharmaceuticals, 2023, 17 (1): 22.

[4] VAN H N, CHEVILLARD F, KOLB P. Virtual compound libraries in computer-assisted drug discovery [J]. Journal of Chemical Information and Modeling, 2019, 59 (2): 644–651.

[5] ZHONG H, WANG X, CHEN S, et al. Discovery of novel inhibitors of BRD4 for treating prostate cancer: Z comprehensive case study for considering water networks in virtual screening and drug design [J]. Journal of Medicinal Chemistry, 2024, 67 (1): 138–151.

[6] KIRSCH P, HARTMAN A M, HIRSCH A K H, et al. Concepts and core principles of fragment-based drug design [J]. Molecules, 2019, 24 (23): 4309.

[7] MÖBITZ H, MACHAUER R, HOLZER P, et al. Discovery of potent, selective, and structurally novel dot11 inhibitors by a fragment linking approach [J]. ACS Medicinal Chemistry Letters, 2017, 8 (3): 338–343.

[8] VEMULA D, JAYASURYA P, SUSHMITHA V, et al. CADD, AI and ML in drug discovery: A comprehensive review [J]. European Journal of Pharmaceutical Sciences, 2023, 181: 106324.

[9] GUPTA R, SRIVASTAVA D, SAHU M, et al. Artificial intelligence to deep learning: Aachine intelligence approach for drug discovery [J]. Molecular Diversity, 2021, 25 (3): 1315–1360.

[10] SARKAR C, DAS B, RAWAT V S, et al. Artificial intelligence and machine learning technology driven modern drug discovery and development [J]. International Journal of Molecular Sciences, 2023, 24 (3): 2026.

[11] VAZ E S, VASSILIADES S V, GIAROLLA J, et al. Drug repositioning in the COVID-19 pandemic: Fundamentals, synthetic routes, and overview of clinical studies [J]. European Journal of Clinical Pharmacology, 2023, 79 (6): 723–751.

[12] STOKES J M, YANG K, SWANSON K, et al. A deep learning approach to antibiotic discovery [J]. Cell, 2020, 180 (4): 688–702.

[13] LUO L, ZHENG T, WANG Q, et al. Virtual screening based on machine learning explores mangrove natural products as $KRAS^{G12C}$ Inhibitors [J]. Pharmaceuticals, 2022, 15 (5): 584.

[14] LIU G, CATACUTAN D B, RATHOD K, et al. Deep learning-guided

discovery of an antibiotic targeting Acinetobacter baumannii [J]. Nature Chemical Biology, 2023, 19 (11): 1342-1350.

[15] XIAO Z, MORRIS-NATSCHKE S L, LEE K H. Strategies for the optimization of natural leads to anticancer drugs or drug candidates [J]. Medicinal Research Reviews, 2016, 36 (1): 32-91.

[16] JOSE F, FILGUEIRA D, GUEDES R C, et al. Bioinformatics approach on bioisosterism softwares to be used in drug discovery and development [J]. Current Bioinformatics, 2022 (1): 17.

[17] JAYASHREE B S, NIKHIL P S, PAUL S. Bioisosterism in drug discovery and development: An overview [J]. Medicinal Chemistry, 2022, 18 (9): 915-925.

[18] ACHARY P G R. Applications of quantitative structure-activity relationships (QSAR) based virtual screening in drug design: A review [J]. Mini-Reviews in Medicinal Chemistry, 2020, 20 (14): 1375-1388.

[19] RIVKIN A, CHOU T C, DANISHEFSKY S J. On the remarkable antitumor properties of fludelone: How we got there [J]. Angewandle Chemie International Edition in English, 2005, 44: 2838-2850.

[20] GALMARINI C M. Sagopilone, a microtubule stabilizer for the potential treatment of cancer [J]. Current Opinion In investigational Drugs, 2009, 10 (12): 1359-1371.

[21] PUROHIT D, SAINI V, KUMAR S, et al. Three-dimensional quantitative structure-activity relationship (3DQSAR) and molecular docking study of 2-((pyridin-3-yloxy) methyl) piperazines as $\alpha 7$ nicotinic acetylcholine receptor modulators for the treatment of inflammatory disorders [J]. Mini-reviews in Medicinal Chemistry, 2020, 20 (11): 1031-1041.

[22] NOONAN T, DENZINGER K, TALAGAYEV V, et al. Mind the gap-deciphering GPCR pharmacology using 3D pharmacophores and artificial intelligence [J]. Pharmaceuticals (Basel), 2022, 15 (11): 1304.

[23] DORAHY G, CHEN J Z, BALLE T. Computer-aided drug design towards new psychotropic and neurological drugs [J]. Molecules, 2023, 28 (3): 1324.

[24] MISHRA R K, SINGH J. Generation, validation, and utilization of a three-dimensional pharmacophore model for EP3 antagonists [J]. Journal

of Chemical Information and Modeling, 2010, 50 (8): 1502-1509.

[25] FU L, WANG S, WANG X, et al. Crystal structure-based discovery of a novel synthesized PARP1 inhibitor (OL-1) with apoptosis-inducing mechanisms in triple-negative breast cancer [J]. Scientific Repports, 2016, 6 (1): 3.

[26] DAS B, BAIDYA A T K, MATHEW A T, et al. Structural modification aimed for improving solubility of lead compounds in early phase drug discovery [J]. Bioorganic and Medicinal Chemistry, 2022, 56: 116614.

[27] GOODFELLOW V S, LOWETH C J, RAVULA S B, et al. Discovery, synthesis, and characterization of an oally bioavailable, brain penetrant inhibitor of mixed lineage kinase 3 [J]. Journal of Medicinal Chemistry, 2013, 56: 8032-8048.

[28] 吴小伟, 王江, 柳红. 先导化合物结构优化策略（六）：改善化合物血浆稳定性 [J]. 药学学报, 2018, 53 (2): 10.

[29] FLEAU C, PADILLA A, MIGUEL-SILES J, et al. Chagas disease drug discovery: Multiparametric lead optimization against trypanosoma cruzi in acylaminobenzoth-iazole series [J]. Journal of Medicinal Chemistry, 2019, 62: 10362-10375.

[30] SUBBAIAH M A M, MEANWELL N A. Bioisosteres of the phenyl ring: Recent strategic applications in lead optimization and drug design [J]. Journal of Medicinal Chemistry, 2021, 64 (19): 14046-14128.

[31] 宋晓翰, 王江, 柳红. 先导化合物结构优化策略（八）：药物转运体及其相关药物设计策略 [J]. 药学学报, 2021, 56 (2): 432-444.

[32] VORA L K, GHOLAP A D, JETHA K, et al. Artificial intelligence in pharmaceutical technology and drug delivery design [J]. Pharmaceutics, 2023, 15 (7): 1916.

[33] BRUNO A, COSTANTINO G, SARTORI L, et al. The in silico drug discovery toolbox: Applications in lead discovery and optimization [J]. Current Medicinal Chemistry, 2019, 26 (21): 3838-3873.

[34] FERREIRA L L, ANDRICOPULO A D. ADMET modeling approaches in drug discovery [J]. Drug Discovery Today, 2019, 24 (5): 1157-1165.

[35] SHAN J, ZHANG B, ZHU Y, et al. Overcoming clopidogrel resistance: Discovery of vicagrel as a highly potent and orally bioavailable antiplatelet

agent [J]. Journal of Medicinal Chemistry, 2012, 55: 3342 – 3352.

[36] WANG S, DONG G, SHENG C. Structural simplification: An efficient strategy in lead optimization [J]. Acta Pharmaceutica Sinica B, 2019, 9 (5): 880 – 901.

[37] SHARMA A, THELMA B K. Pharmacophore modeling and virtual screening in search of novel Bruton's tyrosine kinase inhibitors [J]. Journal of Molecular Modeling, 2019, 25 (7): 179.

[38] PAVADAI E, KAUR G, WITTLIN S, et al. Identification of steroid-like natural products as antiplasmodial agents by 2D and 3D similarity-based virtual screening [J]. Medicinal Chemistry Communications. 2017, 8 (6): 1152 – 1157.

第二章 | 中枢神经系统先导化合物的发现与新药研发

中枢神经系统（central nervous system，CNS）是由明显的脑神经节、神经索或脑和脊髓以及它们之间的连接成分组成，是人体神经系统的主体部分，结构和功能复杂；其在机体的生理活动中起到主导和协调作用，主要功能是传递、储存和加工信息，产生各种心理活动，支配与控制动物的全部行为。中枢神经系统疾病的发病机制是多方面的，包括遗传因素、环境因素、代谢因素、免疫因素等。例如中毒、病毒感染、遗传缺陷、营养障碍、代谢紊乱等均会影响中枢神经系统，从而造成中枢神经系统病变，临床表现可分为精神类疾病、脑血管疾病、癫痫、神经系统变性病、中枢神经系统感染性疾病、运动障碍性疾病等。涉及上千个适应证，包括阿尔茨海默病（AD）、帕金森病（PD）、亨廷顿氏病、抑郁症、躁狂症、神经焦虑、精神分裂症、癫痫、疼痛以及神经系统感染性疾病等。

随着全球人口结构变化和老龄化加剧，中枢神经系统疾病已成为除了恶性肿瘤以外需要面对的重大卫生和社会问题。2022 年世界卫生组织发布的《2022 年世界精神卫生报告》中也显示，2019 年全球近 10 亿人患有"精神病"，在新冠疫情爆发的 2020 年，全球抑郁和焦虑患者增加了 25%。

中枢神经系统药物按药物的作用或治疗的疾病进行分类，主要有镇静催眠药、抗癫痫药、抗精神病药、抗抑郁药、镇痛药和神经退行性疾病治疗药物等。中枢神经系统药物要能够透过血脑屏障，通过影响中枢突触传递的不同环节，对中枢神经活动起到抑制或兴奋的作用，进而达到治疗相关疾病的目的。据药融云全球药物研发数据库统计，全球神经精神疾病已上市或在研药物涉及的靶标超过 800 个，所聚焦的靶点排名前十的包括 γ-氨基丁酸A型受体 α2 亚基（GABRA2）、阿片类受体（OR）、β 淀粉样蛋白（Aβ）、多巴胺 D2 受体（DRD2）、N-甲基-D-天冬氨酸受体（NMDAR）、5-羟色胺 2A 部分受体（5-HT2A）、钠通道（VGSC）、乙酰胆碱酯酶（ACHE）、Tau 蛋白。

本章将对中枢神经药物中阿片类镇痛药以及抗抑郁药物先导物的发现及研发进行阐述。

第一节　阿片类镇痛药的发现与新药研发

疼痛是直接作用于身体的伤害性刺激在脑内的反应，是一种保护性警觉功能，是多种疾病的常见症状之一，剧烈疼痛会引起血压下降、呼吸衰竭，甚至导致休克。在过去人们普遍认为单纯的疼痛不是病，而现在普遍认同疼痛就是一种病。为了治疗日益增多的疼痛患者，1974年5月9日国际疼痛学会（International Association for the Study Pain，IASP）成立，麻醉及其他相关专业医生开始专门从事疼痛相关疾病的治疗，标志着热衷于疼痛医学的医务人员可以自主地研究和开展疼痛疾病的诊疗方法。

常用于镇痛的药物有两大类，一类是抑制前列腺素生物合成的以阿司匹林为代表的解热镇痛药（非甾体抗炎药），一类是与阿片受体作用的以吗啡为代表的镇痛药，习惯上称作麻醉性镇痛药，简称镇痛药。其主要作用于中枢神经系统，选择性地抑制和缓解各种疼痛但并不影响意识，也不干扰冲动传导，减轻疼痛而致恐惧紧张和不安情绪疼痛，在解除患者痛苦方面发挥了巨大作用。临床上疼痛管理治疗特别是中度至重度疼痛的管理严重依赖于阿片类镇痛药，但是阿片类镇痛药的副作用也很多，如便秘、恶心、呕吐、瘙痒和嗜睡。有些镇痛药反复使用，易产生神经瘾性、耐受性以及呼吸抑制等，停药会出现戒断症状，危害极大。

大多数镇痛药属于阿片类生物碱及其同类人工合成代用品，总称为阿片类药物（opioids），包括阿片生物碱中的主要成分吗啡、对吗啡进行结构修饰或结构简化发展的合成镇痛药、体内存在的具有吗啡样镇痛作用的肽类物质。本类药物多通过激动体内存在的阿片受体（μOR、δOR、κOR、NOPR等）并偶联下游G蛋白而产生镇痛作用和呼吸抑制效应。

镇痛药根据其与阿片受体相互作用的关系，可分为阿片受体激动剂、阿片受体部分激动剂。按结构和来源，又可分作吗啡生物碱、半合成和全合成的镇痛药三大类。本小节将从阿片类镇痛药、基于疼痛靶点研发的阿片受体药物两大方面进行阐述。

一、阿片类镇痛药的先导物及其开发

（一）吗啡及其衍生物

阿片类镇痛药为麻醉性镇痛药，阿片又称鸦片，是通过切开罂粟未成熟的肿囊，从获得的乳胶状物中处理得到的粗提取物，其主要活性成分是生物碱，包括吗啡、可待因等，其中吗啡是一种结构复杂的非类生物碱，也是海洛因的直接前体。人类从何时开始将罂粟用于止痛尚无定论，考古发掘表明公元前上千年前人类遗迹中就发现过罂粟种子。1806年，德国药剂师弗里德里希·泽尔蒂纳首次从鸦片中分离出了吗啡，他依照希腊梦之神的名字Morpheus将分离得到的生物碱称为吗啡。1832年，一位法国化学家皮埃尔·罗比凯又从鸦片中分离出了可待因，可看作是阿片类镇痛药物开发研究的起始。吗啡的化学结构于1902年首次被测定，此后陆续出现了一系列通过改变吗啡化学结构而得到的半合成或完全人工合成的吗啡样化合物。

(二) 吗啡及其衍生物的结构特点

吗啡的结构如下所示,由 5 个环稠合而成,含有部分氢化菲环、哌啶环,环上有 5 个手性碳原子,构型分别为 5R、6S、9S、13S 和 14R,天然存在的吗啡为左旋体。吗啡的立体构象呈三维的类"T"形,环 A、B、C 和 E 构成"T"形的水平部分,环 D 为其垂直部分。吗啡的镇痛作用与其立体结构关系密切,化学合成的吗啡右旋体,无镇痛及其他生理活性。吗啡含有 5 个重要的官能团:3,6 - 位的羟基、7,8 - 位的双键、4,5 - 位的氧桥、和 17 - 位的叔胺。吗啡具有酸碱两性,临床上通常使用的是盐酸吗啡。

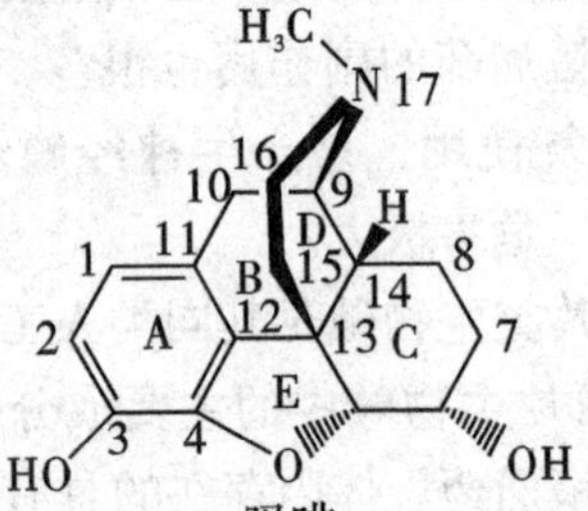

吗啡

典型的吗啡衍生物有可待因、阿扑吗啡、伪吗啡、N - 氧化吗啡、乙基吗啡、苄基吗啡、异可待因、海洛因、苯乙基吗啡、氢可酮、氢吗啡酮、羟吗啡酮、蒂巴因、埃托啡、二氢埃托啡、丁丙诺啡、纳布啡、纳洛酮、纳曲酮等。

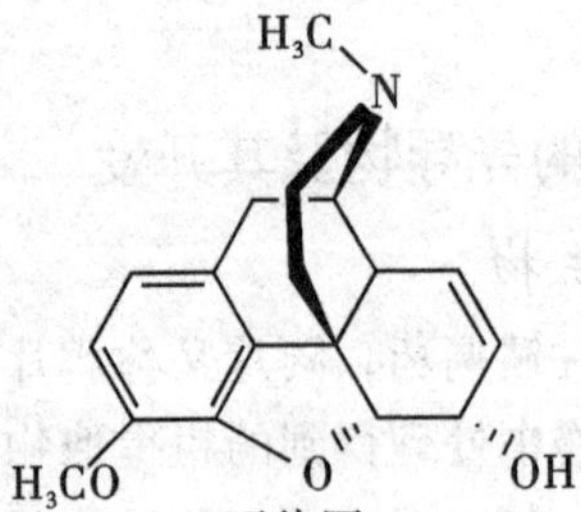

可待因

二、合成阿片类镇痛药

由于吗啡有较强的副作用,药物化学家们一直在寻求分离或合成既能保留吗啡的镇痛特性,又能在成瘾性、耐受性和依赖性等方面都表现良好避免其相关副作用的镇痛药物。早期的研究策略主要集中在简化吗啡结构,基于吗啡的化学结构，对其进行修饰和衍生，以求得到新的合成阿片类镇痛药。

（一）吗啡喃类及苯吗喃类

吗啡喃类也称吗啡烃类，是吗啡分子去除 E 环后的衍生物，其骨架结构特点是 B/C 环呈顺式、C/D 环呈反式，其立体结构与吗啡结构相似，但是其镇痛作用弱。

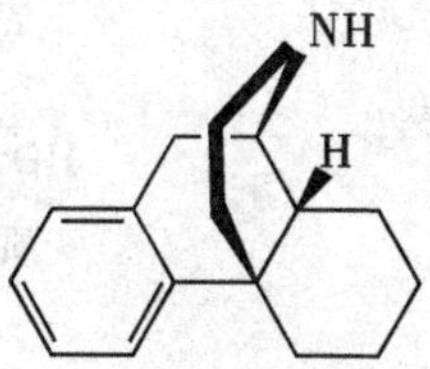

吗啡喃

左啡诺是吗啡喃在氨基引入甲基并于 3 位引入烃基后，得到的左旋体化合物，它的镇痛作用为吗啡的 4 倍，为 μ 受体激动剂，保留了吗啡类药物的镇痛作用，但是也保留了其副作用。布托啡诺是与左啡诺化学结构相似的吗啡喃衍生物，除去改变了 N 原子上的取代烃基外其进一步将 14 位碳原子上氢原子变为了羟基。布托啡诺镇痛效果是吗啡的 5～8 倍，对 μ、δ、κ 受体的亲和力比值分别为 1∶4∶25，主要激动 κ 受体，属脊髓镇痛，呼吸抑制较轻，在镇痛同时具有良好的镇静作用，很少产生耐受性；对 μ 受体有部分激动作用，无欣快感，很少产生药物依赖；对 δ 受体有优势拮抗作用，无烦躁不安或焦虑等不适感。

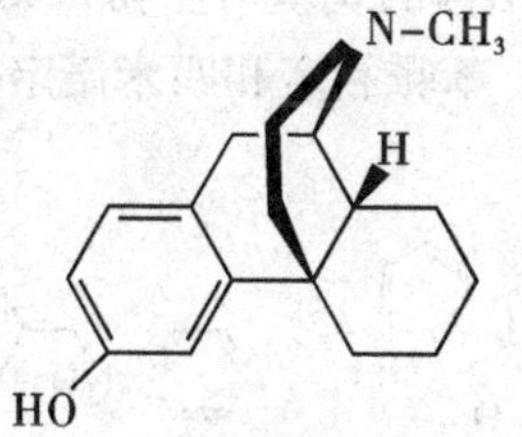

左啡诺 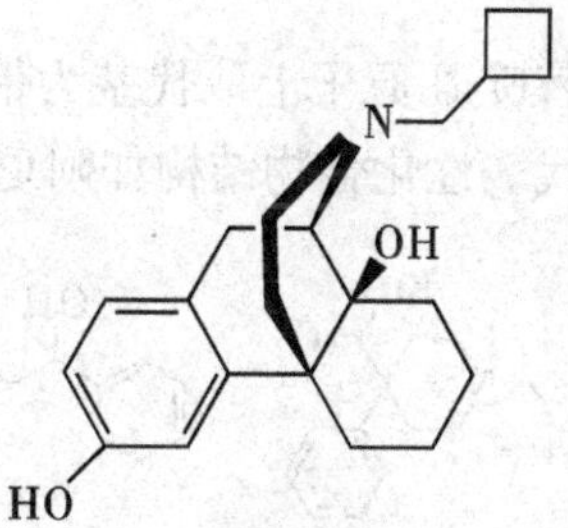　　　　　　布托啡诺

苯吗喃类是在吗啡结构去除 E 环后的基础上，破开 C 环进行修饰得到的一类化合物。1959 年非那佐辛上市，其镇痛作用是吗啡的 10 倍，随后研制出的喷他佐辛（镇痛新），被认为是第一个非麻醉性镇痛药，无成瘾性，不良反应较小。

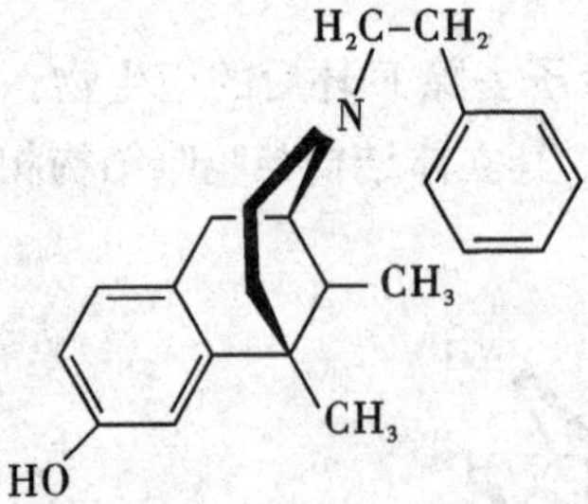

非那佐辛 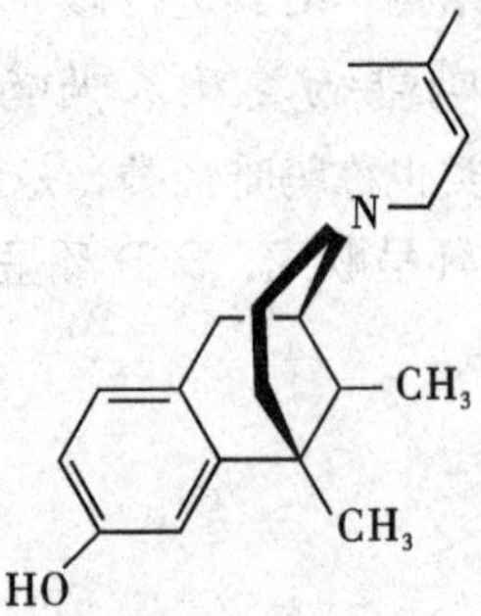　　　　　　喷他佐辛（镇痛新）

（二）哌啶类

盐酸哌替啶，俗称杜冷丁，是 1939 年由赫希斯特在研究阿托品的类似物时意外发现的，是第一个人工合成的阿片受体激动剂，属于苯基哌啶衍生物，可以看作是仅保留了吗啡结构中 A、D 环的衍生物。哌替啶存在两种稳定构象：第一种是苯环处于直立键，另一种则处于平伏键。前者与吗啡结构中的 4-苯基哌啶部分的空间结构一致，被认为是哌替啶的活性构象。

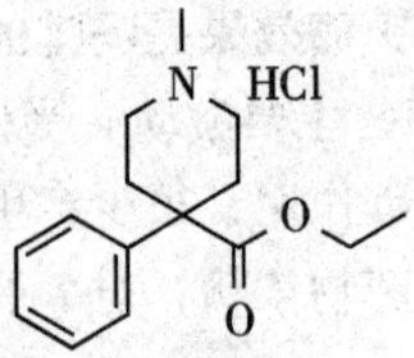

盐酸哌替啶

改变哌替啶 N 原子上取代基为带苯环结构的烷基衍生物，其镇痛作用进一步增强，代表性化合物结构如阿尼利定、苯哌利定和匹米诺定。

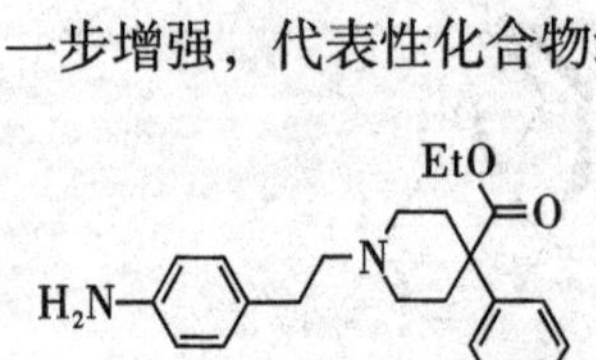

阿尼利定 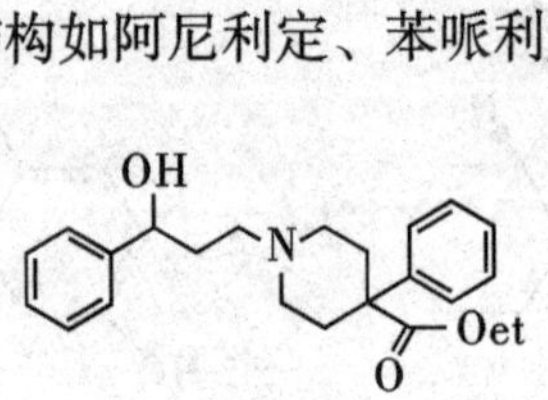　　　　苯哌利定 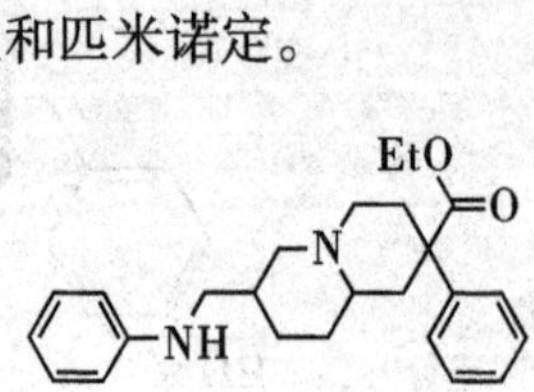　　　　匹米诺定

基于哌替啶结构进行官能团修饰，得到了阿法罗定和倍他罗定，虽然它们的镇痛作用是吗啡的 5 倍，但是由于在体内会发生消除反应，生成有害的代谢产物，故已停止使用。

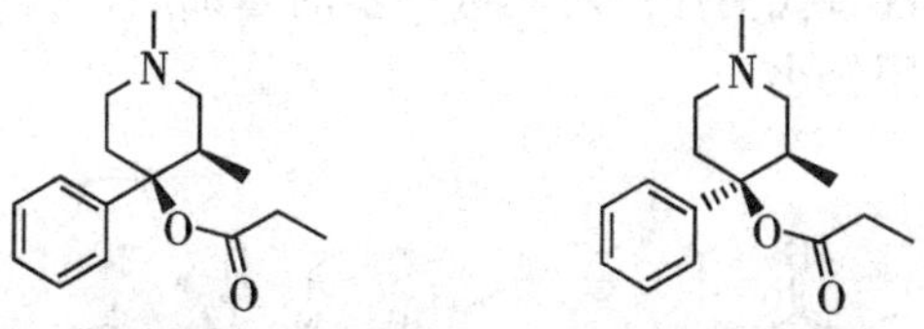

第二章　中枢神经系统先导化合物的发现与新药研发

阿法罗定　　　　倍他罗定

芬太尼于1960年由比利时的保罗·杨森博士首次合成，是一种高效的 μ -阿片受体激动剂，可以看作是哌替啶的4-位取代结构修饰后的衍生物。与吗啡相比，芬太尼起效快、作用时间短、效力高、心血管风险小，而且生产成本低廉。芬太尼的镇痛作用是哌替啶的500倍，吗啡的80倍。

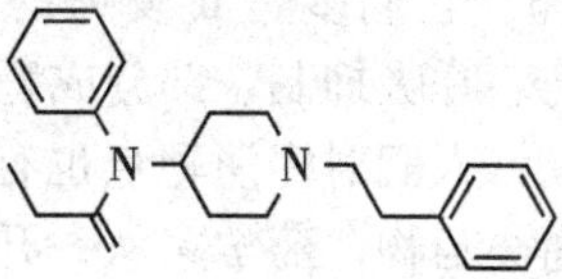

芬太尼

后续以芬太尼为基础，开发的一系列芬太尼类药物，如阿芬太尼，卡芬太尼、舒芬太尼、瑞芬太尼等，均为哌啶环N原子上变换苯环的类似物，其中舒芬太尼的效果好且安全性也好。

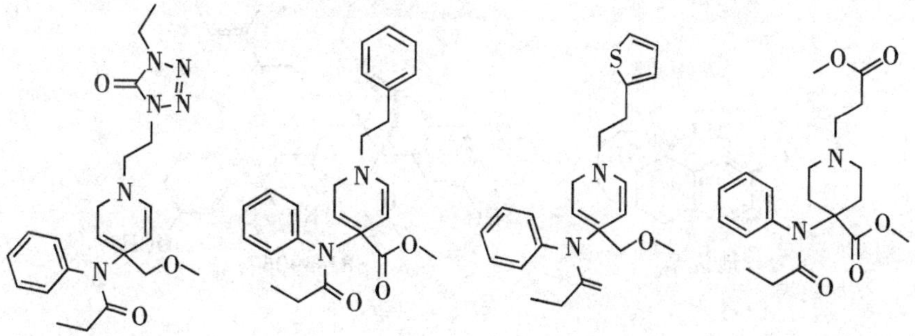

阿芬太尼　　　卡芬太尼　　　舒芬太尼　　　瑞芬太尼

（三）氨基酮类

氨基酮类镇痛药物也被称为二苯基庚酮类或苯基丙胺类，属于 μ 阿片受体激动剂。从结构上可以看作是仅仅保留吗啡结构中的A、C、E环的骨架结构类似物，其E环上氧原子被季碳原子所替代后的化合物构象保留了吗啡的部分构象。化学家赫希斯特在20世纪三四十年代对这类化合物进行了大量研究，代表性化合物是长效 μ 阿片受体激动剂"美沙酮"，可用于吗啡等阿片类药物的成瘾性替代治疗。对其进一步的修饰后，得到右吗拉胺，具有镇痛作用，且副作用较小。

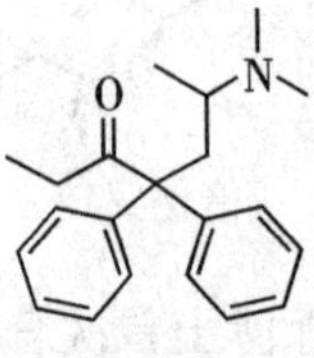

美沙酮 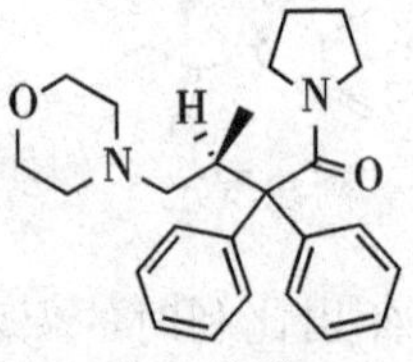　　　　　　　右吗拉胺

以上这些早期经典阿片类镇痛药的开发与设计策略均为对吗啡结构进行简化，在结构上做减法的同时保留吗啡的主要活性构象。这些镇痛药广泛用于临床中至重度的急性疼痛，它们多是 μ 受体的药物，但在强效镇痛的同时，伴随着无法去除的耐药、呼吸抑制、部分成瘾等严重的副作用。

随着对疼痛的深入研究，人们对疼痛靶点也有了越来越深入的认知，为了开发更低毒副作用的镇痛类药物，药学家从一开始的简化吗啡结构来降低副作用的思路逐渐转变到开发其他亚型阿片受体的激动剂、偏置激动、针对多种受体的阿片类药物、变构调节剂等的研究上。包括作用于 κ 受体的上市药物地佐辛、同时具有 μ 受体激动/δ 受体拮抗作用的 SRI-39067 等典型的临床前在研药物。

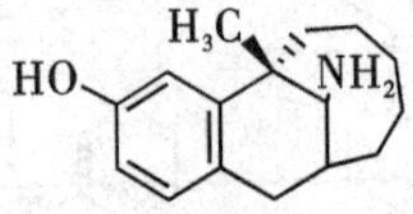

地佐辛 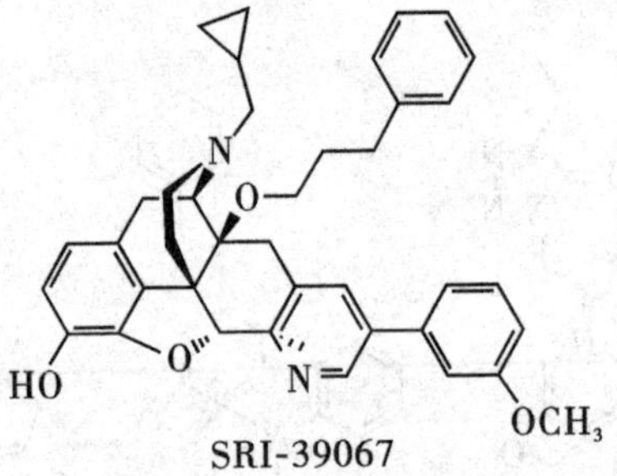　　　　　　　SRI-39067

三、以疼痛靶点研发的阿片类药物

随着对疼痛产生机制的深入研究，药学家的关注点逐渐转向如何对阿片类受体进行靶向激活，即以疼痛靶点进行研发，而不再是单纯地改变吗啡的结构来研发新的镇痛药。阿片受体分布广泛，一般说来体内至少存在 8 种亚型，在神经系统内分布不均匀且作用影响也不相同。在中枢神经系统内，阿片受体家族共有 4 种体，即 μOR、δOR、κOR、NOPR，均属于 G 蛋白偶联受体，4 种感受器均都被证明可以调节疼痛。

为了减少作用于单个阿片受体所产生的副作用，开发人员提出了同时靶向多个阿片受体的混合阿片受体激动剂和混合激动剂-拮抗剂策略,即混合激动剂可以激活个别亚型的持续抗痛觉作用,而其他亚型的拮抗剂或激动剂可用于消除不良反应。

(一)μ受体/κ受体双激动剂

μ受体被激动时不仅有很强的镇痛作用,还会引起呼吸抑制和肠道运动的抑制,而κ受体激动时也会有镇痛作用,但不会影响到呼吸和肠道的运动。临床研究表明,μ和κ受体的双重激活可能产生协同镇痛作用。临床上使用的混合激动剂有8-羧氨基环唑辛(8-CAC),它是κ和μ受体的完全激动剂。地佐辛、布托芬是μ和κ受体的部分激动剂,有镇痛作用且副作用较小。纳布啡具有中度疗效μ受体部分激动作用和高效的κ受体部分激动作用,表现出轻微的呼吸抑制。其他如纳美芬、那洛啡和布托啡诺等药物都是κ受体激动剂-μ受体部分激动剂/拮抗剂。

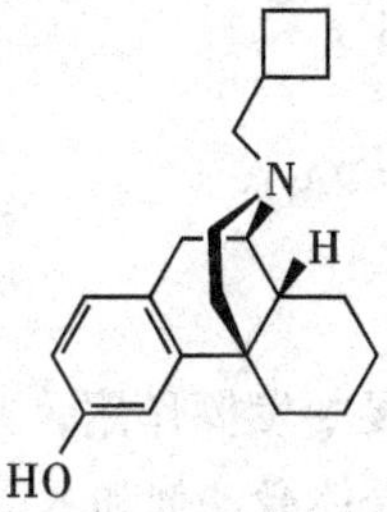

布托芬 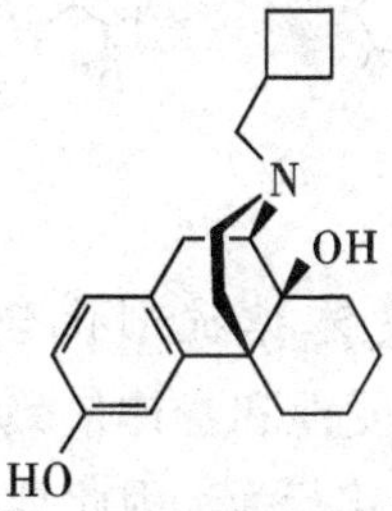　　　　　布托啡诺 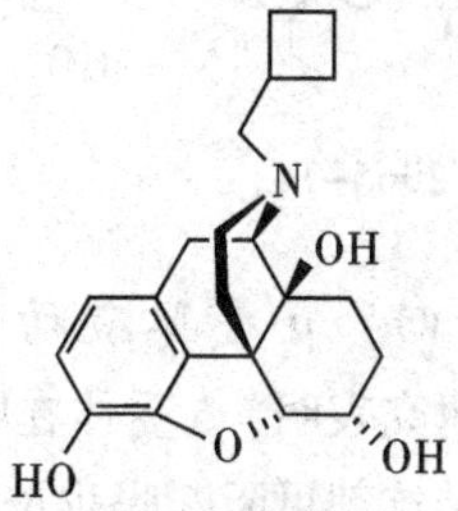　　　　　纳布啡

(二)μ受体/NOPR受体双激动剂

NOPR是第四类阿片受体亚型,是阿片受体家族中最后一个被发现的受体,没有被冠以希腊字母名称。当时其是在非人灵长类动物中被证明具有镇痛作用。在非人灵长类动物中NOPR主要分布在脊柱上,最重要的是NOPR激动后,不会表现出呼吸抑制、瘙痒、身体依赖或者成瘾等副作用,还会在系统水平上有益的调节μ受体激动剂的镇痛和成瘾特性。代表性药物为μ受体/NOP受体双激动剂cebranopadol,其具有独特的螺环结构,cebranopadol的结构优化主要是通过成环对化合物的构象进行限制,开发历程如下所示。

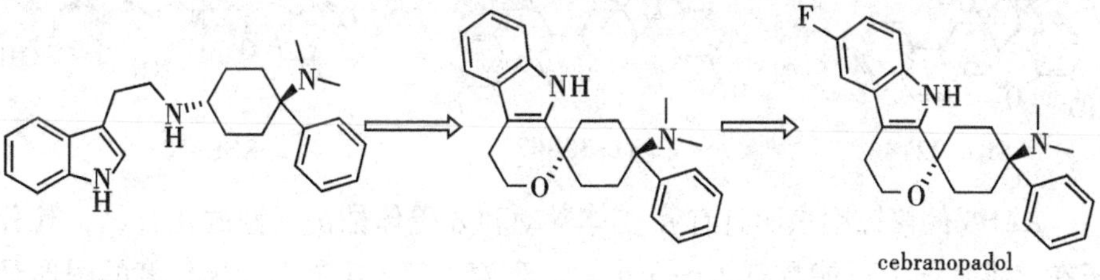

图2-1　cebranopadol的结构优化

（三）κ受体/δ受体双激动剂

κ受体和δ受体都有镇痛作用，但是以δ受体为靶点所研发的药物大多具有致惊厥的副作用，而已知κ受体的激活具有抗惊厥活性，并且还会阻断可卡因和吗啡的成瘾性。2018年Tao Che等人介绍了强效环氧吗啡喃阿片类激动剂MP1104的发现，在μ受体敲除小鼠身上的实验结果表明MP1104具有双κ受体/δ受体激动作用，对小鼠起到镇痛作用的同时并没有癫痫发作。此外，具有短肽结构的KDA-16和具有二咪唑二氮卓三环结构的化合物2065-14均显示出对δ受体/κ受体的良好亲和力，表现出δ受体/κ受体双重激动作用。

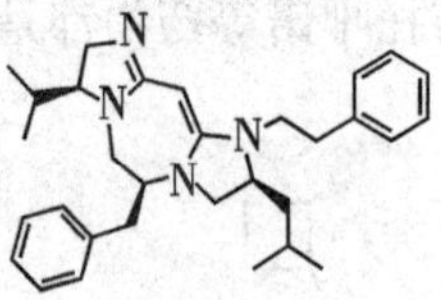

2065-14 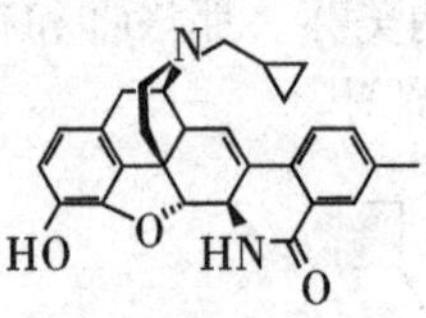　　MP1104 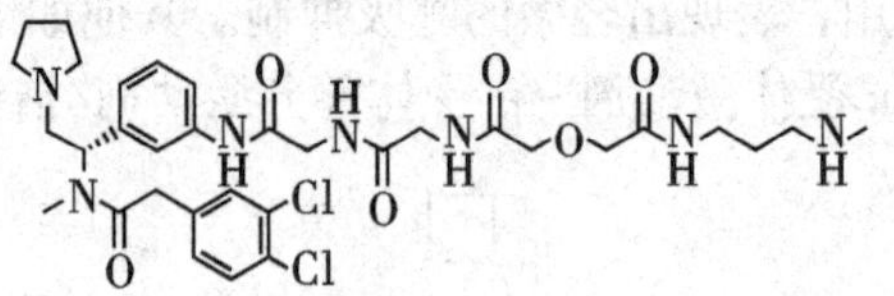　　KDA-16

（四）μ受体激动剂/δ受体拮抗剂化合物

研究表明，δ受体在吗啡耐受性和身体依赖的发展中发挥作用，并且δ受体拮抗剂可阻断吗啡诱导的强化行为，因此具有μ受体激动剂和δ受体拮抗剂活性的双功能分子在产生镇痛作用的同时其副作用也会相应减弱。KSK-103、SRL-22138、SRL-39067、AAH8等化合物都验证了拮抗剂靶向δ受体，减轻μ受体激动剂相关的副作用是可行的方法，其中AAH8和SRL-39067表现出的戒断率均低于吗啡。SRL系列化合物在对吗啡C环进行修饰后，对衍生出的苯环侧基进行取代基扫描，发现间位给电子的甲氧基有更好的活性。KSK-103则是具有环硫醚结构的三肽。

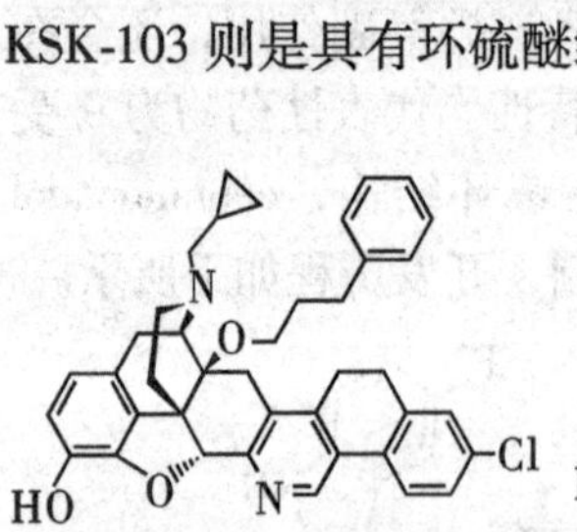

SRL-22138 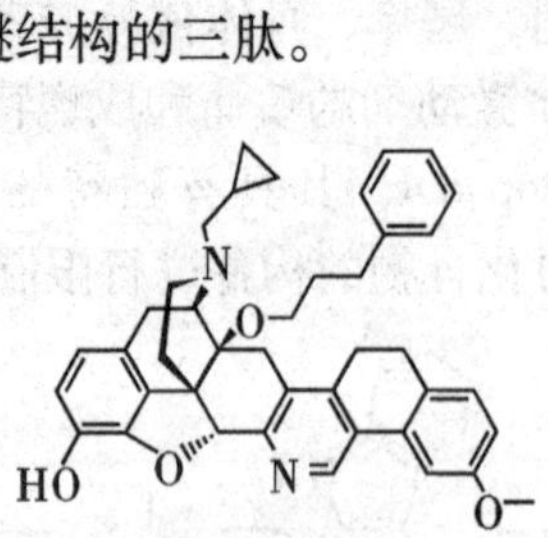　　SRL-39067 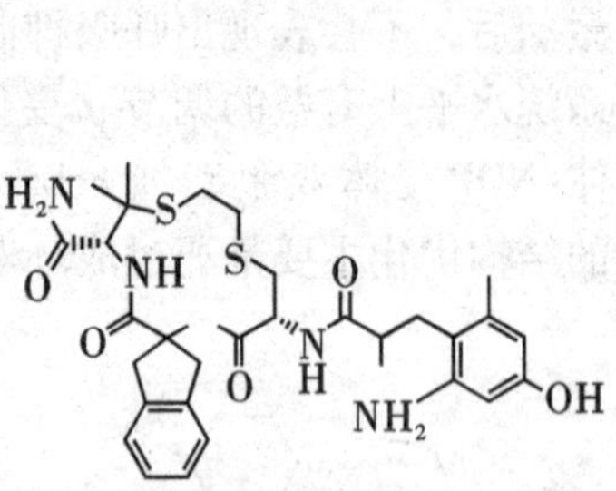　　KSK-103

AAH8的修饰则表明具有μ受体激动和δ受体拮抗活性的化合物，其分子在二维平面上可能具有2～3个六元环宽、5～6个六元环长度的图形骨架特征。

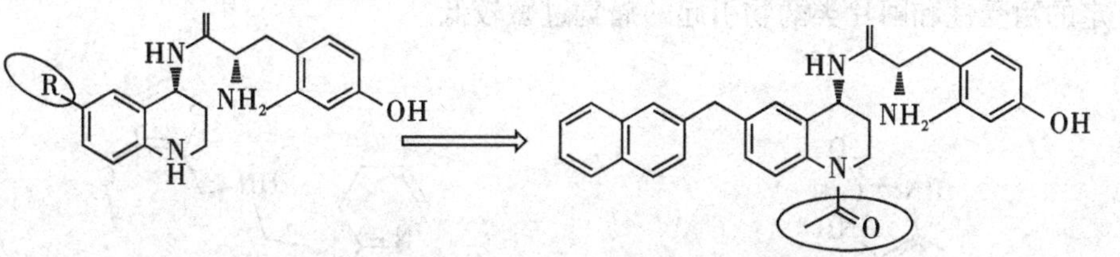

第二章　中枢神经系统先导化合物的发现与新药研发

图2-2　AAH8 的衍生修饰 1.10 G-蛋白偏向激动剂

开发 G-蛋白偏向阿片类激动剂是阿片类镇痛药研究领域的另一个主要研究热点。μOR、δOR、κOR 均是 G 蛋白偶联受体（GPCR），主要通过 G 蛋白通路和 β 抑制蛋白发挥作用。1999 年，Laura Bohn 等首次报道发现在 β 抑制蛋白基因敲除小鼠上，吗啡的镇痛效果增强同时副作用减少，开创了偏向性阿片受体激动剂的研究。后续研究表明 G 蛋白主要介导镇痛作用，而 β 抑制蛋白与呼吸抑制和胃肠道反应等副作用有关，同时可减弱镇痛作用。早期发现的化合物，如黑基诺林（herkinorin）尽管类药性不理想，但其可激动阿片受体而不上调 β 抑制蛋白，以改善镇痛效果，减少副作用，实现了功能性选择。

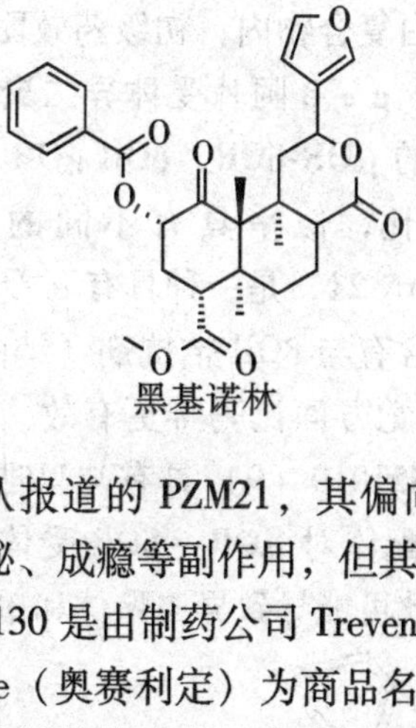

黑基诺林

Brian Kobilka 教授团队报道的 PZM21，其偏向选择性虽高于 TRV130，在动物实验中也未出现便秘、成瘾等副作用，但其镇痛效果却不到吗啡的 1/4，且产生镇痛耐受。TRV130 是由制药公司 Trevena 开发的偏向性 μOR 激动剂，在 2020 年以 oliceridine（奥赛利定）为商品名上市，用于阿片类药物治疗效果不佳的成人急性疼痛的替代治疗。奥赛利定是在人胚胎肾细胞中通过高通量筛选发现的，与吗啡相比，奥赛利定对 G 蛋白激活更有效（EC50 = 8 nmol/L，吗啡为 50 nmol/L），其对于 β 抑制蛋白的产生仅为吗啡的 14%。此外，奥赛利定对 μOR 的选择性比 κOR、δOR 和 NOPR 高大约 400 倍。在同等镇痛剂量下与吗啡相比，奥赛利定引发的胃肠道功能障碍和呼吸抑制较少，且镇痛作用可以被阿片类药物拮抗剂纳洛酮拮抗。与吗啡相比，奥赛利定的耐受性和阿片类药物引起的痛觉过敏较低。

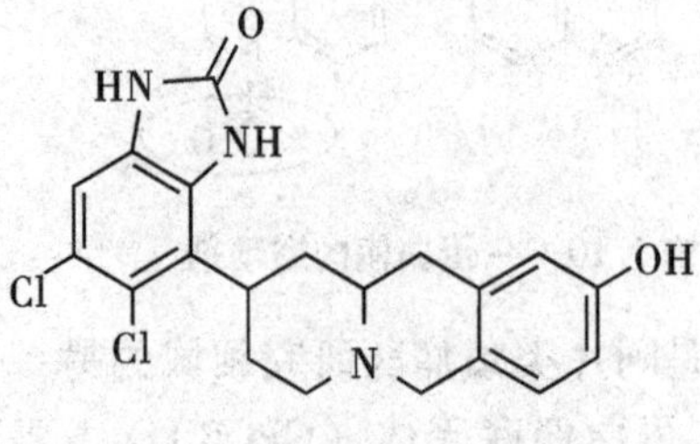

PZM21

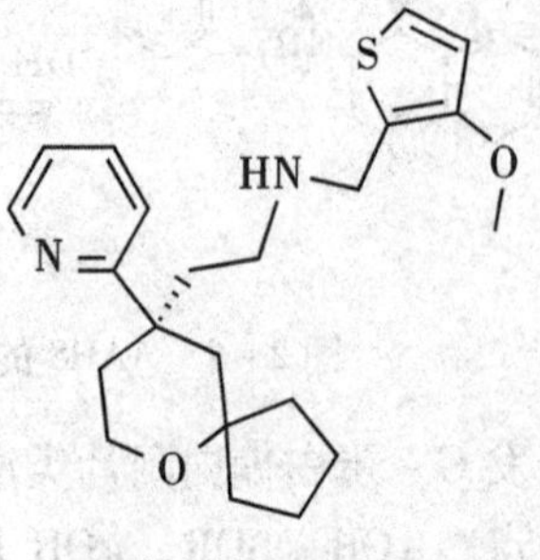

奥赛利定(TRV130)

(五) 阿片受体二聚体

二价化合物的概念最早是由 Philip S. Portoghese 教授于 1982 年提出的。二价配体是由大小/长度不同的连接体分开的两个药物载体的化合物，可以是刚性的或柔性的。这两种药效载体可以是相同的（同二价），也可以是不同的（异二价）。一方面认为两个单独的受体蛋白可与二价配体结合，另一方面，异位配体是具有结构上不同并被连接子分开的初级药效团和次级药效团的分子。于同一受体蛋白复合物内，初级药效团可与正构位点结合，而次级药效团与变构位点结合。μ-δ 阿片受体异二聚体被认为与单体相比具有优先信号通路，但已鉴定的 μOR-δOR、δOR-κOR 和 μOR-CCR5 异源二聚体与同型二聚体或单体相比，似乎具有不同的生化和药理学特性。由 Portoghese 小组开发的 MDAN-21，是一种具有 μ 受体激动剂和 δ 受体拮抗剂药效团的二价连接配体，含有与 δOR 拮抗剂（纳曲多）相连的 μOR 激动剂（氧吗啡酮），在产生抗痛觉方面比吗啡更有效，但不产生耐受性。另一种 μOR-δOR 二价化合物 CYM51010 (9) 具有与吗啡相似的镇痛作用，但相对于吗啡的耐受性较低，该配体对 μOR-δOR 受体异二聚体的选择性仅为 μ 和 δ 受体的 5～6 倍，因此可能导致异二聚体和单体活性的混合。

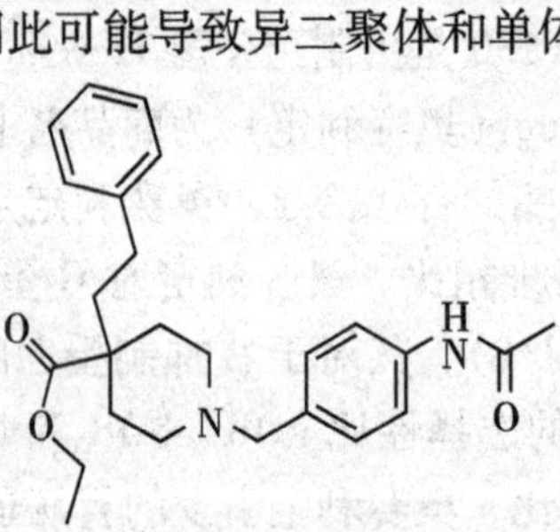

CYM51010(9)

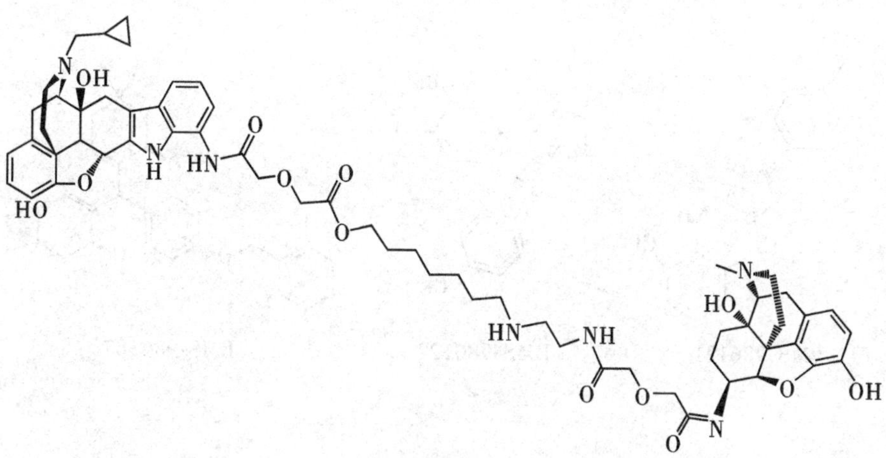

MDAN-21

μOR-δOR 受体异二聚体可以作为一种候选治疗药物潜在靶点，有可能使用选择性拮抗剂来逆转由慢性吗啡治疗引起的抗阿片类药物负反馈循环，增强抗痛觉，同时减少耐受和戒断等副作用。然而，关于 μOR-δOR 受体异二聚体研究仍处于相对早期阶段，在这一目标的基础科学和转化潜力方面仍有许多工作要做。

（六）阿片受体变构调节剂

变构调节剂结合在受体的变构位点，可以调节正构配体与受体的亲和力以及生物学效应。变构调节剂根据其对正构位点活性的影响可以分为正、负变构调节剂和静默变构调节剂。正变构调节剂增强了正位位点配体的结合亲和力和/或功效，而负变构调节剂降低了正构位点配体的结合亲和力和/或功效。静默变构调节剂不对正构位点活性产生任何影响，但是它可以竞争性拮抗正负变构调节剂。

μOR 的正变构调节剂可用于增强阿片激动剂如吗啡和内源性阿片的效力，并降低产生镇痛所需的剂量。BMS-986121 和 BMS-986122 是正在开发的 μOR 的正变构调节剂，它们都能增强原位 μOR 的 G 蛋白通路和 β 抑制蛋白信号通路，而化合物 BMS-986187 则是 δOR 的偏置变构调节剂。需要注意的是，G 蛋白偏倚在多大程度上能够导致阿片类镇痛药的不良反应减少仍然是没有确定结论的。

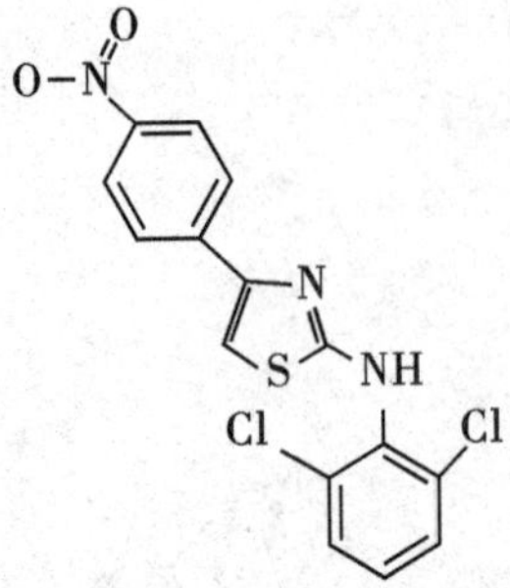

BMS-986121 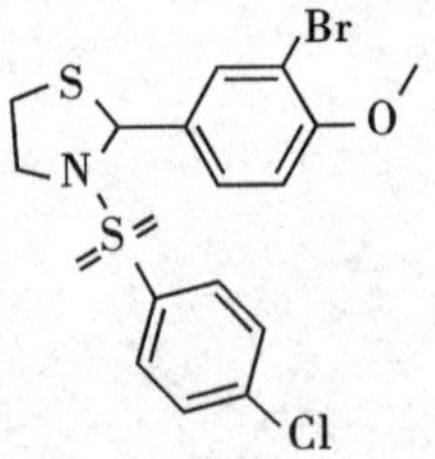　　　　　BMS-986122 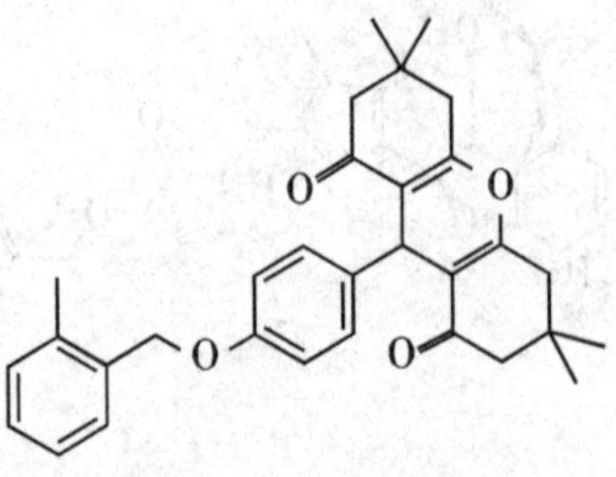　　　　　BMS-986187

第二节　抗抑郁药的发现与新药研发

抑郁的英文单词为 melancholy，源自希腊语 melainachol，意为黑色的胆汁。抑郁症是情感活动发生障碍的精神失常症，是一种常见的病症，常使患者表现为显著持久的情绪异常低落、兴趣减退、精力缺乏等，并伴有强烈的自杀倾向以及自主神经或躯体性伴随症状，如妄想、幻觉等。

远古时期，人们普遍将抑郁症当作"魔鬼对人的控制"，治疗手段自然以咒语、祈祷等方式进行驱魔。古希腊时期，"西方医学之父"希波克拉底摒弃了当时盛行的用咒语和施法治疗疾病的方式，使用草药来治疗抑郁症，开创了药物治疗的先河。雅典哲学时期，柏拉图认为，精神疾病与思想有更大的关系，而非人体内体液简单地量的叠加，抑郁症渐渐进入心理范畴。中世纪，抑郁被污名化，把抑郁的人视作失去了上帝的眷顾。而文艺复兴时期，抑郁被浪漫化，天才艺术家们的颓废被看作是深邃的、有内涵的、有思想的。17 世纪，随着生物解剖学的发展，人们对抑郁症的解释逐渐地被唯物化。在 18 世纪，精神病人是没有权利没有地位的。妄想症和抑郁症患者受到极大的社会压制，而治疗手段是通过身体的痛苦来分散他们对心智之苦的关注。到了 19 世纪，人们对抑郁症的看法也转向了心理学，从唯心转向唯物。直到 20 世纪早期仍未有抑郁症的说法，但随着在理解和治疗抑郁方面的精神生物学和精神分析两个重大运动的开展，抑郁从心理学上升到精神层面并与内在的生化基础关联，同时发现遗传缺陷对抑郁的产生有很大的原因。那时的抑郁症患者的主要治疗方式从药物来说有 4 种，即水合氯醛、巴比妥、苯丙胺、鸦片，没有有效的对症的药物，其他治疗方法有胰岛素昏迷疗法、电击疗法、睡眠疗法等。

当前，我国抑郁症患者的数量也极为庞大。《2022 年国民抑郁症蓝皮书》数据显示，我国患抑郁症人数超过 9500 万，这意味着每 14 个人中就有 1 个抑郁症患者。很多抑郁症患者因对抑郁症的不了解、治疗成本高、治疗周期长等错过治疗的最佳时期，甚至演变成更严重且难以挽救的抑郁程度。因此研发出高效、便宜、副作用少的抗抑郁药对提高人们幸福指数和生活水平来讲是非常有必要的。

目前，抑郁症的病因和发病机制仍尚未解析透彻，大量研究资料提示遗传因素、神经生化因素和心理社会因素等对该病的发生均有明显影响。其中一种观点认为抑郁症与脑内单胺类的功能失调有关。中枢神经特定的神经递质 5–羟色胺（5-HT）和去甲肾上腺素（NE），这些神经递质会被重摄取而含量降低。研究结果表明，这些神经递质的含量低于正常值可导致精神失常。另外，对于 NE 而言，其含量较高会表现为躁狂症，其含量较低会表现为抑郁症。因此，抗抑郁药可以通过调节脑内 NE 的过低以及提高 5-HT 的含量，达到治疗效果。

根据已有主要抗抑郁药物：单胺氧化酶抑制剂（MAOI）、去甲肾上腺素重摄取抑制剂（新三环类抗抑郁药）、选择性 5-HT 重摄取抑制剂（SSRI），本小节将对近年来抗抑郁药的研究开发进展进行阐述。

一、抗抑郁药先导化合物的发现

抗抑郁药的发展始于异烟肼。1952 年，研究人员偶然发现抗结核药物异烟肼在治疗患者的时候可以使患者兴奋，给治疗抑郁症提供了一个新的思路。后来，人们发现异烟酰异丙肼是通过抑制胞质内的单胺氧化酶（MAO），进而升高神经元 5-HT、NE、DA 水平，从而使得患者兴奋。1957 年，Roland Kuhn 发现，抗组胺药物氯丙嗪的一种衍生物，对于精神运动性迟滞的患者具有显著的抗抑郁疗效，并成功研发了第二个抗抑郁药物丙米嗪，这是一个具有三环结构的化合物。1958 年，异烟肼获 FDA 批准上市，但其在抗抑郁临床试验成功和广泛用于抑郁症病人后没多久，就因为发现具有肝脏毒性而被迫停止使用。1959 年，丙米嗪获批上市，其对 60%～70% 的抑郁症患者有效，至今依然是精神科医生的治疗手段之一。这两种药物为目前所有抗抑郁药提供了机制基础。1965 年，Joseph Schildkraut 对单胺假说的证据进行了总结，巩固了调节单胺递质学说在抗抑郁药物研发中的核心地位。

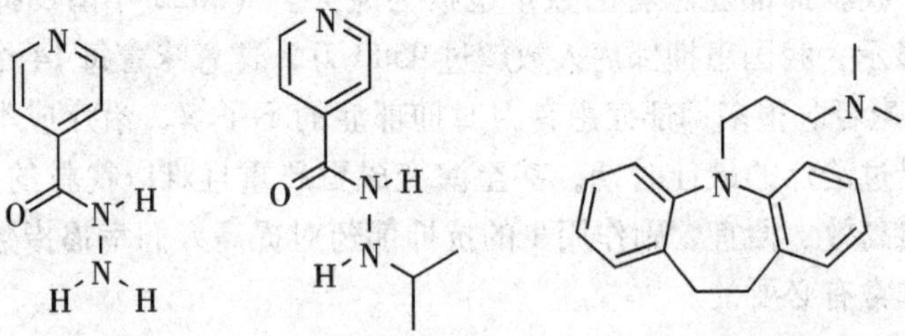

异烟肼　　　　　异丙烟肼　　　　　丙咪嗪

多年来研究人员主要围绕多巴胺、NE、5-HT 三大类神经递质相关靶点，发展了作用于 5-HT 受体的一系列新化合物和三环类及四环类抗抑郁药。

二、单胺氧化酶抑制剂

单胺氧化酶（MAO）是一种催化体内单胺类递质代谢失活的酶，单胺氧化酶抑制剂（MAOI）可以通过抑制 NE、肾上腺素、多巴胺和 5-HT 胺等单胺类递质的代谢失活，而减少脑内 5-HT 和 NE 的氧化代谢，使脑内受体部位神经递质 5-HT 或 NE 的浓度增加，促使突触的神经传递而达到抗抑郁的目的。单胺氧化酶还分为两种亚型，分别为 MAO-A 和 MAO-B。在人体中，MAO-A 是分布在肠道、胎盘和心脏的重要亚型，而 MAO-B 主要分布在血小板，脑胶质细胞和肝细胞中。

第一个被发现作为单胺氧化酶抑制剂的抗抑郁药为异烟肼，这是一次偶然的发现。根据这一发现，人们又合成了一系列肼类化合物，但是该类化合物具有毒性大，副作用多的特性，在临床上的应用受到限制。反式苯环丙胺为非肼类的单胺氧化酶抑制剂，与肼类化合物相比，其具有作用快的特点。

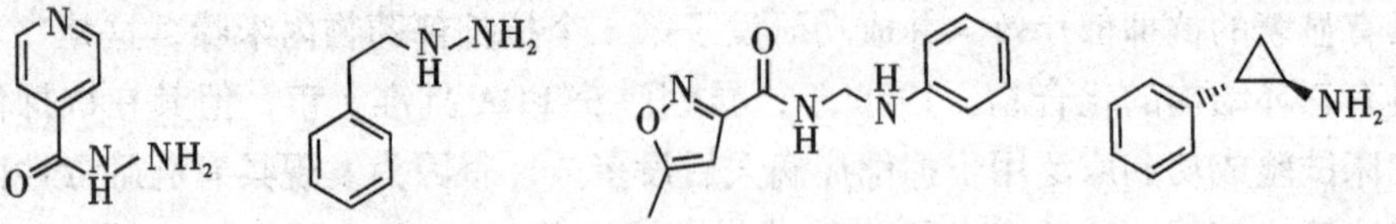

isoniazid　　　　phenelzine　　　　isocarboxazid　　　　tranylcypromine

MAOI 药物分为非选择性和选择性，以及可逆或不可逆的抑制剂。由于 MAO-A 与 NE 和 5-HT 的代谢有关，所以抗抑郁药如果可以特异性地与 MAO-A 发生作用，则能提高药物的选择性而增强其抗抑郁作用。在此处我们简单列举了三类具有一定代表性的：非选择性，选择性－不可逆，选择性－可逆结合抑制剂化合物，如图 2－2 所示。

①非选择性

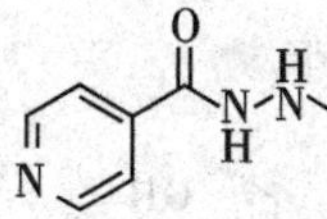

1

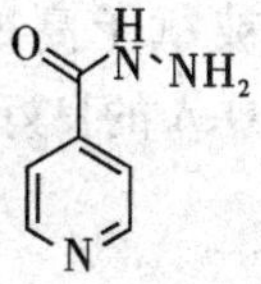

2

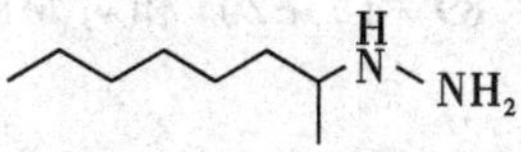

3

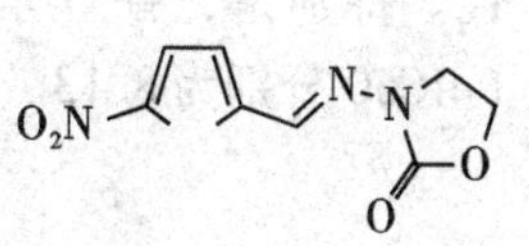

4

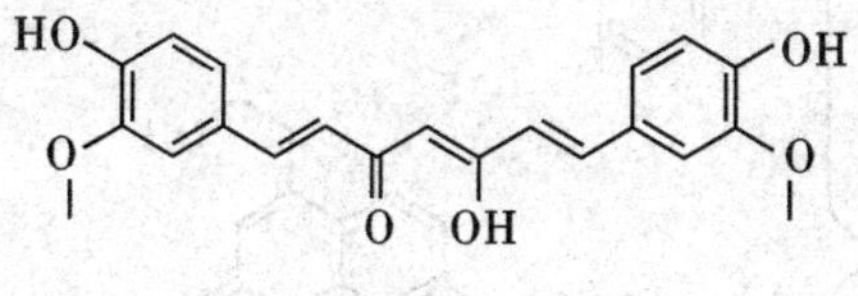

6

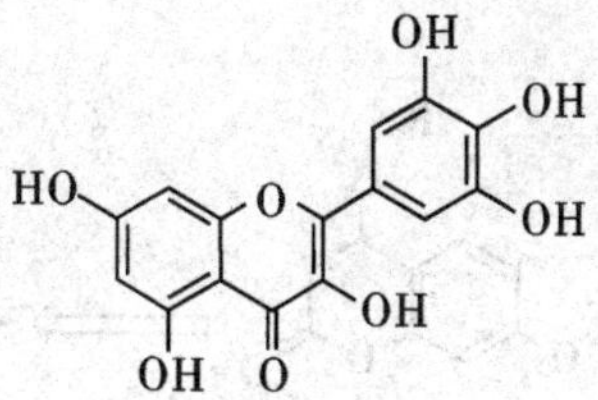

7

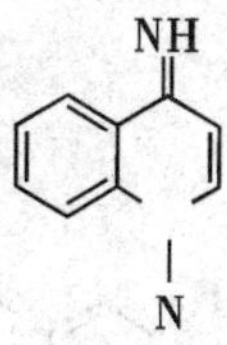

8

②选择性-不可逆

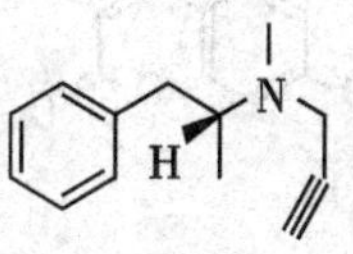

8

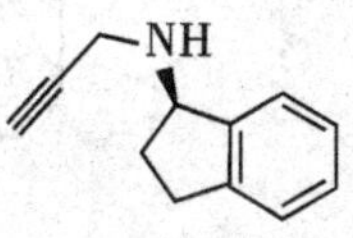

9

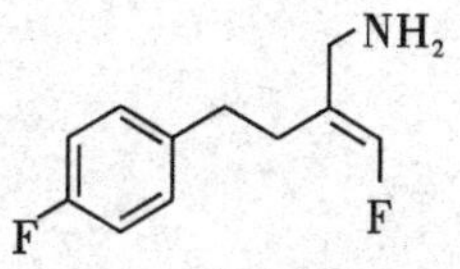

10

③选择性-可逆

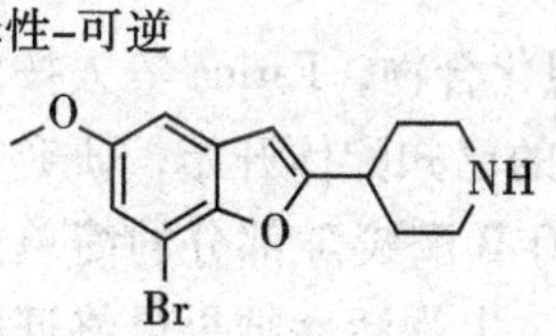

11

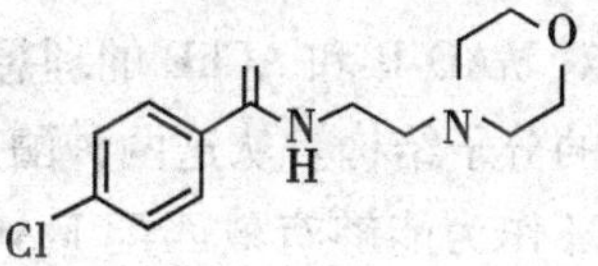

12

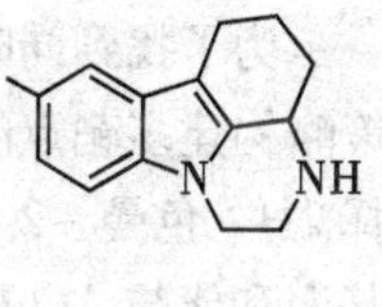

13

图 2－3　非选择性、选择性－不可逆、选择性－可逆结合抑制剂化合物示例

Bautista-Agueller 等人应用 3D-QSAR 方法确定 MAO-A 或 MAO-B 的特定分子决定因素，并创建了一个 3D-QSAR 模型来评估设计分子的MAO-A 或 MAO-B 抑制活性，目的在于设计具有最佳 MAO 选择性抑制剂。他们最终确定化合物 14 是纳摩尔浓度范围内的 hMAO-A 的有效抑制剂（IC_{50} = 5.5 ± 1.4 nM）和中等效力的 hMAO-B 的抑制剂（IC_{50} = 150 ± 31 nM）。

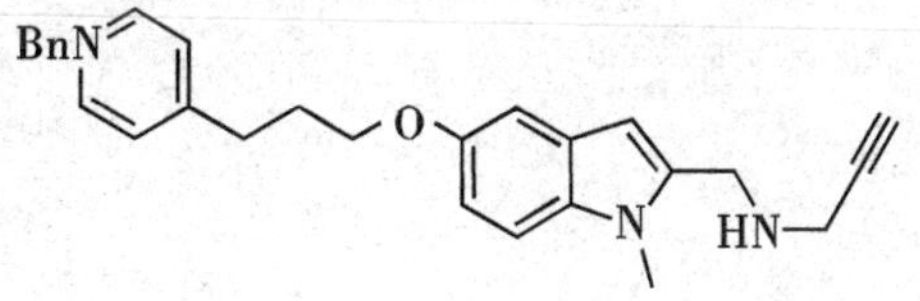

14

Pisani 等人使用同样的方法设计和开发了一系列新型的基于香豆素的 MAO 抑制剂。对这些新型香豆素衍生物的生物学评价证明了其模型的可靠性。特别是，香豆素衍生物 15、16 和 17 被赋予高的 MAO-B 抑制效力（pIC50 分别为 8.13、7.89 和 7.82）和对 MAO-A 的良好选择性。

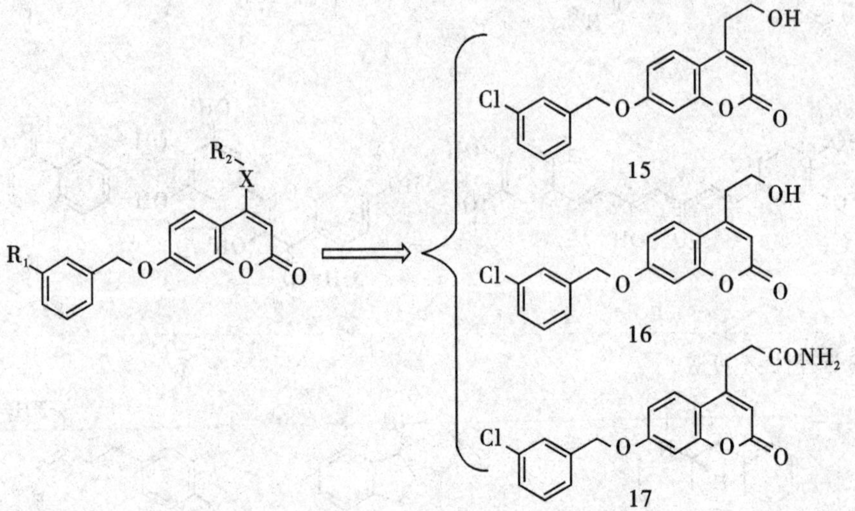

图 2-4　香豆素衍生物类 MAO 抑制剂

为了找到同时针对 MAO-B 和 AChE 的理想化合物，Farina 等人按照杂交策略构建多靶点配体的分子结构。从这两种酶的已知配体开始，研究人员选择 2H-色曼-2-酮环作为能够有效匹配 MAO-B 酶裂隙部分的简单药效团基序和能与 AChE 有效结合的质子化基本部分。生物活性结果最终证明了该方法的可靠性。在这些化合物 18、19、20 和 21 显示出良好的活性，对 hMAO-B 具有纳摩尔抑制活性，对 MAO-B 和 MAO-A 都具有较高的选择性，对 hAChE 具有亚微摩尔抑制活性。

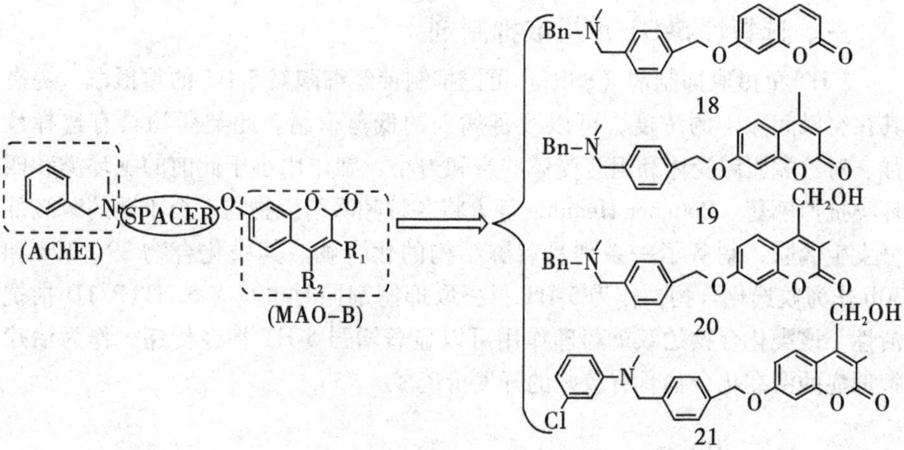

第二章 中枢神经系统先导化合物的发现与新药研发

图2-5 基于分子杂交策略的 MAO-B 和 AChE 双重抑制剂的设计合成

Hu 等人使用已报道的 MAO-B 抑制剂的活性片段（化合物22、23、24）同样基于分子杂交策略设计了一系列化合物。化合物 25 具有显著的 MAO-B 抑制活性和选择性。值得注意的是，化合物 25 中 3 位的苯乙酰甲酰胺基团可能促进了 8-苯基-黄嘌呤类似物的活性和选择性。虽然化合物 25 的活性并不比化合物 22～24 高，但它具有良好的选择性。此外，F 原子的引入可以增加其生物活性，提高代谢稳定性。

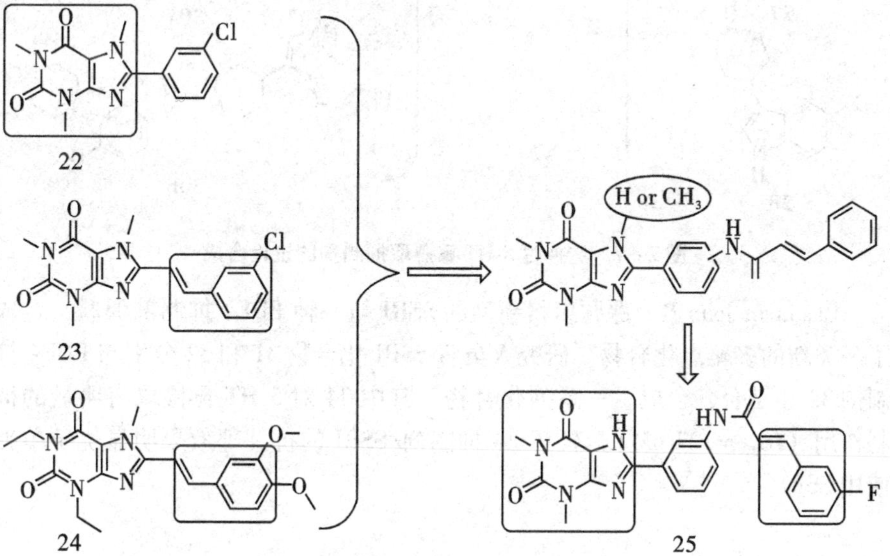

图2-6 基于分子杂交策略的 MAO-B 高选择性抑制剂的设计合成

三、选择性5-HT重摄取抑制剂

5-HT重摄取抑制剂（SSRI）可以抑制神经细胞对5-HT的重摄取，提高其在突触间隙中的浓度，可以改善病人的低落情绪。此类药物具有选择性强、对乙酰胆碱受体和组胺受体的亲和力小、副作用小于此前的三环类和四环类抗抑郁药。Bottcher Henning等人将各种吲哚衍生物与三个不同的苯胺部分发生偶联，制备了一系列具有脲结构的化合物。其中化合物29、30a和30b作为候选化合物，作为5-HT再摄取抑制剂同时也具有5-HT1B/1D拮抗活性。该类化合物的双重药理作用可以显著增强5-HT神经传递，作为治疗抑郁症的潜在化合物具有较好的开发价值。

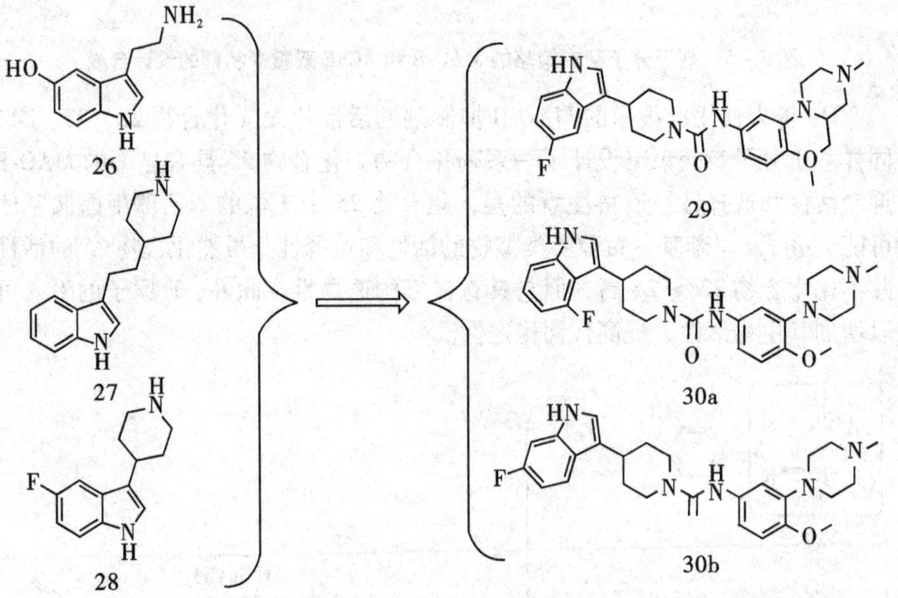

图2-7 选择性5-HT重摄取抑制剂的设计合成

Cashman John R. 课题组将新型的SSRI与一种PDE4抑制剂偶联，合成了一类新的多靶点化合物。研究人员将SSRI化合物31和32分别与PDE4抑制剂33相结合，合成了一系列化合物，其中34对5-HT再摄取有明显的抑制作用（IC_{50} = 127 nM）。双PDE4抑制剂/SSRI的抗抑郁效果明显优于单独使用SSRI。

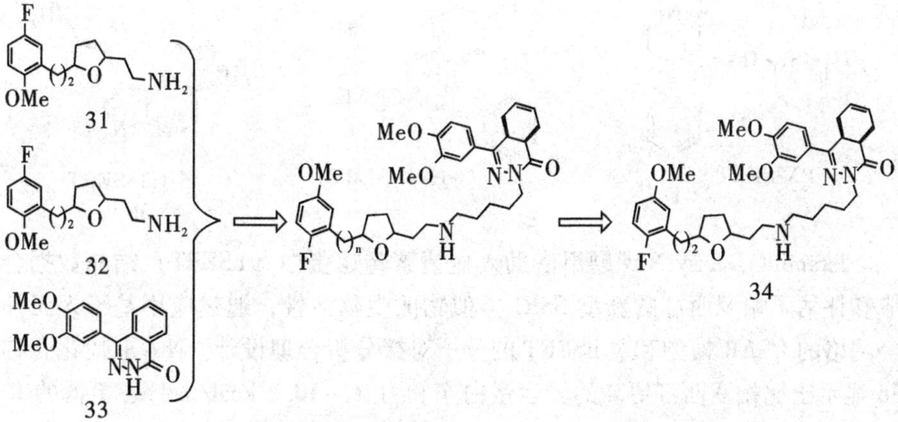

31
32
33
34

图 2－8　基于分子杂交策略的 SSRI 和 PDE4 双重抑制剂的设计合成

Degnan 等人基于神经激肽 1（NK1）受体拮抗剂和 5-HT 选择性再摄取抑制剂（SSRI）联合对于治疗抑郁症的理论基础。合成了一系列有效的双重 NK1 受体拮抗剂/5-HT 转运体（SERT）抑制剂，用于克服离子通道阻断的问题。并发现化合物 35 具有良好的口服生物利用度，出色的大脑摄取能力和潜在的体内疗效。

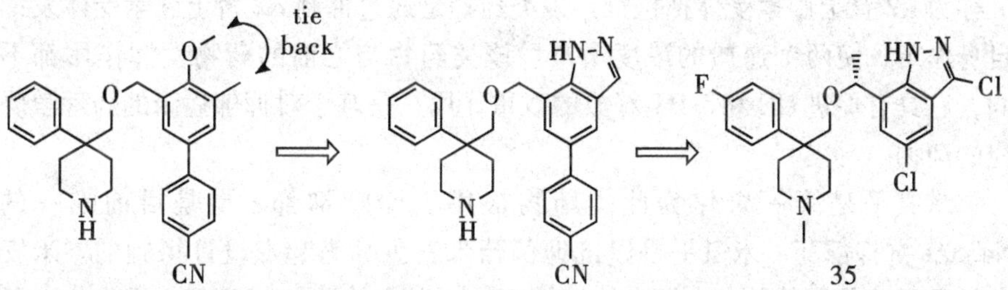

35

图 2－9　双重 NK1 受体拮抗剂/5-HT 转运体（SERT）抑制剂的设计合成

帕罗西汀（PX）是一种广泛使用的抗抑郁药，但其具有虚弱、头晕和睡眠困难等副作用。为了寻找疗效更好、副作用更小的新型化合物，Mendieta Liliana 及其合作者合成了帕罗西汀的羟基化类似物 3-HPX，并比较了两种化合物通过计算机模拟的药代动力学和结合特性，以及体内的抗抑郁和潜在神经保护作用。计算结果表明，与 PX 相比，3-HPX 可以更强地结合血清素转运蛋白（SERT），但相对清除率更高。

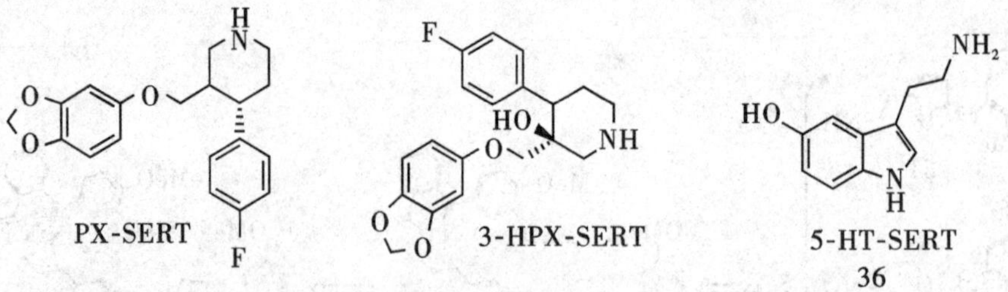

PX-SERT   **3-HPX-SERT**   **5-HT-SERT 36**

Jaramillo Deissy N 课题组借助人血清素转运蛋白（hSERT）结晶数据合成和评估了帕罗西汀的新型 SSRI 类似物的生物活性，通过应用基于人工神经网络的 QSAR 模型和对 hSERT 的分子对接分析合理设计。N-取代化合物 36 显示出比帕罗西汀更高的转运蛋白亲和力（-10.2 kcal/mol）、更低的 Ki 值（1.19 nM）和更安全的毒理学特征。对人红细胞的溶血能力测试表明，化合物 36 对所用细胞系没有表现出细胞毒活性，并且在任何测试浓度下都没有溶血活性，而对于帕罗西汀，则有溶血现象发生。基于这些结果，研究人员认为化合物 36 可能是治疗这种疾病的有前途的新 SSRI 候选药物。

四、其他

NE 和特异性 5-HT 抑制剂（NaSSAs）是近几年发展的新型抗抑郁药，又称为 α2 肾上腺素受体拮抗剂。该类药物是通过抑制 α2 肾上腺素受体发挥自身作用，使两个递质的浓度增高。该类药物与之前的药物发挥作用都不同，它具有促进 NE 和 5-HT 释放的双重作用，是基于对抑郁症新的药理学研究的药物。

米氮平是第一个作为此类药物被用于治疗抑郁，也是目前唯一的 NaSSAs 抗抑郁药。米氮平是以抗抑郁药米安色林为起点设计得到的。米安色林是哌嗪并二苯并氮杂䓬类抗抑郁药，可以有效地抑制 NET。用生物电子等排体吡啶环替换米安色林中的苯环得到米氮平，吡啶环与苯环相比，可以降低分子的分配系数，增加分子的极性，从而使米氮平的作用机制和抗抑郁活性都发生变化，降低副作用。米氮平具有起效迅速、良好的耐受性等优点，既能增强 NE 能系统传导，也能增强 5-HT1 介导的 3-羟色胺能神经传导，这是其可以全面抗抑郁活性的原因。

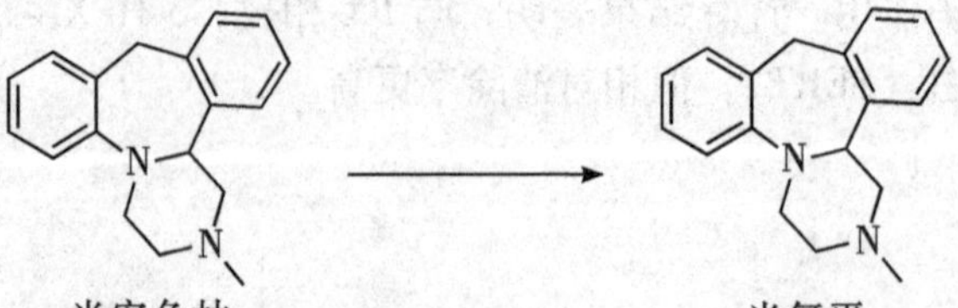

米安色林   →   米氮平

5-HT 和去甲肾上腺素再摄取双重抑制剂（SNRIs）也是近几年新发展的一类抗抑郁药物。文拉法辛是第一个 SNRIs 药物，它具有 5-HT 和去甲肾上腺素双重摄取的抑制作用，小剂量时主要抑制 5-HT 的重摄取，大剂量时双重抑制对 5-HT 和去甲肾上腺素的重摄取，对 M1、H1 和 α1 受体不具有亲和力。文拉法辛经过 O-去甲基代谢可生成地文拉法辛，也是双重 5-HT-去甲肾上腺素重摄取抑制剂。地文拉法辛利于口服吸收，与蛋白结合能力较低，可以明显降低药物之间的相互作用。除此之外，该类药物还有度洛西汀和米那普仑。

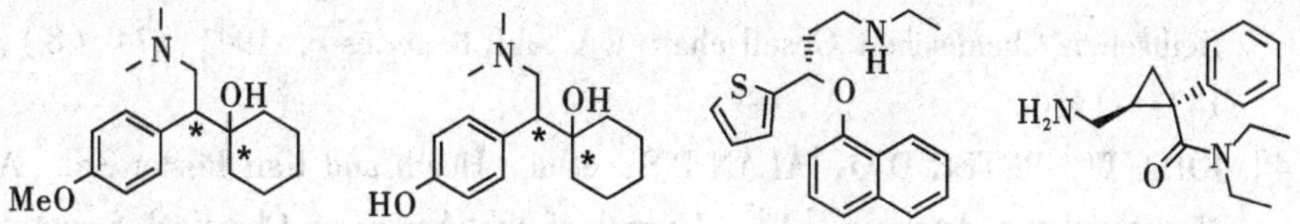

文拉法辛　　　　地文拉法辛　　　　度洛西汀　　　　米那普仑

五、小结

在过去的一个世纪里，随着针对中枢神经系统研究的深入，人们对疼痛机制和抑郁症机制理解的增加，基于一些新靶点的确定，包括受体，如α2-肾上腺素能受体，大麻素，γ-氨基丁酸（GABA），（5-HT）1B/D，NMDA 受体，TRPV1 和降钙素基因相关肽（CGRP）受体等，同时借助分子对接等一系列计算机辅助工具对一些化合物分子骨架进行设计与筛选，越来越多具有新结构的化合物被发展出来。

但就镇痛而言，阿片类药物仍然是治疗急性疼痛的主要药物。其他用于治疗疼痛的药物还包括 NMDA 受体拮抗剂和曲坦类药物等。现阶段镇痛药物开发主要策略是针对各细分类型的疼痛进行量身定制，除了关注促进有效镇痛外，镇痛药物开发工作的重点是关注提高治疗率和避免耐受性和强化效应。

抗抑郁药主要围绕单胺氧化酶抑制剂和 5-羟色胺重摄取抑制剂两种主要作用机制类型进行发展。除三环抗抑郁药（TCA）外还合成了一系列具有抗抑郁活性的化合物，并对这些化合物进行生物活性评价。相对于镇痛药物对中枢神经系统活动的抑制，抗抑郁药物的开发工作的重点是合理利用靶点通路对中枢神经系统兴奋程度的平衡调节，以达到合适的治疗效果与强化效应。

参考文献

[1] AGER J H, MAY E L. Structures Related to Morphine. XIII. 12-alkyl-2'-hydroxy-5, 9-dimethyl-6, 7-benzomorphans and a more direct synthesis of the 2-phenethyl compound (NIH 7519) [J]. Journal of Organic Chemistry, 1960, 25 (6): 984-986.

[2] KOTICK M P. Analgesic Narcotic Antagonists. 6, 7-beta-8-beta-methano- and 7-beta-8-beta-epoxydihydrocodeinone [J]. Journal of Medicinal Chemistry, 1981, 24 (6): 722-726.

[3] EISLEB O. Neue synthesen mittels natriumamids [J]. Berichte Der Deutschen Chemischen Gesellschaft (A and B series), 1941, 74 (8): 1433-1450.

[4] JOHN W, PETER D O, ALAN P S, et al. Heath and Karl Pfister 3rd. A New Synthetic Analgsic [J]. Journal of the American Chemical Society, 1956, 78 (10): 2342-234.

[5] ANSSEN P A, EDDY N B. Compounds related to pethidine-IV. New general chemical methods of increasing the analgesic activity of pethidine [J]. Joural of Medicinal Pharmacology Chemistry, 1960, 2: 31-45.

[6] WOODS L A, DENEAU G A, BENNETT D R, et al. A comparison of the pharmacology of two potent analgesic agents, piminodine (Win 14, 098-2) and Win 13, 797, with morphine and meperidine [J]. Toxicology and Applied Pharmacology, 1961, 3: 358-379.

[7] CASY A F. Configurational assignments to cis-and trans-1-alkyl (and aralkyl)-4-aryl-3-methylpiperidin-4-ols by pmr spectroscop [J]. Tetrahedron, 1966, 22 (8): 2711-2719.

[8] BURNS M, CUNNINGHAM C W, Mercer S L. Dark classics in Chemical Neuroscience: Fentanyl [J]. ACS chemical neuroscience, 2018, 9 (10): 2428-2437.

[9] MAY E L, MOSETTIG E. Some reactions of amidone [J]. Joural of Organic Chemistry, 1948, 13 (3): 459-464.

[10] PAUL A J, JANSSEN J C, JANSEEN A. New series of potent analgesics [J]. Joural of the American Chemical Society, 1956, 78 (15): 3862

[11] VEKARIYA R H, LEI W, RAY A, et al. Synthesis and structure-activity relationships of 5'-Aryl-14-alkoxypyridomorphinans: Identification of a μ opioid receptor agonist/δ opioid receptor antagonist ligand with systemic antinociceptive activity and diminished opioid side effects [J]. Journal of

Medicinal Chemistry, 2020, 63 (14): 7663-7694.

[12] TEVENSON G W, WENTLAND M P, BIDLACK J M, et al. Effects of the mixed-action kappa/mu opioid agonist 8-carboxamidocyclazocine on cocaine-and food-maintained responding in rhesus monkeys [J]. European Journal of Pharmacology, 2004, 506 (2): 133-141.

[13] CAVALLA J F. Analgesic agents [J]. Annual Reports in Medicinal Chemistry, 1969, 4: 37-46.

[14] WENTLAND M P, LOU R, YE Y, et al. 8-carboxamidocyclazocine analogues: redefining the structure-activity relationships of 2, 6-methano-3-benzazocines [J]. Bioorganic and Medicinal Chemistry Letters, 2001, 11 (5): 623-626.

[15] NEUMEYER J L, MELLO N K, NEGUS S S, et al. Kappa opioid agonists as targets for pharmacotherapies in cocaine abuse [J]. Pharmacia Helvetica, 2000, 74 (2-3): 337-344.

[16] SCHUNK S, LINZ K, HINZE C, et al. Discovery of a potent analgesic NOP and opioid receptor agonist: Cebranopadol [J]. ACS Medicinal Chemistry Letters, 2014, 5 (8): 857-862.

[17] CHE T, MAJUMDAR S, ZAIDI S A, et al. Structure of the Nanobody-Stabilized Active State of the Kappa Opioid Receptor [J]. Cell, 2018, 172 (1-2): 55-67.

[18] TANG Y, YANG J, LUNZER M M, et al. A κ opioid pharmacophore becomes a spinally selective κ-δ agonist when modified with a basic extender arm [J]. ACS Medicinal Chemistry Letters, 2010, 2 (1): 7-10.

[19] EANS S O, GANNO M L, Mizrachi E, et al. Parallel synthesis of hexahydrodiimidazodiazepines heterocyclic peptidomimetics and their in vitro and in vivo activities at μ (MOR), δ (DOR), and κ (KOR) opioid receptors [J]. Joural of Medicinal Chemistry, 2015, 58 (12): 4905-4917.

[20] PURINGTON L C, SOBCZYK-KOJIRO K, POGOZHEVA I D, et al. Development and *in vitro* characterization of a novel bifunctional μ-agonist/δ-antagonist opioid tetrapeptide [J]. ACS Chemical Biology, 2011, 6 (12): 1375-1381.

[21] ANANTHAN S, SAINI S K, DERSCH C M, et al. 14-alkoxy-and 14-acyloxypyridomorphinans: μ agonist/δ antagonist opioid analgesics with diminished tolerance and dependence side effects [J]. Joural of Medicinal

Chemistry, 2012, 55 (19): 8350-8363.

[22] HARLAND A A, YEOMANS L, GRIGGS N W, et al. Further optimization and evaluation of bioavailable, mixed-efficacy μ-opioid receptor (MOR) agonists/δ-opioid receptor (DOR) Antagonists: Balancing MOR and DOR Affinities [J]. Joural of Medicinal Chemistry, 2015, 58 (22): 8952-8969.

[23] HARDING W W, TIDGEWELL K, BYRD N, et al. Neoclerodane diterpenes as a novel scaffold for mu opioid receptor ligands [J]. Joural of Medicinal Chemistry, 2005, 48 (15): 4765-4771.

[24] KIEFFER B L. Designing the ideal opioid [J]. Nature, 2016, 537 (7619): 170-171.

[25] CODD E E, MABUS J R, MURRAY B S, et al. Flores CM. Dynamic mass redistribution as a means to measure and differentiate signaling via opioid and cannabinoid receptors [J]. Assay and Drug Development Technologies, 2011, 9 (4): 362-372.

[26] EREZ M, TAKEMORI A, PORTOGHESE P S. Narcotic antagonisticpotency of bivalent ligands which contain beta-naltrexamine. Evidence for bridging between proximal recognition sites [J]. Joural of Medicinal Chemistry, 1982, 25: 847.

[27] NEWMAN A H, BATTITI F O, BONIFAZI A, et. al. Portoghese medicinal chemistry lectureship: Designing bivalent orbitopic molecules for G-protein coupledreceptors. The whole isgreater than the sum of its parts [J]. Joural of Medicinal Chemistry, 2020, 63: 1779-1797.

[28] WANG D, SUN X, BOHN L M, et al. Opioid receptorhomo and heterodimerization in living cells by quantitative bio-luminescence resonance energy transfer [J]. Molecular Pharmacology, 2005, 67: 2173-2184.

[29] OLSON K M, LEI W, KERESZTES A, et al. Novel molecular strategies and targets for opioid drug discoveryfor the treatment of chronic pain [J]. Yale Joural of Biology and Medicine, 2017, 90: 97-110.

[30] DANIELS D J, LENARD N R, ETIENNE C L, et al. Opioid-induced tolerance and dependence inmice is modulated by the distance between pharmacophores in abivalent ligand series [J]. Proceedings of the National Academy of Sciences of the United States of America, 2005, 102: 19208-19213.

[31] DEROUICHE L, PIERRE F, DORIDOT S, et al. Heteromerization of

endogenous mu and delta opioid receptors induces ligand-selective co-targeting to lysosomes [J]. Molecules, 2020, 25 (19): 4493.

[32] BISIGNANO P, BURFORD NT, SHANG Y, et al. Ligand-based discovery of a new scaffold for allosteric modulation of the μ-opioid receptor [J]. Joural of Chemical Information and Modeling, 2015, 55 (9): 1836 – 1843.

[33] BURFORD NT, LIVINGSTON K E, CANALS M, et al. Discovery, synthesis, and molecular pharmacology of selective positive allosteric modulators of the δ-opioid receptor [J]. Joural of Medicinal Chemistry, 2015, 58 (10): 4220 – 4229.

[34] GILLIS A, KLIEWER A, KELLY E, et al. Critical assessment of G protein-biased agonismat the μ-opioid receptor [J]. Trends in Pharmacolog, cal sliences, 2020, 41: 947 – 959.

[35] BAUTISTA-AGUILERA O M, ESTEBAN G, BOLEA I, et al. Design, synthesis, pharmacological evaluation, QSAR analysis, molecular modeling and ADMET of novel donepezil-indolyl hybrids as multipotent cholinesterase/monoamine oxidase inhibitors for the potential treatment of Alzheimer's disease [J]. European Joural of Medicinal Chemistry, 2014, 75: 82 – 95.

[36] ISANI L, FARINA R, NICOLOTTI O, et al. In silico design of novel 2H-chromen-2-one derivatives as potent and selective MAO-B inhibitors [J]. European Joural of Medicinal Chemistry, 2015, 89: 98 – 105.

[37] FARINA R, PISANI L, CATTO M, et al. Structure-based design and optimization of multitarget-directed 2H-chromen-2-one derivatives as potent inhibitors of monoamine oxidase b and cholinesterases [J]. Joural of Medicinal Chemistry, 2015, 58 (14): 5561 – 5578.

[38] HU S, NIAN S, QIN K, et al. Design, synthesis and inhibitory activities of 8- (substituted styrol-formamido) phenyl-xanthine derivatives on monoamine oxidase B [J]. Chemical and Pharmaceutical Bulletin, 2012, 60 (3): 385 – 390.

[39] LAN J S, ZHANG T, LIU Y, et al. Synthesis and evaluation of small molecules bearing a benzyloxy substituent as novel and potent monoamine oxidase inhibitors [J]. Medicinal Chemistry Communications, 2017, 8 (2): 471 – 478.

[40] MATZEN L, VAN AMSTERDAM C, RAUTENBERG W, et al. 5-HT

reuptake inhibitors with 5-HT (1B/1D) antagonistic activity: A new approach toward efficient antidepressants [J]. Joural of Medicinal Chemistry, 2000, 43 (6): 1149 –1157.

[41] CASHMAN J R, VOELKER T, ZHANG H T, et al. Dual inhibitors of phosphodiesterase-4 and serotonin reuptake [J]. Joural of Medicinal Chemistry, 2009, 52 (6): 1530 –1539.

[42] BANG-ANDERSEN B, RUHLAND T, JØRGENSEN M, et al. Discovery of 1- [2-(2, 4-dimethylphenylsulfanyl) phenyl] piperazine (Lu AA21004): A novel multimodal compound for the treatment of major depressive disorder [J]. Joural of Medicinal Chemistry, 2011, 54 (9): 3206 –3221.

[43] DEGNAN AP, TORA GO, HUANG H, et al. Discovery of indazoles as potent, orally active dual neurokinin 1 receptor antagonists and serotonin transporter inhibitors for the treatment of depression [J]. ACS Chemical Neuroscience, 2016, 7 (12): 1635 –1640.

[44] JARAMILLO DN, MILLNÁD, GUEVARA-PULIDO J. Design, synthesis and cytotoxic evaluation of a selective serotonin reuptake inhibitor (SSRI) by virtual screening [J]. European Joural of Pharmaceutical Sciences, 2023, 183: 106403.

[45] CHAMORRO-ARENAS D, SALGADO-MORENO G, MARTINEZ-MENDIETA L, et al. Stereoselective synthesis and antiallodynic activity of 3-Hydroxylated paroxetines [J]. ChemMedChem, 2021, 16 (3): 472 –476.

[46] LESLIE C P, BIAGETTI M, BISON S, et al. Discovery of 1- (3- {2- [4- (2-methyl-5-quinolinyl) -1-piperazinyl] ethyl } phenyl) -2-imidazolidinone (GSK163090), a Potent, selective, and orally active 5-HT1A/B/D receptor antagonist [J]. Joural of Medicinal Chemistry, 2010, 53 (23): 8228 –8240.

[47] LIU J, YU L F, EATON J B, et al. Discovery of isoxazole analogues of sazetidine-A as selective $\alpha 4\beta 2$-nicotinic acetylcholine receptor partial agonists for the treatment of depression [J]. Joural of Medicinal Chemistry, 2011, 54 (20): 7280 –7288.

第三章 心血管系统先导化合物的发现与新药研发

目前，在全世界范围内致死率排在首位的疾病就是循环系统疾病，其多为常见病、多发病。循环系统药物（circulatory system agents）就是用于预防和治疗循环系统疾病的药物，临床上主要用于治疗高血压、高血脂、心绞痛、心律不齐、心力衰竭、冠心病、脑卒中、脑栓塞、动脉粥样硬化等一系列循环系统疾病。循环系统药物的研究和应用日益受到重视，在全世界正在研究开发的3000多种新药中超过1/4的品种与循环系统药物有关。按临床用途的不同，循环系统药物可分为抗高血压药、调血脂药、抗心绞痛药、抗心律失常药和抗心功能不全药等。本章将对代表性循环系统药物的先导物发现及新药研发进行阐述。

第一节 "普利"类降血压药的发现与新药研发

高血压（hypertension）是一种体循环动脉血压升高超过正常范围（140/90 mmHg）的常见疾病，是目前严重危害人类健康的疾病之一，可分为原发性和继发性两大类。原发性高血压又称高血压病，与遗传因素、环境因素有关，约占高血压患者的95%；另有5%是继发性高血压，常继发于原发性醛固酮增多症、嗜铬细胞瘤、肾动脉狭窄等疾病。我国高血压患者已超过1亿，且有继续增加趋势。持续的高血压状态可增加心脏后负荷，引起心肌肥厚与心力衰竭，同时引发小动脉内皮损伤、内膜增厚、管腔变窄，使血压进一步升高，最终导致心、脑、肾的损害，是诱发脑卒中和冠心病的主要危险因素。

血压高低主要决定于心输出量和全身血管阻力两个因素，两者又受自主神经系统、肾素-血管紧张素-醛固酮系统与血容量的调节。当神经紧张、激动时，脑部传出的神经冲动传至神经节，引起神经递质的释放，神经递质与相应的受体结合后，会引起心率加快、血管收缩，使血压升高，同时还使肾素分泌量增加。肾素是一种蛋白水解酶，可使血管中血管紧张素原水解为血管紧张素Ⅰ，血管紧张素Ⅰ在转化酶（angiotensin-coverting enzyme，ACE）的作用下形成收缩血管作用极强的血管紧张素Ⅱ，能使血压升高及刺激肾上腺皮质中醛固酮的合成，醛固酮有保留钠离子和水的作用，从而增大血容量，也使血压升高。

抗高血压药物（anti-hypertensive drugs）通过作用于上述使血压升高的环节，阻断神经冲动的传导，减少心输出量，扩张血管，降低血容量，从而使血压下降。根据药物的作用部位和作用方式不同，常分为作用于自主神经系统的药物（包括中枢性降压药、作用于交感神经系统的降压药、神经节阻断药、血管扩张药、肾上腺素受体阻断剂）和影响肾素－血管紧张素－醛固酮系统的药物等类型。利尿药通过减少血容量而降低血压，可用于高血压的治疗。钙通道阻滞剂也用于高血压的治疗。

血管紧张素转化酶抑制剂（angiotensin-converting enzyme inhibitors, ACEI）能抑制血管紧张素转化酶活性，同时又能减少缓激肽的水解，使血管扩张而降低血压。ACEI 是继钙通道阻滞剂之后又一具有里程碑意义的心血管系统药物，目前已成为治疗高血压的主要药物。卡托普利（captopril）是第一个上市的 ACEI，主要用于防治高肾素型高血压等各类高血压，其研发源于巴西蛇毒中的一种缓激肽。

卡托普利

卡托普利具有舒张外周血管，降低醛固酮分泌，影响钠离子的重吸收，降低血容量的作用；使用后无反射性心率加快，不减少脑、肾的血流量，无中枢副作用，无耐受性，停药后也无反跳现象；主要用于治疗高血压，可单独应用或与强心药、利尿药合用，也可治疗心力衰竭。

早在 1933 年，Rochae Silva 发现被巴西蝮蛇咬伤的患者会因为低血压休克而死亡，由此猜想蛇毒中应该含有一种"降压物质"。直到 1948 年，Rochae Silva 终于成功地从巴西蝮蛇的蛇毒中提取出这种"降压物质"，并通过结构鉴定，确证该物质是一种直链的九肽化合物，命名为"缓激肽"（bradykinin, BK）。BK 只有在蛇毒体内才能稳定存在，在人体内的半衰期极短，仅几分钟便会完全分解。因此，研究人员猜测毒蛇体内可能存在一种稳定 BK 的生源物质，于是对生源物质展开了研究。1960 年，Ng 和 Vzne 发现巴西蛇毒中含有一种"缓激肽增强因子"（bradykinin potentiating factor, BPF），同时，研究结果表明，BPF 可在一定程度上抑制缓激肽降解酶，从而减缓缓激肽的降解，并且发现该化合物可与体外制备的 ACE 反应，最终发现了有效的 ACEI。基于此研究结果，Ferreira 等先后从蛇毒提取液中分离得到不同的 BPF，并且报道了这些长肽的氨基酸序列的合成。综合比较几种多肽后，发现五肽 BPP5a 对 ACE 抑制活性最好，但其体内的半衰期非常短。而九肽 SQ20881（替普罗肽, teprotide）抑制活性仅次于 BPP5a，但却拥有相对较长的体内半衰期（$T_{1/2}=2.5\text{ h}$）。随着替普罗肽临床试验的不断推进，研究人员确证替普罗肽是一种有效的 ACEI，但因为它是一种大分子肽类化合物，蛋白结构为谷－色－脯－精－脯－谷－亮－脯－脯，存在肽类药物的缺点，如透膜性差、生物利用度低、只能通过注射给药，从而限制了其在临床上的使用。

为了克服肽类药物的缺点，该类药物研发的重点开始转向可口服的小分子 ACEI 的开发，研究策略主要是探究替普罗肽的药效团，包括简化化合物结构，降低分子量，提高成药性。由于该多肽是大分子，可能具有一定程度的二级或三级结构，使其与 ACE 的活性位点之间进行特异的结合。生物学的研究发现血管紧张素与羧肽酶 A 均为肽类外切酶，这两种酶在序列上具有 45.2% 相似性，而当时羧肽酶 A 相较血管紧张素的研究较为充分，其蛋白结构已被成功解析，并且已有相关的羧肽酶 A 抑制剂报道。但由于当时计算机辅助药物设计技术并不成熟，研究人员无法基于羧肽酶 A 的结构去对血管紧张素进行同源模建去获得血管紧张素的蛋白结构，研究人员也无法基于 ACE 的蛋白结构进行化合物设计。因此，Cushman 和 Ondetti 只能先探讨替普罗肽与羧肽酶 A 活性位点可能的相互作用模式，用来指导替普罗肽的结构优化。

为了寻找结构简单而更稳定的药物，通过对 ACE 作用部位分析和蛇毒肽的研究，又受到当时羧肽酶 A 抑制剂研究的启发，先后合成了一系列衍生物。构效关系研究发现具有高抑制活性的都是模拟 C 末端的二肽结构。推断 ACE 有一锌离子，以高亲和力的巯基代替羧基，改善与锌离子结合口袋的亲和力，得到了口服有效的卡托普利。

卡托普利进入市场后，商品名为开博通，由于它对治疗高血压效果显著，很快就获得了商业上的成功。由于它抑制相对无活性的血管紧张素 I 转化为有活性的血管紧张素 II，所以，它具有高度选择性。随着对卡托普利上市后的持续关注，发现巯基的引入带来了强疗效的同时也带来了许多副作用，例如皮疹、瘙痒以及味觉障碍等。

于是，研究人员将卡托普利上的巯基直接用羧基替换，再对结构进行优化，最后发现用 α－羧基苯丙胺取代时活性最好，其改善了与活性中心的亲和力，即依那普利拉（enalaprilat）。但是，依那普利拉的口服生物利用度太差，半衰期短（$T_{1/2}=0.5\text{ h}$, $F\%<10\%$）。研究人员通过前药设计的概念，将依那普利拉的羧基做成单乙酯，提高了脂溶性，也就是现在的依那普利（enalapril）（二甲酸类），并在 1985 年被 FDA 批准上市。依那普利具有较优的透膜性，易吸收（$T_{1/2}=11\text{ h}$, $F\%=68\%$），在体内水解成羧酸再游离出来，从而发挥降血压的作用，成为继卡托普利后又一治疗高血压的重磅药

物。随着药物化学家们对普利类药物的继续研究，又相继设计了许多不含巯基的二甲酸类药物，包括雷米普利（ramipril）、贝那普利（benazepril）等新产品。这些普利类药物都表现出优良的降血压效果，为高血压病人战胜疾病带来了福音。

在依那普利开发成功的基础上，通过对依那普利和卡托普利分子中的甲基和脯氨酸吡咯啉环结构的修饰，分别用体积较大碱性残基和二环、多环或螺环结构进行取代，得到更多活性优越的含羧基片段的类似药物，如赖诺普利（lisinopril）等。

赖诺普利

卡托普利的研发历程可谓是一路波折，最初从蛇毒中发现导致低血压的缓激肽，再到从蛇毒中分离出缓激肽的稳定剂九肽活性化合物替普罗肽。临床试验发现替普罗肽的确是有效的 ACEI，由于它是一种肽类分子，口服生物利用度低，限制了其在临床上的应用。然后，研究人员以化合物替普罗肽为基础，探讨 ACE 与其抑制剂可能的结合模式，设计出先导化合物，进一步对先导化合物进行结构优化，成功得到了第一个口服类小分子 ACEI 卡托普利。卡托普利的研发过程汇聚了药物学家们的智慧与汗水，其成功经验对肽类苗头化合物的研发具有重要参考价值。

第二节 "洛尔"类降血压药的发现与新药研发

"洛尔"类药物是临床常用的一类降血压药，还可以缓解心绞痛及治疗心律失常，属于β受体阻断剂。β受体的全称是β肾上腺素受体，β受体阻断剂能竞争性地与β受体结合，抑制心脏功能，并降低外周血管阻力，使心率减慢，心肌收缩力减弱，心排出量减少，心肌耗氧量下降，临床上主要用于治疗心绞痛、心律失常和高血压。

按照对 $β_1$ 和 $β_2$ 两种受体亚型的亲和力差异，β 受体阻断剂可分为：①对两种亚型产生相似幅度阻断作用的非选择性β受体阻断剂，如普萘洛尔

(propranolol)；②选择性 β₁ 受体阻断剂，如阿替洛尔（atenolol）；③兼有 α₁ 和 β 受体阻断作用的非典型 β 受体阻断剂，如拉贝洛尔（labetalol）。按化学结构不同，β 受体阻断剂又可分为苯乙醇胺类和芳氧丙醇胺类。

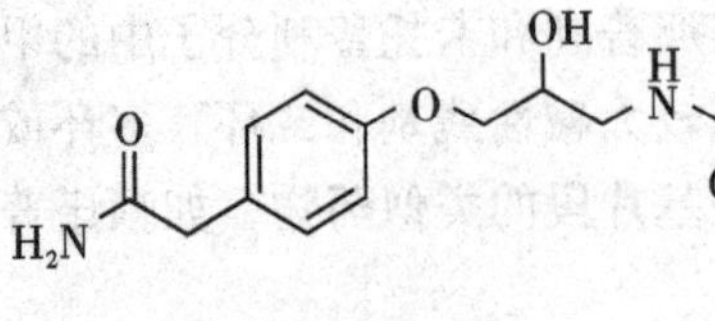

阿替洛尔

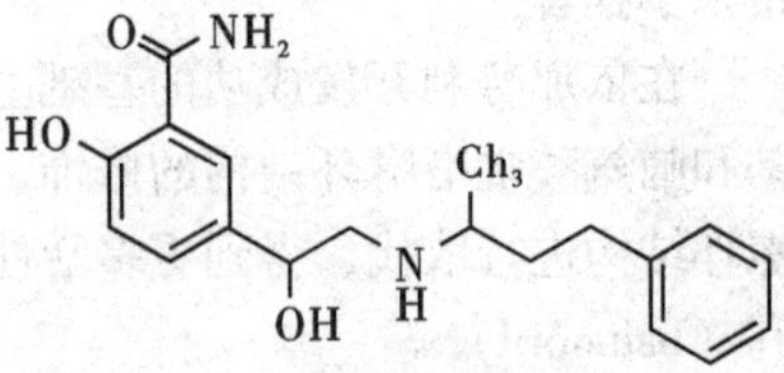

拉贝洛尔

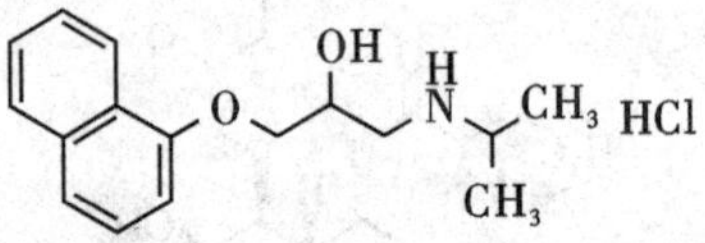

普萘洛尔

普萘洛尔主要用于心绞痛、窦性心动过速、心房扑动及颤动等室上性心动过速，也可用于期前收缩和高血压的治疗等。普萘洛尔与前述硝酸酯类合用治疗心绞痛，可取长补短，获得较好的协同疗效，但因两种药物都有降压作用，合用时应减少各药用量。

在普萘洛尔出现之前，临床上治疗心绞痛的药物多属于扩血管药物，例如硝酸酯类，但这类药物只对部分心绞痛有效，而且还会导致头痛等副作用的产生。因此，临床上迫切需要一种能有效缓解心绞痛同时也不会带来明显副作用的药物出现。1948 年，Ahlquist 首次提出肾上腺素受体有 α 和 β 两种亚型，但并未引起注意。20 世纪 50 年代中期，Black 受到两种亚型理论启发，设想从阻断交感神经、减少心肌耗氧量入手来治疗冠心病，为此 Black 开始了 β 受体阻断剂的研究，以异丙肾上腺素衍生物为起点，经过构效关系研究，发现芳氧丙醇胺类结构的 β 受体阻断作用比苯乙醇胺类强。1962 年 Black 和他的同事们成功地合成了第一个 β 受体阻断剂——丙萘洛尔，但是很遗憾，丙萘洛尔可以使小鼠产生胸腺瘤，不能用于临床。但 Black 毫不气馁，终于又合成出来了——普萘洛尔，就是我们今天所熟知的心得安。普萘洛尔不仅比丙萘洛尔更有效，而且避免了小鼠的致癌现象，还没有"内在拟交感活性"，该药也成为后来研究 β 受体阻断剂的标准模板。

普萘洛尔在治疗心绞痛和心跳过速方面有明显疗效。接下来的研究还发现，普萘洛尔在其他心血管疾病如心肌梗死、心律失常等治疗方面也有着明显疗效。在这些研究中，受体阻滞剂心脏病发作试验是普萘洛尔治疗史上的一个里程碑式的试验，评估了心肌梗死后给药普萘洛尔是否能降低死亡率。结果发现，普萘洛尔组总死亡率、心血管死亡率、动脉硬化性心脏病死亡率和猝死率均显著低于对照组，并且意外发现普萘洛尔还具备抗心律失常的作用，且相对安全。这一结果推进了普萘洛尔在降低心肌梗死相关发病率和死亡率方面的广泛临床应用。在后续的临床研究中，还在偶然间发现其对于高血压、偏头痛、甲状腺功能亢进、焦虑症等也有显著效果。普洛萘尔的出现，不仅改变了心绞痛的治疗局面，还大力推进了 β 受体阻滞剂的生理学研究和相关心血管药物的研究和开发。普萘洛尔不仅推动了心血管疾病药物的发展，更让人惊喜的是，在上市 34 年之后，偶然间的一个发现，它还改变了婴幼儿血管瘤的治疗格局。普萘洛尔治疗婴儿重症血管瘤，成为血管瘤治疗上的突破性进展。经过 10 余年的临床研究及应用，普萘洛尔已得到国内外学界认可，并替代皮质类固醇药物，成为各国学术指南及专家共识共同推荐的婴幼儿血管瘤一线用药。

普萘洛尔属于非选择性的 β 受体阻滞剂，可与 $β_1$ 受体、$β_2$ 受体较好地结合，从而抑制神经递质或儿茶酚胺与 $β_1$ 受体、$β_2$ 受体的结合及 β 肾上腺素受体的兴奋性，进而降低心肌细胞的兴奋性和平滑肌的兴奋性，有效地稳定心肌细胞及血管平滑肌，发挥明显的降血压、抗心绞痛和抗心律失常的作用。该药被临床上广泛地用于治疗高血压、心绞痛、心律失常等心血管疾病。不过，在应用该药的初期，其可作用于血管平滑肌 $β_2$ 受体，使外周血管的阻力增加，从而削弱降压的效果。在应用该药的后期，其作用于 $β_1$ 受体的效果逐渐增强，其降低血压的作用也会逐渐增强。另外，普萘洛尔在作用于 $β_2$ 受体后，可使交感神经出现反射性的兴奋，从而有效地抑制肾素－血管紧张素－醛固酮系统的功能、血管紧张素Ⅰ和血管紧张素Ⅱ的相互转化，进而可抑制醛固酮的分泌，有效减轻水钠潴留的现象，缓解心衰。

而今，非选择性 β 受体阻断剂除了普萘洛尔之外，还有噻吗洛尔（噻吗心安）、吲哚洛尔（心得静）、阿替洛尔和美托洛尔（倍他乐克）等。而以拉贝洛尔为代表的 $α_1$、β 受体阻断药则主要用于高血压的治疗。美托洛尔是选择性 $β_1$ 受体阻滞剂的代表药物。与普萘洛尔不同的是，美托洛尔对 $β_2$ 受体无明显的作用，只能与 $β_1$ 受体结合，阻断神经递质或儿茶酚胺与 $β_1$ 肾上腺素受体的结合，从而有效地抑制心肌细胞的兴奋性、减慢心率、降低心脏的活动能力、减轻心肌收缩及心脏射血的能力，进而减少心输出量和心脏的耗氧量，延缓房室结的传导速度，维持心脏的稳定性。临床上一般将美托洛尔用于高血压、心绞痛及稳定性心力衰竭等疾病的治疗。

在普萘洛尔的基础上改造而得的酒石酸美托洛尔分子中有一个手性中

心，但通常用其消旋体。酒石酸美托洛尔固体很稳定，室温储藏数年或50 ℃储藏3个月，均不发生理化性质变化，口服可用于治疗冠心病、心绞痛、心肌梗死、肥厚型心肌病、心律失常等，其注射剂主要用于治疗室上性快速型心律失常。

 第三节 "他汀"类降血脂药的发现与新药研发

血脂是血浆或血清所含脂类的总称，包括胆固醇、胆固醇酯、甘油三酯、磷脂和游离脂肪酸等，血脂均不溶于水，须在血浆中与各种载脂蛋白结合才能成为亲水性脂蛋白，进而溶解于血浆中。血浆中的脂蛋白有高密度脂蛋白（HDL）、低密度脂蛋白（LDL）、极低密度脂蛋白（VLDL）、中密度脂蛋白（IDL）和乳糜微粒（CM）。

在血浆中，各种脂质和脂蛋白按基本恒定的浓度维持彼此间的平衡，若比例失调则表明脂代谢异常或紊乱，血脂或脂蛋白高于正常水平者称为高脂蛋白血症，即高脂血症。血浆中的胆固醇来源有外源性和内源性两种途径，外源性主要从食物中摄取，内源性则主要在肝脏内合成。高脂血症的临床诊断标准是血浆总胆固醇（TC）高于 5.72 mmol/L 和甘油三酯（TG）高于 1.70 mmol/L。人体高脂血症主要是血浆中 VLDL 和 LDL 增多，血脂长期升高，血脂及其分解产物逐渐沉积在血管壁上，同时伴有纤维组织增生，形成斑块，血管弹性降低、管腔变窄或阻塞，即发生动脉粥样硬化，进而导致冠心病、脑血管病和周围血管病。

调血脂药（lipids regulators）能够通过不同途径降低 CM、LDL、VLDL 等脂蛋白、或升高抗动脉粥样硬化的 HDL，以纠正脂质代谢紊乱，调整血液中脂蛋白的比例，维持相对恒定的浓度，从而预防和消除动脉粥样硬化。根据作用机制不同，调血脂药可分为羟甲戊二酰辅酶 A 还原酶抑制剂和其他类。

羟甲基戊二酰辅酶 A（HMG-CoA）还原酶就是体内胆固醇生物合成的限速酶，抑制其活性可阻止肝脏中胆固醇的产生，有效地降低胆固醇水平。

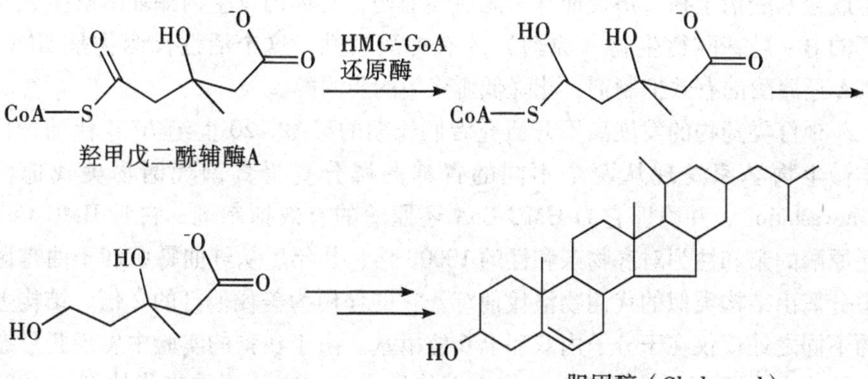

第三章 心血管系统先导化合物的发现与新药研发

体内胆固醇合成过程示意

图3-1 体内胆固醇合成过程

20世纪80年代问世的他汀类药物是调血脂药物研究领域的突破性进展。他汀类药物为胆固醇合成酶系中的限速酶（羟甲基戊二酸单酰辅酶A还原酶）抑制剂，能抑制体内胆固醇（Ch）的合成除降低血Ch、TG和LDL外还有升高HDL的作用因而可预防和降低心脑血管疾病（冠心病、心肌梗死、脑卒中等）的发生率和死亡率。

他汀类药物选择性高、疗效确切，是目前临床上用于预防、治疗高脂血症和冠心病的优良药物。代表药物有洛伐他汀（lovastatin）、辛伐他汀（simvastatin）、普伐他汀（pravastatin）、氟伐他汀（fluvastatin）和阿托伐他汀（atorvastatin）等。

洛伐他汀可用于原发性高胆固醇血症和冠心病的治疗，预防冠状动脉粥样硬化，对肾功能有保护和改善作用，还用于缓解器官移植后的排异反应和治疗骨质疏松症。

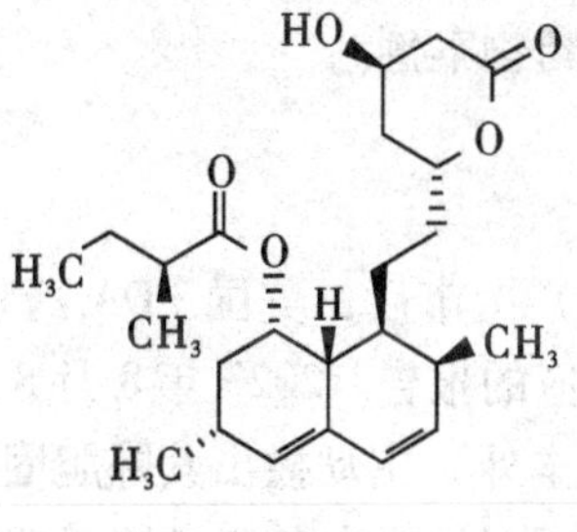

洛伐他汀

但洛伐他汀不稳定，在贮存过程中其内酯环上羟基会发生氧化反应，生成吡喃二酮衍生物；其水溶液在酸、碱条件下，其六元内酯环能迅速水解，生成羟基酸衍生物。洛伐他汀为无活性前药，在体内发生内酯环水解生成开环的 β-羟基酸衍生物（原药）才有抑酶活性，这个活性代谢物是 HMG-CoA 还原酶的有效抑制剂，能降低血浆中的胆固醇。

他汀类药物的发展离不开研究者们长期的努力。20 世纪 70 年代初，日本微生物学家发现从两个不同的青霉菌属分离得真菌代谢物美伐他汀（mevastatin），并确证它为 HMG-CoA 还原酶的有效抑制剂，它对 HMG-CoA 还原酶的亲和性为对底物亲和性的 10000 倍，几年后从红曲霉菌和土曲霉菌中分离出结构类似的代谢物洛伐他汀，它的作用为美伐他汀的 2 倍，结构上的不同之处仅仅在于分子内双环上 6 位甲基。由于在狗的实验中发现肠形态学的改变，所以美伐他汀未在临床上使用，而默克公司的洛伐他汀于 1987 被 FDA 批准成为第一个上市的 HMG-CoA 还原酶的抑制剂。

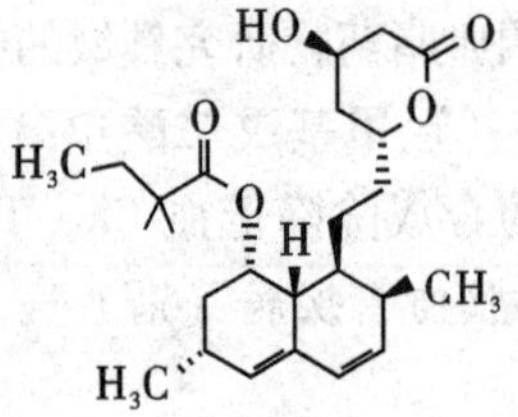

辛伐他汀

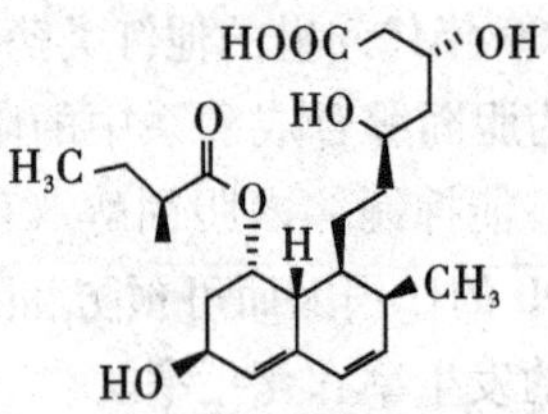

普伐他汀

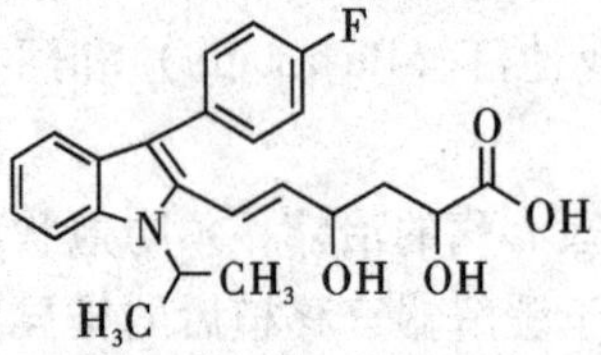

氟伐他汀

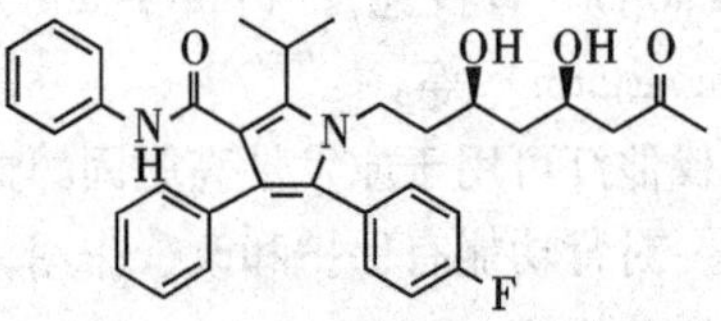

阿托伐他汀

以下列举了两例他汀药物案例。

一、拜斯亭事件

西立伐他汀（拜斯亭）上市后，美国 FDA 药物不良反应监测系统陆续接到有关该药严重不良反应的报告。2023 年 8 月 8 日，拜耳企业宣告，即日起从全球医药市场（除日本外）主动撤出其降胆固醇药物西立伐他汀。拜耳企业做出这一决定的主要原因是因为有越来越多的报告证明，拜斯亭单用及和吉非罗齐联合使用时，出现了肌肉无力和致死性横纹肌溶解的副反应。横纹肌溶解是一种罕见的潜在威胁生命的不良反应，开始的症状为肌肉无力、疼痛，严重的可能引起肾脏损害。所以，目前世界上一些国家及我国均已相继停止使用。

二、"一代药王"阿托伐他汀的成长之路

阿托伐他汀，多取代吡咯衍生物，全合成品，由辉瑞公司开发，1997年在英国上市，2000年的年销售额50亿美元，2006年的年销售额超过120亿美元，位居他汀类榜首。阿托伐他汀在体内经CYP3A4代谢为邻羟基、对羟基衍生物，这些代谢物的活性与阿托伐他汀相当。与其他的他汀类药物代谢途径有所不同，阿托伐他汀在体内先转化为无活性的内酯形式，内酯形式与CYP3A4的亲和力更高，更易被代谢成两个内酯形式的羟基衍生物，然后内酯环水解开环成相应的直链羟基衍生物。阿托伐他汀能有效降低血浆中TC、VLPL、载脂蛋白B和TG水平，可用于原发性高胆固醇血症患者，包括杂合子型家族性高胆固醇血症、非家族性高胆固醇血症及混合型高脂血症的患者。

1816年，法国人Cherzeul率先把在胆结石中发现的一种具有脂类性质的物质命名为胆固醇（Ch）。1841年，俄国Vogel证实动脉血管壁粥样硬化斑块中存在Ch。但此时，人们仍不知道Ch是引起动脉血管壁粥样硬化的罪魁祸首。1910年，被称为"类固醇之父"的德国阿道夫·温道斯（Adolf·Windaus）在研究人体尸体解剖标本中的Ch时，最早发现动脉粥样硬化与Ch异常升高有关。1913年，俄国病理学家阿尼茨科夫（Anitschkow），通过给家兔喂养高胆固醇饮食，从而成功了建立了世界上首个动脉粥样硬化动物模型，也间接证明了阿道夫·温道斯的发现。1974年，美国科学家Goldstein和Brown以纯合子型FH（家族性高胆固醇血症）患者的皮肤成纤维细胞为对象，发现了细胞膜表面有高亲和力的LDL受体。他们也因为发现Ch代谢机制获1985年诺贝尔生理学或医学奖。1942年，布洛赫成功地发现了胆固醇生化合成的全过程。这是一套从一个名为"乙酰辅酶A"的原料开始的、拥有30多步酶催化反应的复杂系统。该过程在肝脏里进行着，其精巧与复杂程度简直令人目眩神迷！最终，布洛赫和发现Ch合成的原料——乙酰辅酶A的德国科学家费奥多·吕南（Feodor Lynen）共享了1964年的诺贝尔生理学或医学奖。进行药物研发时，科学家都是在Ch生成途径中寻找靶点。1959年，Max-Planck研究所首先发现了HMG-CoA还原酶。20世纪60年代，Siperstein等证明HMG-CoA还原酶的功能是催化HMG-CoA转化为甲羟戊酸，抑制该酶的活性会有效减少Ch的生物合成，进而降低血浆Ch。我们通俗说的他汀类药物就是指HMG-CoA还原酶抑制剂。HMG-CoA是水溶性的，当抑制HMG-CoA还原酶时，存在分解代谢途径的替代途径，不会造成积累毒性。

因此，HMG-CoA还原酶是一个极好的靶点。

1985年，Bruce Roth首次合成了阿托伐他汀钙，随后被辉瑞公司收购，并将商品命名为立普妥。在被首次人工合成后，阿托伐他汀又经历了一系列的发展，包括针对合成工艺的改良、针对适应证的积极探索、针对副作用的改良，以及市场的拓宽、仿制药的诞生等。立普妥中的阿托伐他汀钙是两分子阿托伐他汀通过Ca连接而成的化合物，其优点是在体内的药效维持时间更长，但仍需解离成阿托伐他汀发挥作用。因此，对该药物合成路径的改良，主要集中在针对阿托伐他汀单分子合成的改良。自Bruce Roth后，阿托伐他汀的新合成路径不断地被开发出来，仅仅以起始原料计就有多种分类：包括以2-（4-氟苯基）-2-溴-乙酸乙酯为起始原料、以阿托伐他汀醛为起始原料、以苯乙酸为起始原料、以L-缬氨酸为起始原料等，也包括以廉价易得的（R）-2-氯甲基代环氧乙烷为原料以避免雷尼镍危险性的合成路径。在适应证的拓宽方面，阿托伐他汀也表现得非常好。我们知道，阿托伐他汀最初只是一味降血脂药，可以通过降低肝脏的生物合成降低体内的Ch。但除了降脂功能外，阿托伐他汀还起到抑制血管平滑肌的增殖、迁移及促进其凋亡的作用，能够改善患者的血流变及血液黏度，从而改善心功能、血管内皮功能及凝血功能，临床上还可以用来预防冠心病和心衰等多种疾病，作用可谓广泛。近年来，有研究指出阿托伐他汀具有抑制肿瘤细胞的增殖、促进肿瘤细胞的分化及凋亡，影响细胞周期及分子信号传导等作用，且不良反应较常规的化疗药物小，有望将阿托伐他汀用于肿瘤的治疗。以 $p53$ 基因为例，在2016年Nature Review Cancer上一篇综述详细的介绍，一条由 $p53$ 基因控制的信号通路——甲羟戊酸途径（MVP），与他汀降脂通路完美重合。野生型 $p53$ 基因能在早期抑制肝癌的发生，在这个抑癌程序启动的过程中，MVP受到 $p53$ 的严格控制。$p53$ 基因突变可上调MVP，从而增加癌细胞侵袭性。MVP途径既是 $p53$ 基因的重要下游通路，也是体内胆固醇合成前体的重要来源。研究表明，他汀类药物在抑制MVP、降低胆固醇水平的同时，也能抑制 $p53$ 突变型对MVP的上调，从而抑制癌细胞侵袭性。

近年来，发现他汀类药物还有多种临床新用途，如他汀类药物可抑制多种肿瘤细胞增殖诱导细胞凋亡；他汀类药物可延缓糖尿病肾病的发生和发展；他汀类药物具有降低阿尔茨海默病（AD）及其他痴呆症风险系数的功效；他汀类药物有促进骨质生成的作用，不仅可增加骨密度，还可修复骨组织显微结构。

在完善的专利布局和杰出的商业策略的支持下，世界一代畅销名药阿托伐他汀的成功推动了血脂下调及其他多种适应证的巨大发展。当然，现在原研药专利期满，也促进着药物降价和国内研究的迅速发展，推动着市场的长足跨越。

参考文献

［1］ SAHIN B, ERGUL M. Captopril exhibits protective effects through anti-inflammatory and anti-apoptotic pathways against hydrogen peroxide-induced oxidative stress in C6 glioma cells［J］. Metabolic Brain Disease，2022，37（4）：1221－1230.

［2］ BAMDAD F, KAZEMZADEH F. A silver nanoparticle-based chemosensor for optical detection of captopril in pharmaceutical preparations［J］. Bioinspired Biomimetic and Nanobiomaterials，2022，11（2）：65－71.

［3］ WU H C, LAM T Y C, et al. Hypotensive effect of captopril on deoxycorticosterone acetate-salt-induced hypertensive rat is associated with gut microbiota alteration［J］. Hypertension Research，2022，45（2）：270－282.

［4］ PINHEIRO L, PERDOMO-PANTOJA A. Captopril inhibits matrix metalloproteinase-2 and extends survival as a temozolomide adjuvant in an intracranial gliosarcoma model［J］. Clinical Neurology and Neurosurgery，2021，8：207.

［5］ LI M C, WANG Z. Captopril attenuates the upregulated connexin 43 expression in artery calcification［J］. Archives of Medical Research，2020，51（3）：215－223.

［6］ MUKHERJEE A, SINGH B. Binding interaction of phatinaceutical drug captopril with calf thymus DNA：A multispectroscopic and molecular docking study［J］. Journal of Luminescence，2017，190：319－327.

［7］ MROZ P A, PEREZ-TILVE D, LIU F, et al. Pyridyl－alanine as a hydrophilic, aromatic element in peptide structural optimization［J］. Journal of Medicinal Chemistry，2016，59：8061－8067.

［8］ KNUDSEN L B, LAU J. The discovery and development of liraglutide and semaglutide［J］. Frontiers in Endocrinology，2019，10：155－186.

［9］ MA Y Y, SHANG C Y, YANG P, et al. 4-Iminooxazolidin-2-one as a bioisostere of the cyanohydrin moiety：Inhibitors of enterovirus 71 3C protease［J］. Journal of Medicinal Chemistry，2018，61：10333－10339.

［10］ BEHNAM M A, NITSCHE C, VECHI S M, et al. C-terminal residue optimization and fragment merging: Discovery of a potent peptidehybrid inhibitor of dengue protease [J]. ACS Medicinal Chemistry Letters, 2014, 5: 1037 - 1042.

[11] HU K, GENG H, ZHANG Q Z, et al. An in-tether chiral center modulates the helicity, cell permeability, and target binding affinity of a peptide [J]. Angewandte Chemie International Editiun, 2016, 55: 8013 - 8017.

[12] TZAKOS A G. The molecular basis for the selection of captopril cis and trans conformations by angiotensin I converting enzyme [J]. Bioorganic and Medicnal Chemistry Letters, 2006, 16 (19): 5084 - 7.

[13] Song JCCM. White, clinical pharmacokinetics and selective pharmacodynamics of new angiotensin converting enzyme inhibitors: An update [J]. Clinical Pharmacokinetics, 2002, 41 (3): 207 - 24.

[14] GORTER E A, REINDERS C R, KRIJNEN P, et al. The effect of osteoporosis and its treatment on fracture healing a systematic review of animal and clinical studies [J]. Bone Reports, 2021, 15: 101117.

[15] EMAMI A J. Age dependence of systemic bone loss and recovery following femur fracture in mice [J]. Journal of Bone and Mineral Research, 2019, 34: 157 - 170.

[16] ZHENG X Q, HUANG J, LIN J L, et al. Pathophysiological mechanism of acute bone loss after fracture [J]. Journal of Advanced Research, 2023, 49: 63 - 80.

[17] JORGENSEN N R, SCHWARZ P. Effects of anti-osteoporosis medications on fracture healing [J]. Curr Osteoporos Rep, 2011, 9: 149 - 155.

[18] ELEFTERIOU F. Impact of the autonomic nervous system on the skeleton [J]. Physiological Reviews, 2018, 98: 1083 - 1112.

[19] LUO B. Circadian rhythms affect bone reconstruction by regulating bone energy metabolism [J]. Journal of Translational Medicine, 2021, 19: 410.

[20] SONG C. Insights into the role of circadian rhythms in bone metabolism: A promising intervention target? [J]. Biomed Research International, 2018: 9156478.

[21] LUCHAVOVA M. The effect of timing of teriparatide treatment on the circadian rhythm of bone turnover in postmenopausal osteoporosis [J]. European Journal of Endocrinology, 2011, 164: 643 - 648.

[22] KAJIMURA D. Genetic determination of the cellular basis of the sympathetic regulation of bone mass accrual [J]. Joural of Experimental Medicine, 2011, 208: 841-851.

[23] LACEY D L. Bench to bedside: Elucidation of the OPG-RANK-RANKL pathway and the development of denosumab [J]. Nature Reviens Drug Discovery, 2012, 11: 401-419.

[24] LEACH S, SUZUKI K. Adrenergic signaling in circadian control of immunity [J]. Frontiers in Immunology, 2020, 11: 1235.

[25] GUZON-ILLESCAS O. Mortality after osteoporotic hip fracture: incidence, trends, and associated factors [J]. Journal of Orthopaedic Surgery and Research, 2019, 14: 203.

[26] CHRISTIANSEN B A, HARRISON S L, FINK H A, et al. Incident fracture isassociated with a period of accelerated loss of hip BMD: The study of osteoporotic fractures [J]. Osteoporos Int, 2018, 29: 2201-2209.

[27] BALANI D H, ONO N, KRONENBERG H M. Parathyroid hormone regulates fates of murine osteoblast precursors in vivo [J]. Journal of Clinical Investigation, 2017, 127: 3327-3338.

[28] MARTIN T J, SIMS N A, SEEMAN E. Physiological and pharmacological roles of PTH and PTHrP in bone using their shared receptor, PTH1R [J]. Endocrine Reviews, 2021, 42: 383-406.

[29] BHANDARI M. Does Teriparatide improve femoral neck fracture healing: Results from a randomized placebo-controlled trial [J]. Clin Orthop Relat Res, 2016, 474: 1234-1244.

[30] OBRI A, MAKINISTOGLU M P, ZHANG H, et al. HDAC4 integrates PTH and sympathetic signaling in osteoblasts [J]. Journal of Cell Biology, 2014, 205: 771-780.

[31] DELGADO-CALLE J, BELLIDO T. The osteocyte as a signaling cell [J]. Physiological Reviews, 2022, 102: 379-410.

第四章 化学治疗先导化合物的发现与新药研发

第一节 抗流感病毒药的发现与新药研发

呼吸系统作为与外部环境沟通的人体系统之一，若其免疫功能减退则可能导致呼吸系统率先被外部的各种病原体攻陷，表现出咳嗽、咳痰、咯血、发烧、胸痛和呼吸困难等症状，进一步诱发或加剧人体其他系统出现疾病。呼吸系统疾病目前仍是我国的常见病和高发病之一，虽然在具有充足的医疗环境条件下死亡率并不高，但其高发性对当下国民身体健康和生活质量具有较大威胁。特别是自2019年底爆发并席卷全球的由SARS-CoV-2病毒引起的新型冠状病毒感染（corona virus disease 2019，COVID-19）。本小节选择治疗呼吸系统病毒性感染的重要抗病毒药物为案例，阐述药物先导物的研究开发历程。

一、流行性感冒及其药物靶点

流行性感冒（influenza），简称流感，是由流感病毒引起的一种急性呼吸道传染病，部分观点认为最早的流感记录可能是在约2400年前由古希腊伯里克利时代的希波克拉底发现。然而，即使是面对近现代的医疗卫生防护体系，流感仍旧每年季节性流行，具有传染性强、流行面广、发病率高且多为自限性等特点。从全球范围来看，季节性流感一般高发在每年冬春季节，因地域差异亦可全年发病，并且难以预测地引发流感大流行会造成上百万人死亡，其中最典型的案例是1918年爆发于西班牙的流感大流行，造成的死亡人数据虽然到目前仍存有争议，但保守估计达到1700万～5000万，被后世称为"人类历史上最致命的传染病"。基于我国流感样疾病监测哨点医院的数据估计，每年有340万病例因流感样疾病就诊，门诊病例总经济负担为464～1320元/例，住院病例总负担为9832～25768元/例，平均每年约有8.81万例流感相关呼吸系统疾病导致死亡，占呼吸系统疾病死亡的8.2%。因此，流感是威胁国民健康的重要的因素之一。感染流感病毒患者的症状与其他呼吸道感染的症状十分相似，大多数会出现诸如寒战、发热、喉咙痛、鼻塞、肌肉酸痛、头痛、咳嗽和虚弱等，尤其是对于部分高危人群可伴有严重的心、肾等多种脏器衰竭并最终导致死亡，因此流感从古至今在各个国家医疗卫生领域都是一大难题。

在医疗技术飞速发展的今天，流感的预防、控制及治疗问题仍是困扰着全社会的难题之一。目前，兼顾有效性和成本效益的预防流感的方法包括高风险人群接种疫苗、隔离流感患者及加强个人卫生切断传播途径等。其中，

第四章 化学治疗先导化合物的发现与新药研发

疫苗接种可有效减少流感相关门急诊、住院和死亡人数，继而降低医保费用，产生明显的经济效益。疫苗中含有部分表面蛋白血凝素和神经氨酸酶，或用基质蛋白作为抗原，能够刺激机体免疫系统产生抗体。目前应用的流感疫苗主要有3种，即"灭活"疫苗、冷适应型"减毒活疫苗"和"重组"疫苗。然而相比于病毒变异的周期短和高频率，针对变异后新病毒开发一种新疫苗则需要较长的时间及大量的资金投入，这需要研究人员在流感爆发前进行预判会流行哪种亚型的流感病毒。倘若流感一旦确诊，根据《成人流行性感冒诊疗规范急诊专家共识（2022版）》的指导建议之一——"应尽早治疗，重视重症及危重症患者的病情评估，同时可考虑中西医并重，充分发挥中医药特色优势，辨证论治"。

流感的病原体——正黏液病毒科的流感病毒就是造成这一切的罪魁祸首，它是一种由节段性、单股、负链核糖核酸基因组组成RNA病毒。流感病毒无法独立生存或繁殖，因为它们没有完整的酶系统、线粒体、核糖体或其他细胞器，因此需要通过感染并寄生在宿主细胞内以实现自身复制增殖和新陈代谢。目前流行病学观察到流感病毒通常由患者通过咳嗽和打喷嚏产生的呼吸道飞沫传播并感染至另一宿主，可在人与人之间的传播或人与禽类之间的传播，感染部位包括呼吸道、消化道、皮肤损伤和眼结膜等。依据核蛋白和基质蛋白M1抗原性不同，可分为甲型（A型）、乙型（B型）、丙型（C型）和丁型（D型）4种亚型。其中，甲型病毒变异能力强、致病率高，在临床报道的流感病毒中最为常见，回溯历史上数次流感大流行也均由甲型流感病毒引起的；乙型病毒致病率较低，感染后只有轻微的症状，然而乙型病毒也有偶发较大的突变引起流感流行，因此，如何减少乙型流感病毒突变并尽量阻止种属间抗原转移也是研究人员在当下的关注点之一；丙型病毒同样致病率较低且症状轻微，且丙型流感病毒非常少见，目前对人类的影响相比较小；丁型病毒的研究较少，目前尚未发现对人类具有致病性。因此，当下抗流感病毒药物的研发重点主要是针对甲型或乙型流感病毒为主。

从微观结构特征来看，不同亚型的流感病毒具有相似的结构或共性特征。以甲型流感病毒为例，它们主要由蛋白质外壳（核衣壳）包裹着病毒RNA基因组核心。病毒基因组中具有负责编码大量复制过程中所需酶的信息。核衣壳表面主要具有三种不同类型的蛋白，分别是M2离子通道蛋白、柱状的血液凝集素（hemagglutinin，HA）和蘑菇状的神经氨酸酶（neuraminidase，NA）。需要提醒的是，鉴于神经氨酸酶的主要功能是催化唾液酸水解，因此有些资料也称其为唾液酸苷酶（sialidase）。上述三种主要蛋白均在病毒感染的发病机制中起发挥着各自重要的作用，因此研究人员将其列为研究抗流感病毒药物的作用靶标并研发出不同的药物。

目前市场上常见抗流感药物主要还是通过影响流感病毒复制周期的某个环节而实现，按其作用不同的病毒核衣壳表面蛋白靶点进行区分主要有三类：

第一类是 M2 离子通道抑制剂，代表性药物有早年间经常使用的金刚烷胺（amantadine）和金刚乙胺（rimantadine）。它们能够抑制 M2 离子通道蛋白，阻碍病毒内部与宿主细胞进行物质转移。然而，这类药物特异性较差，导致副作用明显。同时，M2 离子通道仅存在于甲型流感病毒中，且由于该蛋白频繁的突变导致后来迅速出现多种耐药株。因此，其治疗流感效果有局限性，也很难开发出长期有效的小分子配体。由于上述这些原因，当前新的抗流感药物研究开发的重点是专门针对甲型和乙型流感病毒造成的感染，专注于设计新的血凝素和神经氨酸酶的抑制剂。

第二类是血凝素（hemagglutinin HA）抑制剂，HA 抑制剂能够直接阻断病毒感染，代表性药物有在国内上市的盐酸阿比多尔。阿比多尔是由苏联药物化学研究中心研制的非核苷类广谱抗病毒药物，其通过靶向 HA 抑制流感病毒脂膜与宿主细胞的融合阻断病毒进入靶细胞，进而抑制病毒的复制。目前临床上主要用于甲型和乙型流感感染的患者。

第三类是神经氨酸酶（reuraminidase NA）抑制剂，也是目前研究最火热且临床应用最广泛的抗流感病毒药物，代表性药物有扎那米韦（zanamivir）、奥司他韦（oseltamivir）、帕拉米韦（peramivir）和拉尼米韦（laninamivir）。葛兰素史克研发吸入粉雾剂给药的扎那米韦是临床上首个用于流感治疗的 NA 抑制剂。由吉利德研发口服给药的奥司他韦则紧随其后，是第二个上市的 NA 抑制剂。但是，由于患者普遍对采取口服给药的奥司他韦顺从性较好，因此无论是临床应用场景还是市场份额，奥司他韦均超过具有先发优势的扎那米韦。特别是 2005 年全球暴发的 H5N1 禽流感疫情，由于高致病性 H5N1 病毒对早期抗病毒药物金刚烷胺和金刚乙胺具有抗药性，促使不同药理机制的奥司他韦与扎那米韦一跃成为"明星药物"。这两种 NA 抑制剂的发现都是通过基于 NA 结构的药物设计。NA 的结构以其载脂蛋白的形式存在，并与天然底物唾液酸或抑制剂形成复合物。得益于大量 NA 与天然底物唾液酸或抑制剂形成复合物的结构信息被陆续解析，以及对其结合模式的理解不断深入，药物化学家成功将 NA 视为治疗甲型和乙型流感的药物靶点。

NA 抑制剂的成功研发开创了抗流感病毒药物研发的新纪元，是目前人类对抗流感病毒的有力武器，其研发历程也充满了闪光点，有很多地方是值得新药研究人员借鉴的。本小节将简要地总结奥司他韦为代表的 NA 抑制剂的先导化合物发现及药物开发（表 4-1）。

表4-1 国内常见的抗流感病毒药物

作用靶点	药品通用名	英文名称	其他名称	是否国家基本药物	给药方式	医保目录类别
M2	金刚乙胺	rimantadine	盐酸金刚乙胺、立安、金迪纳、津彤、太之奥、Flumadine	否	口服给药	医保（乙）[a]
HA	阿比多尔	arbidol	盐酸阿比多尔、阿比朵尔、玛诺苏、再立克、恩尔欣	否	口服给药	医保（乙），颗粒剂支付标准：3元（0.1 g/袋）[b]
NA	扎那米韦	zanamivir	依乐韦、乐感清、瑞乐沙、Relenza	否	吸入	非医保
NA	奥司他韦	oseltamivir	磷酸奥司他韦、奥塞米韦、达菲、特福敏、奥尔菲、可威、Tamiflu	基药（胶囊：30 mg、45 mg、75 mg；颗粒剂：15 mg、25 mg）	口服给药	医保（乙）[c]
NA	拉尼米韦	laninamivir	辛酸拉尼米韦、拉尼米韦辛酸酯、Inavirl	否	吸入	非医保
NA	帕拉米韦	peramivir	帕那米韦、力纬、Rapivab、RWJ270201、BCX-1812	否	静脉注射	医保（乙）[d]
PA	巴洛沙韦	baloxavir	巴洛沙韦、巴罗沙韦、巴拉沙韦、巴洛沙韦酯、速福达、Xofluza	否	口服	医保（乙）[e]

资料来源：https://www.hnysfww.com/category.php?id=268

备注：M2：M2离子通道蛋白；HA：血凝素；NA：神经氨酸酶；PA：酸性聚合酶。a：2021版、限口服常释剂型，口服液体剂和颗粒剂；b：2021版，口服常释剂型和颗粒剂并限重症流感高危人群及重症患者的抗流感病毒治疗。颗粒剂协议期：2021年3月1日至2022年12月31日；c：2021版、限口服常释剂型（限重症流感高危人群及重症患者的抗流感病毒治疗）和颗粒剂（限不宜使用奥司他韦口服常释剂型的儿童或吞咽困难患者）；d：2021版、限注射剂并限重症流感高危人群及重症患者的抗流感病毒治疗；e：2021版，限片剂及用于12周岁及以上单纯性甲型和乙型流感患者，包括既往健康的患者以及存在流感并发症高风险的患者。

二、神经氨酸酶（NA）的结构与功能

神经氨酸酶（neuraminidase，NA），是一种由 453～466 个氨基酸组成的四聚体结构膜糖蛋白。它主要分布于甲型和乙型流感病毒衣壳上，并位于病毒膜疏水性的 N 端区域。四聚体神经氨酸酶的每个螺旋桨状单体主要由 β-折叠排列组成。唾液酸（sialic acid，SA），也称 N-乙酰基神经氨酸，是位于人体呼吸道上皮细胞膜糖复合物末端的糖单元。在流感病毒感染阶段，其核衣壳表面的血凝素通过识别人体唾液酸与呼吸道上皮细胞膜接触，进而使病毒膜与上皮细胞膜融合，导致流感病毒内吞进入细胞内部。NA 则是能够调控病毒出芽，特别是在宿主细胞上脱离过程的最后一步。新形成的子代病毒原本通过糖链与宿主细胞连接，这个糖链锚末端的半乳糖和唾液酸之间由一个糖苷氧桥连接。而 NA 能够特异性识别唾液酸，并裂解其与半乳糖之间的糖苷键，从而将自己从宿主细胞上彻底释放下来，协助成熟子代病毒经出芽方式脱离被感染宿主细胞，并促使病毒沿呼吸道上皮细胞移动。血凝素会经由唾液酸与宿主细胞膜保持联系，在需要时再由 NA 将唾液酸水解，切断病毒与宿主细胞之间最后联系。因此，为了抑制宿主细胞中的流感病毒复制，研究人员可以介入阻断 NA 催化下对糖蛋白表面唾液酸的切割过程，以此减轻流感病毒感染的危害。同时，NA 作为流感病毒生命周期的关键酶，在历代病毒变异过程中其遗传信息序列上相对保守，与唾液酸相关的结合位点结构不会产生太大的改变，以免无法实现对唾液酸底物的高效识别及催化糖苷键断裂从而影响病毒自身的生存。因此，NA 是作为抗流感病毒的理想药物靶点。

目前在已被测序的各亚型流感病毒结构中，甲型流感病毒的 NA 序列和乙型流感病毒的 NA 序列同源性约为 30%，甲型流感病毒亚型之间的同源性也不超过 50%。但是，对比不同亚型流感病毒的氨基酸序列发现，NA 结合唾液酸的活性位点附近保守性氨基酸残基较多。甲型、乙型流感病毒的 NA 中有几个非常明显的口袋，其中所有残基都与底物有直接作用。由于 NA 底物是极性的，所以 NA 活性位点的结构特征主要是包含大量带电或极性氨基酸残基。

早期药物化学家发现一类以不饱和吡喃糖为核心骨架的衍生物与 NA 具有一定的亲和力（$K_i = 10^{-5} \sim 10^{-6}$ mol/L），其中代表性化合物 2,3-二脱氢-2-脱氧-N-乙酰神经氨酸（DANA，Neu5Ac2en），其对 NA 的亲和力 K_i 值可达到 4000 nM 以上。研究证明它能够同时抑制病毒类和非病毒类 NA 的作用，并且可以与 NA 的活性位点结合。随着对这类衍生物的分子结构和

第四章 化学治疗先导化合物的发现与新药研发

图 4-1　甲型流感病毒的神经氨酸苷酶的晶体结构（PDB：1F8B）

几何构型等结构信息的进一步研究，发现化合物 DANA 的分子平面结构与唾液酸惊人地类似，均是含氧六元环骨架上取代相类似的官能团，然而两者在自由状态下的几何构型却存在差异。通过图 4-2 中的对比可以看出，唾液酸底物在生物体内主要以椅式构象的形式存在，而化合物 DANA 呈现出一种独特的高能量的扭曲状态，并非常见且稳定的椅式构象或船式构象。当时，分子生物学的发展已经认识到生物靶标间相互识别并产生生理效应离不开两者在局部上空间几何的匹配互补，因此结合在生物靶标上同一结合区域的不同配体之间理应具有相似的几何构型。由此，面对这个实验现象引出一个有趣的科学问题——即为什么这两种几何构型不同的分子能够特异性识别并结合在 NA 的同一个位点？解决这个科学问题对于后续如何合理的靶向设计 NA 小分子具有重要意义。

这个问题需要深入准确理解结合于 NA 活性位点的底物——唾液酸糖肽的立体构象。借助结构生物学的研究，药物化学家们发现唾液酸糖肽底物的唾液酸部分的立体构象并非一成不变，当独立存在时自由状态下唾液酸虽然是稳定的椅式构象，但当其结合于 NA 的活性位点时则会发生立体几何的变化。NA 催化连接末端唾液酸和附着在宿主细胞膜表面糖复合物残基的糖苷键的水解。当 NA 结合唾液酸底物时，其结合位点内部的三个精氨酸残基处于严重扭曲的状态，从而使底物吡喃糖环核心骨架扭曲成一个类似船式构象,同时 C2 位置的羧酸呈现伪平伏状。这种扭曲使底物处于一种高能量的立体构象,呈现出催化过程理论中的一种带正电荷的过渡态(N-乙酰神经氨酸羰基氧鎓离子),从而使神经氨酸酶催化反应成为可能。重要的是,底物处于高能量带正电荷的过渡态时与先导化合物 DANA 在立体几何方面非常相似,因此解释了先导化合物为何具有抑制 NA 的能力。

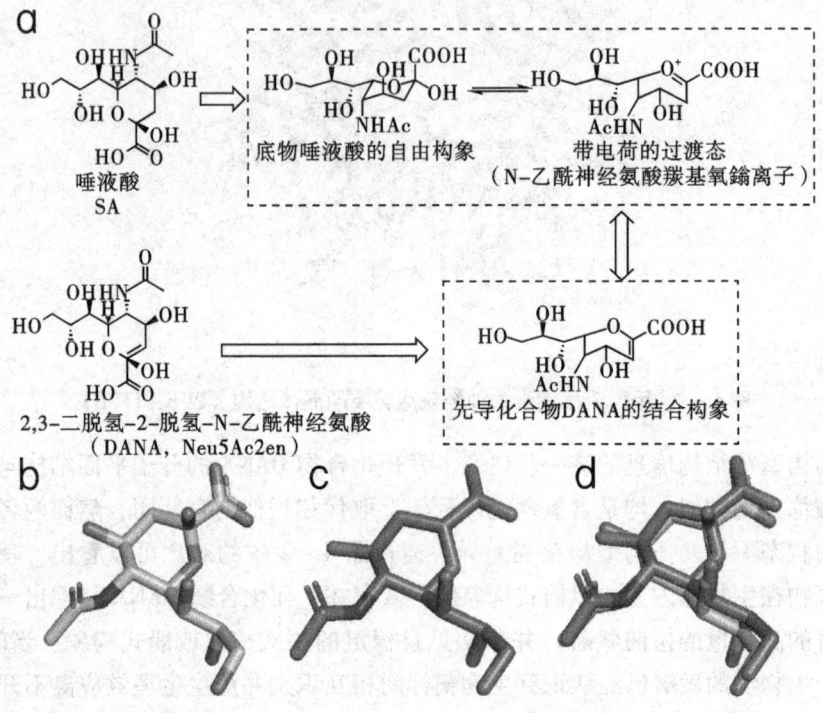

图 4-2 先导化合物 DANA 的工作原理

注:(a) 先导化合物 DANA 在结合活性位点处的结合构象近似唾液酸带正电荷的过渡态结构;(b) 唾液酸的结合构象(PDB:2BAT);(c) 先导化合物 DANA 的结合构象(PDB:1NNB);(d) 唾液酸的结合构象与先导化合物 DANA 的结合构象进行叠合对比。

这里需要强调的是,关于底物在结合活性位点处于高度扭曲状态的发现,以及通过模拟过渡态类似物的药物设计对客观认识 NA 与后续 NA 抑制剂的成功研发起了至关重要的作用。这是药物研发中需要关注的重要环节,即在设计新的治疗药物时,不仅需要搞清楚单一配体在游离状态下的分子结构信息,还要明确与生物靶标结合时配体的立体结构信息,并且催化位点所处的生理环境可能会导致化合物与生物靶标结合时出现的分子构象变化。这些分子构象的变化对于目标分子产生药理活性以及作用机制往往具有关键的影响作用，在研究药物分子结构的初期应该加以灵活运用。因此，现阶段笔者认为药物研究人员要有从三维立体的视角来看待药物分子或药物靶标的能力，不能仅凭药物分子二维平面结构的相似性就轻易做出论断。同时，模拟生物体内的酶催化底物过渡态结构是研发靶向药物的常用方法。酶与底物相互作用的强弱通常是由立体因素和电性因素共同决定的，理论上化合物与底物过渡态结构越相似，其与酶的亲和力会越强。

进一步研究分析先导化合物 DANA 与 NA 结合时的晶体复合物结构信息（图 4-3），结果显示化合物 DANA 的 C2 位羧基指向由三个保守性精氨酸（Arg118、Arg371 和 Arg292）构成的一簇区域并形成了典型的盐桥作用，这个作用对于底物的活性有非常重要的影响。C5 位乙酰氨基分别与 Arg152 和 Glu227 的侧链各自形成一个氢键：一个位于羰基氧与 Arg152 之间，另一个由氮原子通过水分子桥接 Glu227，乙酰氨基末端的甲基部分伸入由 Trp178 和 Ile222 残基组成的疏水口袋。C6 位丙三醇侧链的羟基与 Glu276 形成二齿双氢键。此外，还有参与酶催化反应的 Tyr406 和 Asp151。随后，通过重叠对比化合物 DANA 与唾液酸分别和神经氨酸酶结合模式下的分子构象，结果发现这两个分子在立体构象上具有较高的重叠度，重点是化合物 DANA 的不饱和吡喃糖环能够模拟唾液酸形成羰基氧鎓离子中间态的结合构象。正是由于 NA 具有高度保守性的活性位点结构，使得药物化学家们采用晶体结构揭示的这些关键结合作用位点的研究思路取得成功，合理且有效指导后续先导化合物的结构优化，最终开发一系列 NA 抑制剂作为抗流感药物。

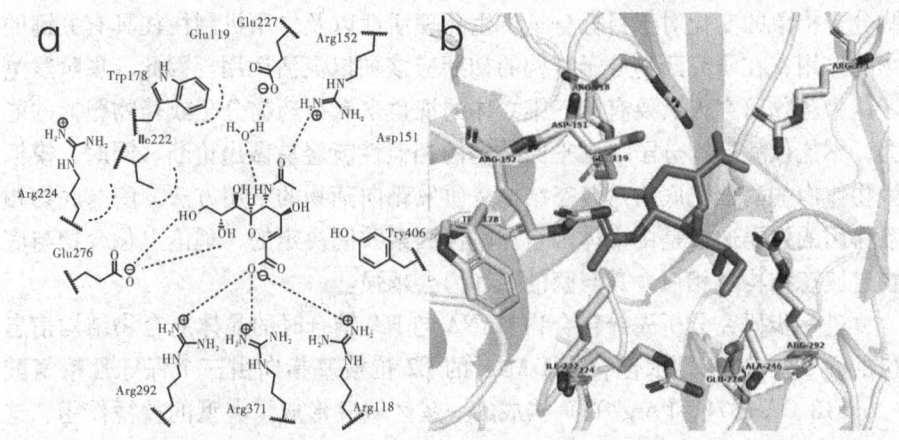

图4-3 先导化合物DANA在结合区域与神经氨酸酶的氨基酸残基相互作用（PDB：1NNB）的三维示意图（a）和平面示意图（b）

三、神经氨酸酶抑制剂的先导化合物结构优化

为了尽早研究出全新作用机制的抗流感药物，鉴于陆续解析唾液酸及其类似物与NA形成复合物的结构信息，并且对其结合模式的理解不断深入的背景下，医药企业选择加大投入靶向NA小分子抑制剂的研发。

回顾早期靶向NA先导化合物DANA的药效学研究，虽然其在体外对多种NA均表现出明显的抑制活性，但是并未体现出对流感病毒良好的特异性，并且在体内动物模型上也没体现出预期的抗流感疗效。因此，药物化学家仍需要继续对化合物DANA进行化学结构改造方面的研究，以期找出高活性、低毒性、特异性强的临床候选化合物。项目研究初期，含烯烃结构的不饱和吡喃环骨架被认为能够模拟底物唾液酸带正电荷的过渡态结构，因此大多数工作是围绕以不饱和吡喃环为核心骨架进行简单的结构修饰，但一直没有找到明显提升体内活性的衍生物，而且对流感病毒NA的抑制活性也没有超过化合物DANA。究其原因可能是这类唾液酸结构衍生物在体内代谢过快，因此这类化合物不适合做流感病毒抑制剂的候选化合物。

为了进一步增强先导化合物的活性，Von Itzstein研究小组采用计算机辅助药物设计对NA晶体结构信息进行研究，以此寻找神经氨酸酶结合口袋内部其他可利用的结合位点。他们分别通过应用计算化学方法研究了酶催化机制，利用Peter Goodford公司的GRID程序对唾液酸结合口袋里的空间进行极性、碱性、酸性和疏水性探索，计算不同化学特征的探针小分子与结合位点残基之间的能量相互作用，应用模拟退火方法优化晶体结构，通过分子建模研究配体与受体的催化机制，等等工作。研究结果发现，唾液酸结合位点的表面有一个由 Glu119 和 Glu227 构成且体积相对较大的保守性结合区域能够与带正电荷的氨基探针形成良好的相互作用，就位于唾液酸 C4 位羟基附近。因此，研究人员提出若能在先导化合物吡喃糖环 C4 位替换成一个带正电的碱性基团（如氨基、胍基）且保持原 C4 位羟基相近的立体构型时，可与周围的 Glu119 或 Glu227 形成氢键，从而有效增强结构改造后的先导化合物对 NA 的亲和力。

基于以上的分析，研究人员分别设计将先导化合物 DANA 中的 C4 羟基替换为氨基（化合物 1 和 2）与胍基（化合物 3）这两类化合物（图 4-4）。体外抑制活性测试结果显示，结构改造后的化合物活性相比于先导化合物普遍得到显著的提升，特别是引入胍基的化合物 3 对流感病毒 NA 的抑制常数达到亚纳摩尔级别（$K_i = 0.2$ nM），最终授权给葛兰素史克公司对其进行临床开发并于 1999 年推向全球市场，这就是首个获批临床使用的抗流感 NA 抑制剂类药物，通用名为扎那米韦（zanamivir），商品名为乐感清或瑞乐沙（Relenza）。尽管扎那米韦比化合物 DANA 的抑制效果大约强 1000 倍，但其被 FDA 批准上市的过程却充满争议。事实上，FDA 的咨询委员会曾以药物无明显疗效为由以 13：4 的投票结果拒绝了该药物的上市申请，但 FDA 高层依据一次单独的阳性临床试验结果（与此同时的其他几次临床试验均不能证明药物相较于安慰剂更有效）推翻了咨询委员会的决定。

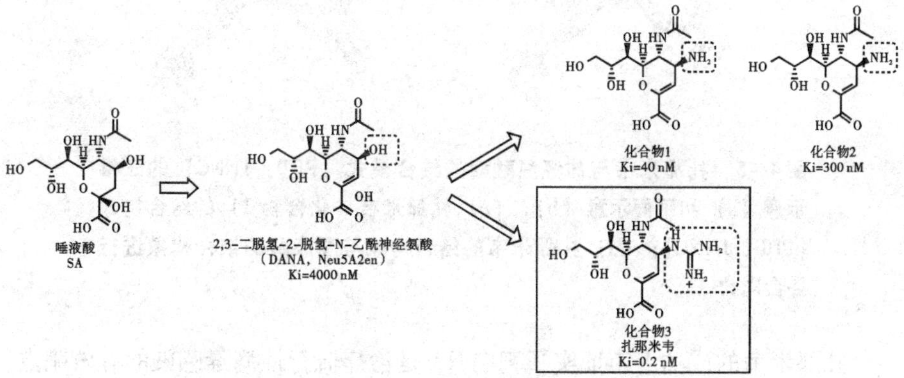

图 4-4 基于神经氨酸酶结构进一步改造先导化合物 DANA

通过 X 射线晶体结构研究改造后的这两类化合物与流感病毒 NA 的结合作用机制，实验结果证实这两类化合物与活性位点内 Glu227 和 Glu119 的羧基形成了分子间的相互作用。有趣的是，胍基的作用模式似乎不同于我们对接研究时的预测分析。假定的胍基与 Glu119 之间的氢键相互作用并没有形成，谷氨酸侧链与胍基微微分开了，然而却发现胍基与 Glu227 之间形成了盐桥和氢键作用。扎那米韦的羧基保持在类似的范围内继续与精氨酸残基有静电相互作用。这些抑制剂均被证明能有效地治疗甲型流感和乙型流感。此外，它们选择性地抑制病毒的 NA，而对哺乳动物或细菌的 NA 几乎没有影响。因为甲型和乙型不同病毒株的 NA 在结合口袋位置的氨基酸组成保守，而细菌和哺乳动物 NA 等效结合位点的氨基酸不同，这解释了扎那米韦对病毒 NA 的选择性。

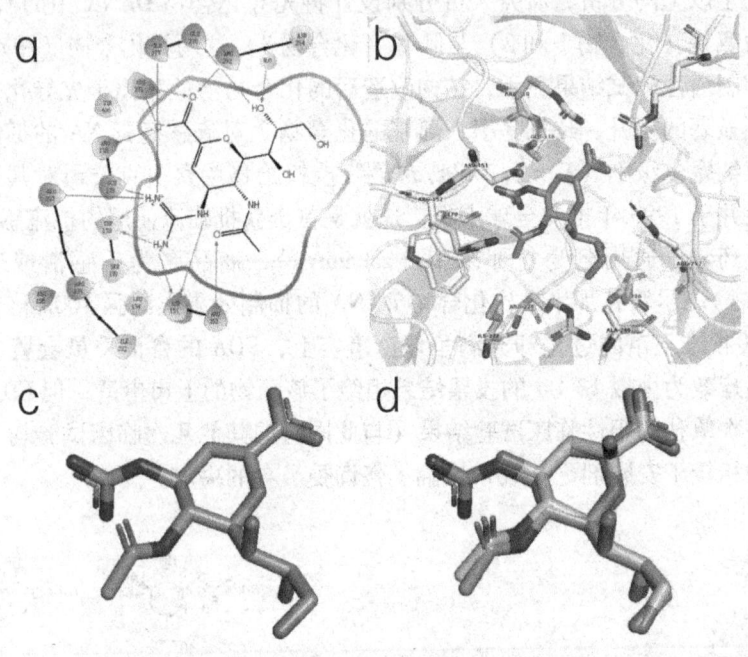

图 4-5　扎那米韦与神经氨酸酶的结合模式（PDB：1NNC）的三维示意（a）和平面示意（b）；（c）扎那米韦（化合物 3）的结合构象（PDB：1NNC）；（d）扎那米韦的结合构象与唾液酸的结合构象进行叠合对比

扎那米韦的成功上市证实了靶向 NA 是治疗流行性病毒感染的有效靶点，但与此同时也提醒研究人员针对靶点的药效并不是新型治疗药物开发过程中需要解决的唯一问题。虽然扎那米韦在体外和体内均能有效阻滞流感病毒的复制，但遗憾的是口服生物利用度极差而不得已采用鼻腔吸入的方式对临床患者进行给药，并且还需要配套使用专属的吸入装置。这种特殊的给药方式

第四章 化学治疗先导化合物的发现与新药研发

是由其理化性质所决定的。扎那米韦在结构上含有三个羟基和一个胍基片段，依靠这极性很大的侧链与 NA 紧密结合，以实现其抑制活性。然而，上述大极性侧链导致扎那米韦的理化性质具有非常大的极性表面积（tPSA = 198 Å^2）和非常差的脂溶性（CLogP = −5.7），使得扎那米韦具有很强的水溶性和较差的细胞渗透性，导致其口服生物利用度极低且无法有效吸收。在研发口服给药方式时，药物的理化性质与靶点活性同样重要。通过在给药方式上保持开放的态度，研发人员成功将吸入给药的扎那米韦开发为治疗流感的重要药物。

针对靶向 NA 开发抗流感药物的问题，吉利德公司交出的答案是奥司他韦。它是首款口服给药的靶向 NA 小分子药物，但其先导化合物的发现与研发却同扎那米韦有不少的相似之处。当初葛兰素史克公司认为流感病毒主要影响患者的呼吸系统，吸入式给药可能在吸收、分布等方面性质更具有优势。然而临床发现，部分重症流感患者往往伴随呼吸困难等症状，并且相比于需要特殊吸入给药装置的抗流感药物，一般患者更乐意选择口服的给药方式。因此，吉利德公司的诺波特·比朔夫贝格尔（Norbert Bischofberger）研究团队决定研发能够口服给药的 NA 小分子药物。

吉利德公司的研究工作同样始于对 NA 与底物唾液酸结合模式的理解。然而相对于其他研究团队选择围绕不饱和吡喃环类化合物进行开发，吉利德公司的研究团队认为碳环类化合物具有更好的化学稳定性且易于进行化学结构修饰。为了通过降低不饱和吡喃环类化合物扎那米韦的分子极性从而提高口服生物利用度，研究人员先前尝试用含有适当的极性基团的苯环类结构去替换唾液酸的吡喃糖环核心骨架，遗憾的是在这类苯环类衍生物当中未能发现对 NA 的活性小分子，究其原因可能主要是苯环类骨架上取代基的立体构象影响化合物与 NA 的极性结合口袋相互作用。随后，研究人员又根据电子等排体原理将先导化合物 DANA 的不饱和吡喃糖环替换成两种含有环内双键的环己烯骨架结构（化合物 4 和 5），其中化合物 4 的双键位置是一个模仿过渡态羰基氧鎓离子中间体，而化合物 5 的双键位置同先导化合物 DANA 相同。

药理活性测试结果反馈，不饱和碳环骨架中双键所处的位置对 NA 抑制活性的影响十分重要，化合物 4 对 NA 的半数抑制浓度（IC$_{50}$）是 6.3 μM，而仅仅在于环内双键所处位置差异的另一个化合物 5 在高达 200 μmol/L 浓度时对 NA 却没有显示出抑制活性。因此从活性结构反馈来看，化合物 4 比化合物 5 能更好地模拟结合构象时的唾液酸带正电荷的过渡态结构。

在确定采用化合物 4 的环己烯核心骨架后，研究人员尝试在不饱和环己烯骨架上设计不同位置和种类的取代基。通过之前分析先导化合物 DANA 或扎那米韦类似物与神经氨酸酶复合物的 X 射线晶体结构，发现结合位点区域的 Arg118、Arg292、Arg371 与化合物上甲酸基团存在很强的离子作用，取代基酰胺部分与 Arg152 和 Glu227 存在相互作用，乙酰氨基上的甲基正好与 Trp178、Arg224 及 Ile222 形成的疏水口袋匹配。C4 位取代基为氨基或胍基时，配体活性较好。C6 位丙三醇侧链的两个末端羟基与酶的 Glu276 存在具双齿氢键相互作用，而近端羟基不参与酶残基极性相互作用，同时还发现丙三醇上的碳原子与酶的 Arg224 存在疏水作用。深入分析发现这是一个并未被充分利用的疏水性大口袋，它就存在丙三醇侧链附近的结合位点，研究人员希望通过引入一个大体积的脂溶性基团来改善配体与酶之间的疏水作用，增强两者的亲和力。这里提高化合物的脂溶性除了能够增强与酶的亲和力外，更重要的是合适的脂溶性对口服药物的设计也非常重要。早期的 NA 抑制剂较差的口服生物利用度正是由于大量亲水性基团的存在导致分子极性偏大，亲水性基团阻碍了分子通过细胞膜吸收。因此，新设计化合物的亲油和亲水平衡这一重要的特性需要进行优化。

因此，基于以上的研究结果，研究人员在不饱和环己烯核心骨架上不同位置的取代基分别设计 C1 羧基、C4 乙酰氨基、C5 氨基，对 C3 位引入一系列不同的疏水性烷氧基替换丙三醇侧链进行构效关系研究，这里烷氧基上的氧原子通过 σ 诱导吸电作用能够减少碳环双键上的电子云密度。

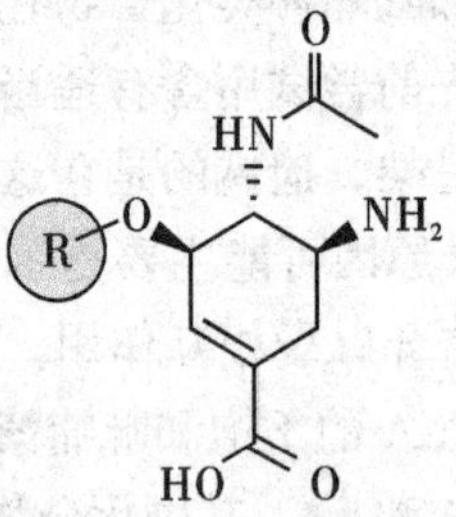

表 4-2　不饱和环己烯类化合物对 R 取代基的构效关系研究

化合物	R	甲型流感病毒 NA IC_{50} (nM)[a]	乙型流感病毒 NA IC_{50} (nM)[b]
a	H—	6300	ND[c]
b	CH_3—	300	ND[c]
c	CH_3CH_2—	2000	185

(续上表)

化合物	R	甲型流感病毒 NA IC$_{50}$ (nM)[a]	乙型流感病毒 NA IC$_{50}$ (nM)[b]
d	CH$_3$(CH$_2$)$_2$—	180	15
e	CH$_3$(CH$_2$)$_3$—	300	215
f	CH$_3$(CH$_2$)$_5$—	150	1450
g	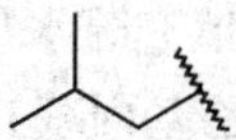 isobutyl—	200	ND[c]
h	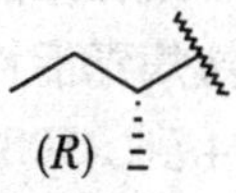 (R)-sec-butyl	10	ND[c]
i	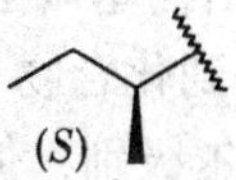 (S)-sec-butyl	9	ND[c]
j	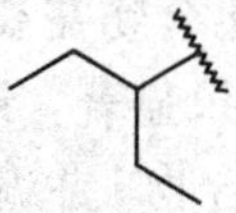 3-pentyl	1	3
k	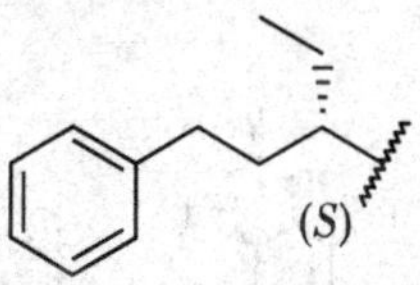 (S)-PhCH$_2$CH$_2$CH(Et)—	0.3	70
l	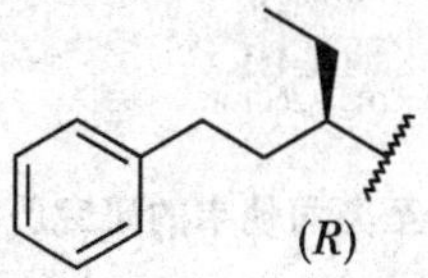 (R)-PhCH$_2$CH$_2$CH(Et)—	12	35
m	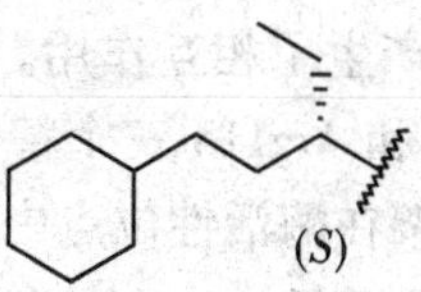 (S)-CyclohexylCH$_2$CH$_2$CH(Et)—	1	2150

注: a: A/PR/8/34 (H1N1); b: B/Lee/40; c: not determined。

NA 活性测试结果显示，不饱和环己烯类化合物的抑制活性整体趋势上随着 R 基团烷基侧链的增大而逐渐增强。当 R 基团由氢原子（化合物 a，C3 位为羟基）改造成甲基后（化合物 b，C3 位为甲氧基），对甲型流感病毒的 NA 抑制活性显著提升了 21 倍。随后，通过探索烷基直链的长度，从 1 个碳逐渐增加到 6 个碳时，当 R 基团是正丙基（化合物 d）和正戊基（化合物 f）时，对甲型流感病毒的 NA 抑制活性相较其他烷基直链更好。但是，进一步测试它们对乙型流感病毒的 NA 抑制活性时发现，R 基团是正丙基（化合物 d）以近百倍的优势明显强于正己基（化合物 f）。

接着在化合物 d（R 基团是正丙基）直链碳的结构基础上，通过引入不同种类的支链并不断调整支链位置用于进一步填充疏水口袋，从而设计得到化合物 g～j。其中，化合物 j（R 基团是 2 - 乙基丙基）对甲型和乙型流感病毒的 NA 抑制活性最强达到纳摩尔级别，且后续在细胞筛选实验中对实验室菌株和临床分离流感病毒株均表现出良好的抗病毒活性，分别具有 EC_{50} 和 EC_{90} 值的范围从 0.0008 到 >35 mmol/L 和 0.004 到 >100 mmol/L。

在化合物 j（R 基团是 2 - 乙基丙基）的结构基础上，将正丙基邻位的乙基替换成苯乙基或环丙基乙基，从而设计得到化合物 k、l、m。虽然对甲型流感病毒的 NA 抑制活性基本都能保持在纳摩尔级别，但是对乙型流感病毒的活性却普遍下降。考虑到化合物 k 等这类化合物需要合成复杂的手性结构，且只对甲型或乙型流感病毒的其中一种效果显著。最终，吉利德公司将 R 基团确定为无手性的 2 - 乙基丙基，选择化合物 j 并编号为化合物 GS4071 进行后续的开发。

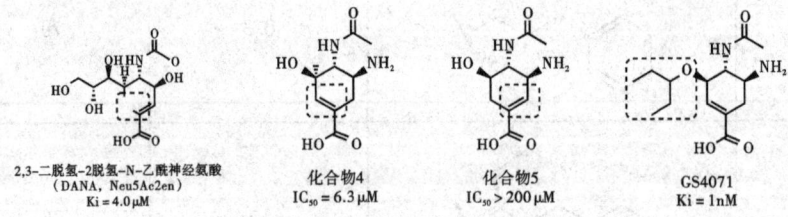

图 4-6　由先导化合物结构改造至奥司他韦的研究历程

通过 X 射线晶体衍射方法对化合物 GS4071 和 NA 晶体复合物结构研究表明，化合物在 NA 多个关键活性位点都产生了相互作用。其中 C1 位羧基盐离子与神经氨酸酶的 Arg292，Arg371 和 Arg118 三个精氨酸离子簇存在极强的盐桥作用，此作用使环己烯核心骨架在酶活性位点中的构象变化成扭船式。C3 位 3 - 戊基与 NA 中的 Glu276、Ser246、Arg224 和 Ile222 组成的较大的疏水口袋能够很好地匹配，产生较强的疏水作用。C4 位乙酰氨基中的甲基部分与神经氨酸酶中 Trp178、Ile222 和 Arg152 组成的疏水区域存在一定的相互作用。C5 位上的氨基与 NA 中 Glu119 和 Asp151 之间存在较强的氢键作用。晶体研究结果表明，除了 C3 取代基中 3-戊基与 NA 中的强的疏水作用外，其他与 NA 之间的相互作用基本与唾液酸带正电荷的过渡态相同，且构象也基本相同。相比过渡态，化合物 GS4071 对 NA 体外抑制活性较好，很好地证实了 C3 位置中的 3-戊基与 NA 疏水口袋的相互作用增强了 GS4071 与酶之间的亲和力。深入研究发现：脂肪醇醚之所以能产生结合，是由于在 NA 和其底物唾液酸和先导化合物 DANA 复合物的 X 射线晶体结构中观察到的谷氨酸羧基发生运动并离开了原来的位置。这个运动是由化合物 GS4071 诱导并辅以 Glu276 和 Arg224 之间的静电相互作用形成的。该运动创造出的亲脂性口袋恰好被化合物 GS4071 的 C3 位 3-戊基醚部分完美填充。不幸的是，这一残基的运动也导致奥司他韦出现获得性耐药的潜在风险，使其容易对突变后的耐药病毒株失效。事实上，后续发现含有 R292K 突变的耐药病毒株通过 Lys292 和 Glu276 之间形成的盐桥阻止了亲脂性口袋区域的小分子结合，导致奥司他韦的临床疗效下降。

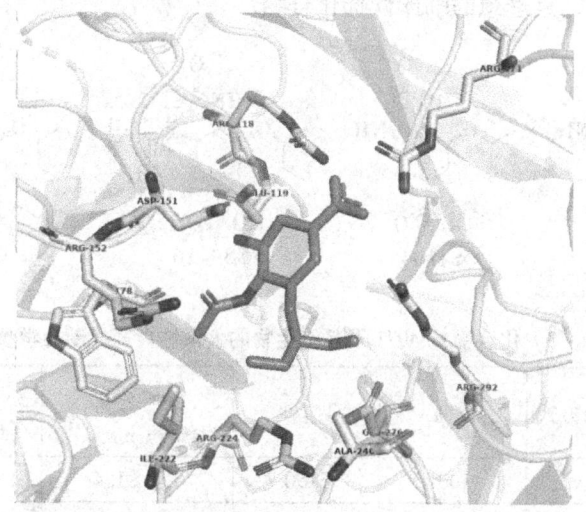

图 4-7　奥司他韦的活性化合物 GS4071 的晶体结构（PDB：3TI6）

化合物 GS4071 在体外对流感病毒甲型和乙型的 NA 都表现出抑制活性。然而，小鼠体内试验发现化合物 GS4071 口服生物利用度很低，对流感病毒动物模型基本无效，因此还是难以将其作为口服药物。原药酯化是设计前药的常用方法，常见选择乙酯化产物作为前药，此类前药吸收进入体内后容易被血液中或组织中各种酯化水解酶水解成原药，从而减少药物在吸收代谢过程中的损耗，提高原药的生物利用度。吉利德公司希望将其开发成口服药物，故而对化合物 GS4071 结构上的羧基进行乙酯化改造。从扎那米韦的结构改造历程来看，先导化合物 DANA 上的羟基被氨基或是胍基取代后，该类化合物对神经氨酸酶的亲和性会增强。为了比较化合物 GS4071 中 C5 位上取代基为氨基或胍基的 NA 抑制活性，研究人员同时研究了 GS4071、GS4116（即 GS4071 中 C5 取代基氨基被胍基替换）及两者的酯化物（GS4104、GS4109）的药理活性和口服生物利用度。化合物 GS4071 及 GS4116 对 NA 的体外抑制活性 IC90 都在 10 nmol/L 以内，而他们相应的乙酯化衍生物 GS4104 和 GS4109 在体外对 NA 基本无抑制活性。以扎那米韦为对照，研究人员研究了这 4 个化合物的口服生物利用度，各个化合物的动力学参数如表 4-3 所示，可见，乙酯化后的化合物 GS4104 的大鼠体内口服吸收利用度最好。

为了排除药物吸收的种属特异性，研究人员后续还设计在小鼠、狗和雪貂体内建立动物模型用于评价化合物 GS4104 的成药性。所有这些实验都证明了化合物 GS4104 无任何致癌性、致畸性或致突变性等毒性反应，在动物体内安全有效，是理想的临床候选化合物。

表 4-3　化合物 GS4071 及其衍生物的大鼠体内药代动力学参数

化合物	给药方式	F/%	$T_{1/2}$/h	AUC_{0-24} / (mg·h·L^{-1})	Cl /(L·h^{-1}·kg^{-1})
GS4071	i.v.	100	1.6±0.4	8.4±1.4	1.5±0.3
	p.o.	4.3±1.6	10.6±5.5	0.3±0.1	
GS4104	i.v.	79±14	6.2±2.3	6.6±1.2	1.8±0.3
	p.o.	35±11	7.0±0.6	3.0±0.9	
GS4116	i.v.	100	5.7±0.8	9.0±1.7	1.3±0.2
	p.o.	4.0±1.0	20.1±7.0	0.4±0.1	

（续上表）

化合物	给药方式	F/%	$T_{1/2}$/h	AUC_{0-24} /(mg·h·L^{-1})	Cl /(L·h^{-1}·kg^{-1})
GS4109	i.v.	102±10	6.0±1.0	9.2±0.9	4.0±1.6
	p.o.	2.1±1.1	18.0±5.3	0.4±0.1	
扎那米韦	i.v.	100	1.1±0.3	5.5±1.5	4.0±1.6
	p.o.	3.7±2.3	1.8±0.6	0.2±0.2	

最后，化合物 GS4104 被配制成磷酸盐形式就是市面上使用的药物磷酸奥司他韦。该药物经口服能够在患者胃肠道中被迅速吸收，肝酯酶将乙酯化的前药转化为活性药物 GS4071。这一前药改造策略可使奥司他韦对人体绝对口服生物利用度大幅提高到 80% 左右。此外，在给药 0.5 小时后奥司他韦羧酸可在血浆中能检测到，其最大药物浓度出现在给药后 3～4 小时。

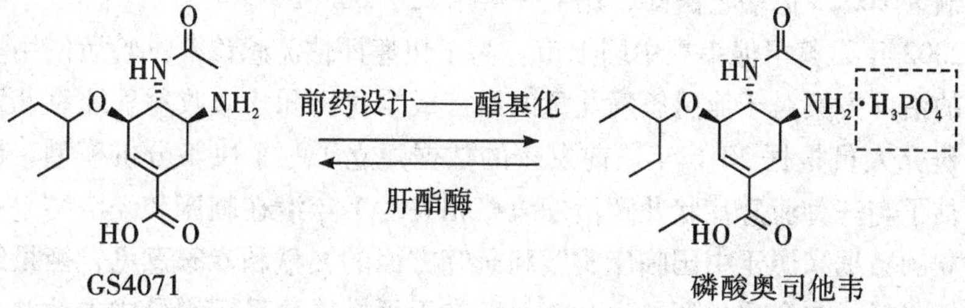

图 4-8　前药磷酸奥司他韦在体内肝酯酶作用下转化为活性药物 GS4071

四、奥司他韦的临床表现及市场效益

1996 年初，在确定化合物 GS4104 体内抗流感病毒有效后，吉利德公司将奥司他韦的生产和销售交由罗氏制药公司进行开发。1996 年底，罗氏公司在英国韦林开始临床研究的前期准备工作。1997 年 3 月正式开始临床 I 期试验并顺利完成，然而后续的临床 II、III 期试验却遭遇了招募不到受试者且分布零散等困境导致临床试验进展缓慢。罗氏公司始终并未放弃，终于在克服种种困难之后于 1998 年 6 月完成了临床试验，完全满足了美国 FDA 的新药申请要求。

在临床研究当中，奥司他韦显示了良好的预防流感作用，在健康的受试者之中，被流感病毒感染之前就预先服用奥司他韦的受试者，感染流感病毒后的症状持续时间显著缩短，症状严重性大大改善。在已经感染流感病毒的受试者之中，口服奥司他韦同样显示出了较好的抗病毒活性。在病人明显出现了病毒感染症状之后，进行持续 5 天给药，患者出现并发症的概率及症状的严重程度都大幅度地降低。受试者每日口服奥司他韦 75 g，每日服药 1 次或者 2 次，持续服药 6 个星期后，显示出了 67%～84% 的预防成功率。所有研究结果表明，奥司他韦作为口服药物，生物利用度高，在体内能较快转化为活性代谢物，没有明显的毒性及药物相互作用。临床指导用药是每天两次、每次 75 mg，能有效地保持血药浓度。最终，奥司他韦顺利地通过临床试验并于 1999 年成功上市，注册为达菲（Tamiflu®）。

  流感病毒 NA 作为重要的抗流感病毒药物靶标而被广泛研究，并成功开发了扎那米韦和奥司他韦两个重要药物。1999 年，奥司他韦在瑞典首先上市，用于治疗无并发症的甲型和乙型流感病毒感染，是首个口服抑制神经氨酸酶的抗流感病毒药物。2005 年，FDA 同意其作为儿童预防流感用药，现已成为流感预防储备库的重要品种。2005 年，奥司他韦的全球销售额达到 15.58 亿瑞士法郎，同比上一年增长 370%；2006 年其总产量达到 3 亿剂，销售额为 26.27 亿瑞士法郎，比上一年增长了 68.61%。

  2002 年，奥司他韦在中国上市。为了快速评估流感诊断试验后使用奥司他韦的治疗方案对于流感患病儿童的经济成本付出和疗效收益。北京儿童医院的研究人员根据 2016 年以前发表的数据建立了一个决策分析模型，模拟并评估了与三种流感症状儿童治疗策略相关的 1 年潜在临床和经济结果；模型建立的数据来源于中国临床实践和研究方面的文献和专家意见，衡量结果的指标包括成本和质量调整生命年，所有干预措施均采用增量成本效益比进行比较。基于模型的分析结果表明，在中国目前的医疗体系下，临床上使用奥司他韦进行经验性治疗是治疗儿童流感的一种节约成本且极具成本效益的治疗策略。

  由于流感病毒的易突变性和感染性，其相关疾病每年都会周期性暴发导致对当地医疗资源的挤兑，因此无论在国内还是国外均是疾病预防控制关注的重点。目前市面上主流的药物主要通过影响流感病毒复制周期的某个环节而实现，如金刚烷胺为代表的 M2 离子通道抑制剂、阿比多尔为代表的 HA 抑制剂，以及近 20 年来临床效果显著的以扎那米韦和奥司他韦为代表的 NA 抑制剂。其中，靶向 NA 抑制剂的研发历程体现了现代药物研发是如何一步一个脚印地通过分子作用机制、分子模拟和前药设计理论加快新药研发。

  作为合理药物设计的经典案例，奥司他韦从 1992 年美国吉利德公司成立研发小组到 1999 年成功批准上市，其研发历程仅仅用了短短 7 年的时间，这在近代新药研发历史上是罕见的。奥司他韦成功的背后是基于 NA 结构的合理药物设计，其背后离不开 20 世纪 80 年代陆续解析的 NA 晶体结构，以及从天然底物唾液酸及其类似物与 NA 结合的晶体复合物结构。这种对结构信息和相互作用模式的准确理解是基于结构进行药物设计中的核心。同时，不同研究团队对给药方式理解的差异又最终发展出吸入式给药的扎那米韦和口服给药的奥司他韦这两种 NA 抑制剂。

审视 NA 抑制剂研发历程，不管是先导化合物的发现还是结构改造的策略，都有值得新药研发工作者的借鉴之处。首先是在科技迅速发展的今天，药物化学研究人员应该利用跨学科资源，学会交叉融合其他专业领域的技术，特别是结构生物学和计算机辅助药物设计技术。正是由于在研究早期大量应用了计算机辅助药物设计的手段，才做到快速且低成本的根据神经氨酸酶的三维结构针对性地设计一系列高效低毒、专一性强的神经氨酸酶抑制剂，这样的研究策略已逐渐应用于其他领域的创新药物研究。其次是在药物设计过程中，不仅要考虑化合物的活性，更应该注意药物顺从性，从患者的角度去考虑问题，这将决定药物的市场竞争力。最后是在我国创新药物研究经费和人员投入相对不足的环境下，奥司他韦的例子告诉国内研究团队，除了争做 First-In-Class 首创性药物，选择做 Me-Better 药物作为解决"卡脖子"问题并打破国外技术垄断也是大有可为。

第二节 抗耐药菌抗生素的发现与新药研发

以青霉素为代表的抗生素的发现和临床应用是 20 世纪人类对抗细菌最重要的手段之一。然而，抗生素的使用是一把双刃剑，乱用和滥用抗生素导致细菌耐药性的不断增强，甚至超级细菌的出现对人类健康构成了严重的威胁。目前，全球每年因耐药菌感染导致的死亡数已经超过 70 万人。世界卫生组织估计，到 2050 年预计每年将有超过 1000 万人死于耐药细菌感染，累计社会经济损失将高达 100 万亿美元。

2006 年 Science 报道，在 1930 年保存的金黄色葡萄球菌，对现在临床应用的抗生素表现出敏感性，而 1994 年的金黄色葡萄球菌对几乎所有的抗生素表现出耐药性。因此，临床耐药菌感染的诊治成为一大难题。

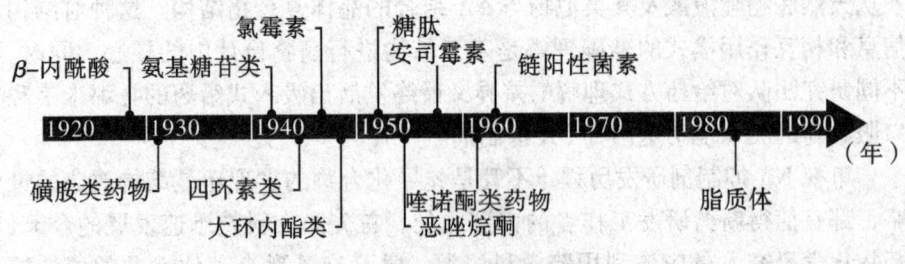

图 4-9 抗生素发现时间线

20 世纪中期是抗生素时代的黎明，大多数引起感染的微生物通常对抗生素敏感。由于自然选择的进化，微生物对抗生素的耐药现象越来越普遍。细菌耐药性的产生主要由两个原因导致：①DNA 复制出错导致细菌中出现对药物不敏感的突变体，这些突变体在细菌种群中垂直传播，并通过细菌之间的水平转移获得耐药基因。②DNA 聚合酶错误率在大量细菌环境中（如感染部位）的积累，导致耐药菌株的出现，这些突变体可以改变药物对分子靶点的亲和力，或促使细胞中的抗生素外排异常，导致耐药性和治疗失败。细菌捕获质粒和转座子等遗传元件上的抗药性基因是大多数药物面临的最大挑战。通常，这些可移动的遗传元件上含有许多抵抗多种抗生素的抗性基因。在医疗机构和环境中混合生物，例如在废水处理厂、饲养场、水生系统和施肥土壤中，为微生物之间交换基因提供了机会。结果是越来越多的致病细菌分离株获得了一个或多个耐药基因，产生多药耐药（MDR）、极端耐药（XDR）和泛耐药表型。

为了使抗生素有效，抗生素的浓度必须足以尽可能快速有效地抑制传染性微生物的生长。因此，抗生素药物的毒理学和药理阈值要明显高于其他医学领域的候选药物，这是开发抗生素的一个明显障碍。此外，鉴于革兰氏阴性、革兰氏阳性和分枝杆菌之间的生理、基因组和生化差异，抗生素本身的特性没有可靠的通用指南。微生物的生理和结构属性与抗生素独特的理化性质相结合，使得广谱药物的发现非常具有挑战性。为了应对这一挑战，开发具有更窄抗菌范围的抗生素药物值得优先考虑。开发抗生素类药物的另一个障碍是传染病病原体的可靠鉴定。目前，导致感染的细菌病原体的鉴定需要几个小时到几天的时间。因此，快速、低成本、高可靠性的即时诊断技术的发展可以显著促进抗生素的发现和开发。"STEDI"原则被提出作为开发抗生素的指南，该原则的评估方法与传统的评估有显著区别。基于"STEDI"原则可以估计抗生素的全部价值，使其可用于医疗体系。因此，开发研究新型耐药抗生素药物成为一个具有挑战性又迫在眉睫的问题。

2018年Natasha Gilbert在 *Nature* 报道了4种对抗细菌耐药性的新方法。

1. β-内酰胺酶抑制剂

随着抗生素的滥用，越来越多的耐药菌不断被发现，到如今已超过90%的细菌可出现耐药性。细菌接触药物后，产生了一些称为β-内酰胺酶（β-lactamase）的灭活酶，催化药物的β-内酰胺环水解开环生成青霉氧酸（penicilloic acid），失去抗菌活性。β-内酰胺酶的分类方法：①Ambler的分子分类法。β-内酰胺酶分为A、B、C、D四类。其中A、C、D型酶的活性中心是丝氨酸，A型酶主要是TEM和SHV酶，优先水解青霉素类抗生素；C型酶优先水解头孢菌素类抗生素；B型酶的活性中心至少含1个金属离子，称为金属β-内酰胺酶，不仅对青霉素和头孢菌素类敏感，而且能分解包括碳青霉烯在内的迄今为止发现的所有类型的β-内酰胺。②根据β-内酰胺酶的生化特征或氨基酸序列的同源性分为四种类型。第Ⅰ类是青霉素酶，水解青霉素G及氨苄西林；第Ⅱ类是头孢菌素酶，水解大部分的头孢菌素；第Ⅲ类是广谱酶，对青霉素和头孢菌素均有水解作用；第Ⅳ类是超广谱酶，不仅水解青霉素和头孢菌素，还能水解除碳青霉烯以外的其他非经典的β-内酰胺抗生素。现状是产生C型酶的细菌对临床使用的大多数头孢菌素都有不同程度的耐药性。因此致力于开发新的C型β-内酰胺酶抑制剂是近年来抗生素研究热点之一。

Entasis Therapeutics制药公司一直致力于抗生素头孢泊肟的研究。头孢泊肟属于β-内酰胺的广谱抗生素，对β-内酰胺酶稳定。研究表明，细菌可以产生至少3000种β-内酰胺酶对β-内酰胺抗生素产生抗性，破坏药物的稳定性。现在，Entasis正在破解耐药细菌的困局。Entasis公司开发了一种名为ETX1317的化合物，该化合物可以结合并抑制β-内酰胺酶，使β-内酰胺类抗生素不受阻碍地发挥作用。由于ETX1317必须静脉给药，因此它最适用于医院治疗严重的多药耐药性感染。该公司还制作了一个可以口服的ETX1317产品，称为ETX0282。世界卫生组织紧急呼吁采用新的口服抗生素制剂，这对门诊患者来说将具有相当大的益处。

由于革兰氏阴性菌有两层细胞膜，药物必须穿过这两层细胞才能发挥效用，因此特别难以被抑制。相比之下，革兰氏阳性菌只有一层膜，药物更容易穿透。世界卫生组织警告称严重缺乏治疗选择用于革兰氏阴性菌感染的药物。但是，实验证明这两种ETX化合物对几种多重耐药革兰氏阴性菌均有效，例如肺炎克雷伯菌和大肠杆菌。这就为有效抑制产生β-内酰胺酶的革兰氏阴性菌的药物研发带来曙光。

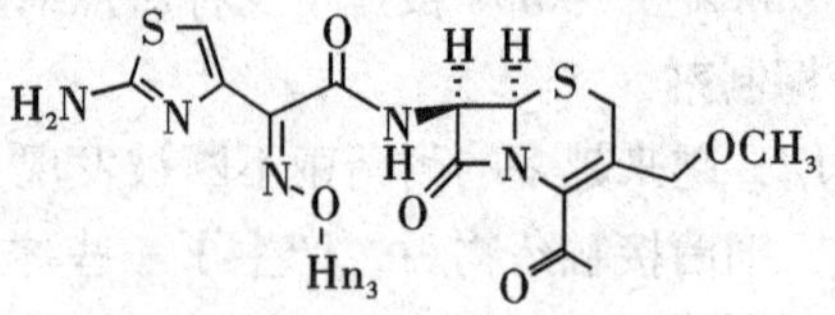

头孢泊肟

2. 对细菌 RNA 聚合酶改造

利福霉素是一种一线抗生素，用于治疗结核病或者肺炎疾病。利福霉素通过抑制细菌 RNA 聚合酶来阻止细菌产生 RNA，阻断细菌蛋白质的生成，从而杀死细菌。然而，细菌通过对 RNA 聚合酶的氨基酸序列进行简单的改变，能够进化出对利福霉素的耐药性。科学家们发现了其他几种靶向细菌 RNA 聚合酶的分子，但它们之间的差异足以逃避细菌的防御。美国新泽西州皮斯卡塔韦罗格斯大学的分子生物学家 Richard Ebright 花了大约 20 年的时间研究细菌中 RNA 聚合酶的结构。他一直致力于寻找酶上未知的结合位点，然后调查生活在土壤中的细菌，观察是否有细菌产生附着在这些位点上的化合物。

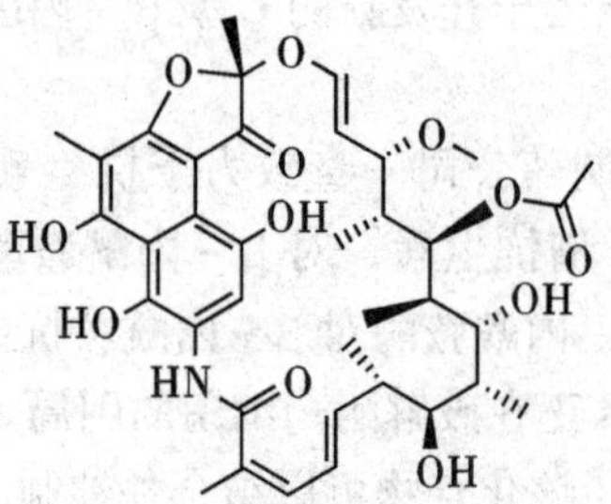

利福霉素

Ebright 发现了 6 个对细菌 RNA 聚合酶很关键的位点。这些位点与目前的药物结合位点不重叠，这意味着即使在已经对利福霉素产生耐药性的微生物中，与其结合的任何分子也应该是有效的。值得注意的是，这些结合位点是所有细菌的 RNA 聚合酶所共有的，这使得 Ebright 研究的化合物极有可能成为新型广谱抗生素。在 Ebright 研究的化合物中，其中一个位点是铰链状区域，它使 RNA 聚合酶能够打开，能够使 DNA 翻译成 RNA。同时，Ebright 还发现了一种名为黏焦蛋白的化合物，可以阻止铰链打开。黏焦菌素由黄黏球菌产生，已成功用于治疗小鼠感染。Ebright 的团队此后一直致力于提高化合物的效力和药理特性，并且黏焦菌素已准备进入临床试验。

另一个位点位于从核苷酸模块产生 RNA 的酶的部位。Ebright 发现一种名为伪尿苷霉素的分子可以代替核苷酸，阻止 RNA 聚合酶工作。伪尿苷霉素已被证明可以清除小鼠化脓性链球菌的感染。Ebright 的团队现在正在调整其化学结构，以提高分子的效力和稳定性。Ebright 希望这些结合位点位于 RNA 聚合酶的关键区域能够防止或至少延缓对新抗生素的耐药性演变。细菌更难在不影响酶活性的情况下，改变这些位点将会更加困难。

3. 启动细菌的自毁程序

许多细菌通过称为 CRISPR 的免疫系统来防御入侵的病毒，在过去几年中因其在基因组编辑中的应用而得到了更广泛的认可。在细菌暴露于病毒（也称为噬菌体）后，其 CRISPR 系统会产生一个与噬菌体遗传密码特定部分互补的短 RNA 序列。当细菌再次被感染时，RNA 可以引导酶切割噬菌体的 DNA，进而破坏病毒。美国北卡罗来纳州的一家生物技术公司 Locus Biosciences 旨在颠覆这种 CRISPR 系统。他们希望能够利用和激活细菌的自然免疫系统来杀死自己。Locus 的研究人员正在通过向噬菌体加载与细菌基因组中发现的序列相匹配的 DNA 来武装噬菌体。然后，病毒可以感染细菌并将其遗传物质插入细胞核。当病毒 DNA 被转录时，产生的 RNA 将 CRISPR 系统的切割酶引导到细菌基因组中的几个靶点。然而，与 CRISPR 介导的基因组编辑不同，该编辑使用酶 Cas9 对两条 DNA 链进行彻底切割，Locus 系统使用 Cas3。Cas3 不仅能切割 DNA，还能同时降解 DNA，因此无法修复。剑桥麻省理工学院的合成生物学家 Timothy Lu 开发了一种基于 CRISPR-Cas9 系统的靶向细菌的方法。他认为 Cas3 和 Cas9 酶都是"触发细胞内 DNA 切割的有用方法"，并且"这两种策略都可以用来杀死"。Locus 主要致力于解决肠道病原体，如艰难梭菌和大肠杆菌。抗生素耐药性艰难梭菌是对人类健康构成最紧迫的威胁之一，而大肠杆菌可导致危及生命的血液和尿路感染。在实验室测试中，CRISPR-Cas3 抗菌工具可以清除小鼠的艰难梭菌感染。这种治疗方案可能会用于对万古霉素等现有一线药物无反应的人群。俄罗斯和波兰等国家长期以来一直使用噬菌体治疗人体细菌感染。这种治疗方式的优点是只针对特定的细菌，而不是消灭大量的有益细菌。但噬菌体疗法并没有得到更广泛的应用，究其原因是细菌很容易对噬菌体产生耐药性。

Locus 的研究人员希望 CRISPR-Cas3 系统比传统噬菌体疗法具有更高的疗效，因为 Locus 使用的病毒已被细菌 DNA 增强。此外，该团队希望通过使用多种噬菌体在几个位点攻击细菌基因组来限制细菌产生耐药性的风险，确保细菌无法存活。Locus 将 CRISPR-Cas3 治疗使用在感染最严重的人身上也有助于限制耐药性的发展机会。Locus 开发的噬菌体疗法具有广阔的潜力，其目标是利用这项技术治疗肠易激综合征或肠癌症等长期疾病。

4. 泰斯巴汀（teixobactin）

研究表明，一旦研究人员发现抗生素，细菌就会进化出解决方法，表现出耐药性。许多抗生素与细菌内的蛋白质结合，但细菌细胞壁中的泵可以从细胞内排出不需要的分子。研究发现，抗生素 teixobactin 可以以不同的方式对抗细菌。它可以附着在细菌的外表面，以避免排出机制。具体而言，teixobactin 通过结合构成细菌细胞壁的两种生物聚合物（肽聚糖和磷壁酸），进而起到抑制细胞壁合成的作用。抗生素 teixobactin 除了与细胞外部结合外，所针对的细胞模块不是由 DNA 直接编码的，而是酶催化的一系列反应的产物。这使得细菌发生耐药性的可能性较小，因为所需改变的程度不能仅通过简单的突变来实现。随着 teixobactin 与细胞模块的重要区域结合，任何确实赋予耐药性的突变也更有可能对细胞功能产生不利影响，导致细胞壁缺陷和细菌死亡。小鼠试验表明，teixobactin 对耐药细菌、耐甲氧西林金黄色葡萄球菌以及肺炎链球菌均有效。抗生素 teixobactin 的发现以及研究，可能为杀死耐药细菌和超级细菌的药物研发提供一种新的思路。

尽管科学家们提出了对抗细菌耐药的新方法和新理论，但是自 1987 年起 30 多年的时间里，几乎没有新的抗生素面世。作为 30 多年来少有的具备临床转化潜能的抗生素，teixobactin 独特的研发历程充满了闪光点，有很多地方是值得新药研究人员借鉴的，本小节将简要地论述 teixobactin 为代表的新型耐药抗菌药的先导化合物发现及药物开发。

一、teixobactin 的发现

2015 年，美国西北大学的 Kim Lewis 团队利用多通道装置 iChip 对土壤细菌进行分离培养的过程中，在 *Eleftheria terrae* 中发现了一种新型的抗生素，并将其命名为 teixobactin。

多通道装置 iChip 可用于同时分离和培养细菌。其实验过程为：稀释土壤样本，使大约一个细菌细胞被输送到给定的通道，然后用两个半透膜覆盖该装置并放回土壤中。营养物质和生长因子通过腔室的扩散使细菌能够在自然环境中生长。在培养皿上生长的菌落能够恢复到 1%，但是 iChip 方法菌落的生长恢复率接近 50%。一旦产生菌落，大量分离物就能够在体外产生。通过在 iChip 中生长获得的 10000 个分离物，在金黄色葡萄球菌的平板上进行抗菌活性筛选。一种新的 β-变形杆菌物种中的提取物，具有良好的药物活性，命名为 *Eleftheria terrae*。在对 E. terrae 的基因组进行了测序发现，根据 16S rDNA 和计算机 DNA/DNA 杂交，该生物体属于与 *Aquabacteria* 相关的一

个新物种。通过质谱测定,发现了一个分子量为 m/z 1242.7253 的化合物,其分子式为 $C_{58}H_{95}N_{15}O_{15}$,这种化合物在现有数据库中没有报道。

利用 iChip 分离得到这种分子,命名为 teixobactin,是一种与众不同的缩酚酞,含有恩地胞苷、甲基苯丙氨酸和 4 种 D-氨基酸。在使用同源性搜索鉴定生物合成基因簇方法表明,teixobactin 由两个大的非核糖体肽合成酶(NRPS)编码基因组成,分别命名为 txo1 和 txo2。根据共线规则,对 11 个模块进行编码发现,计算机预测的腺苷酸化结构域特异性与 teixobactin 的氨基酸顺序完全匹配,并能够预测其生物合成途径。

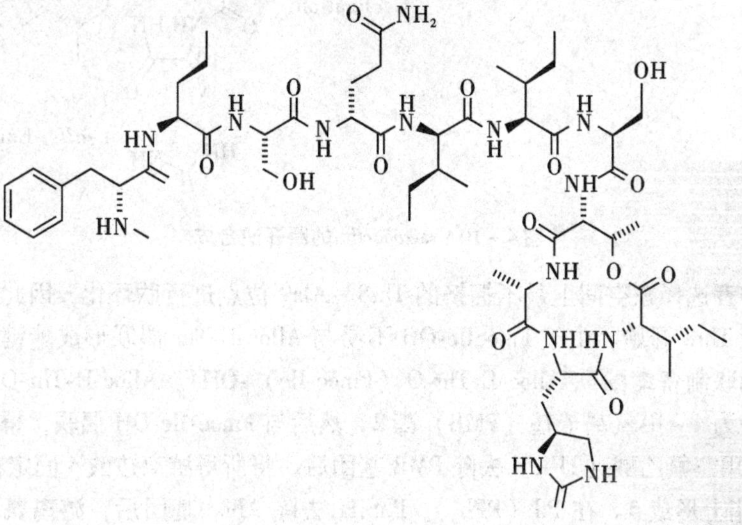

teixobactin 的分子结构

二、teixobactin 的全合成

teixobactin 含有 (2S, 4S) enduracidine (L-allo-End)、N-甲基-D-苯丙氨酸和其他三个 D-氨基酸残基。除 L-allo-End 外,所有其他氨基酸衍生物都是市售的。在现实中,teixobactin 的基本化学反应性、结构特征和详细的生物学功能必须基于其天然形式的严格建立,这是未来药物化学优化的支柱。2016 年 *Nature Communication* 报道了一种通过 Ser/Thr 连接的策略,将线性六肽和环状 depsi-五肽合并。这种策略对于 teixobactin 类似物的发散合成非常有利,并允许对药效团进行构效关系研究。

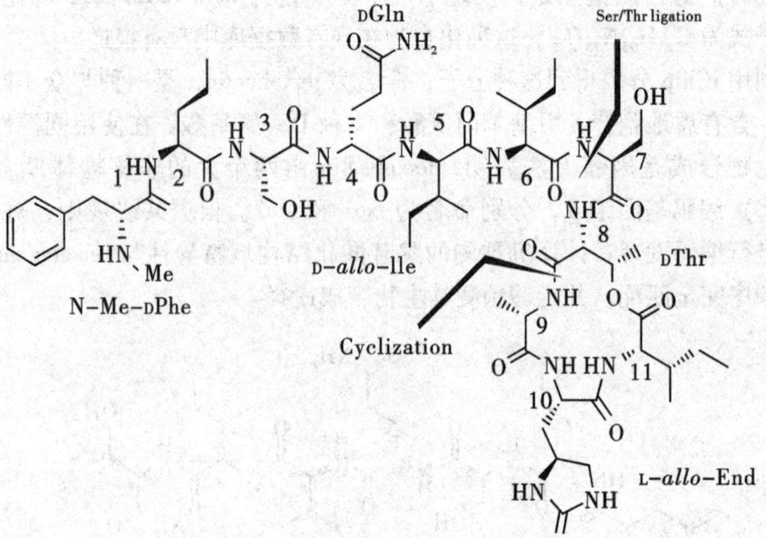

图 4-10 teixobactin 的断开逆合成

  作者选择在空间上最不拥挤的 Thr8-Ala9 位点进行肽环化，因此环肽的合成从 Thr8 开始。由于 FmocIle-OH 不易与 Alloc-D-Thr 偶联形成酯键，因此首先偶联制备缩酚酞 Alloc-D-Thr-O（Fmoc-Ile）-OH4。Alloc-D-Thr-OH 首先被保护为 4-甲氧基苄基（PMB）酯 2，然后与 Fmoc-Ile-OH 偶联，得到缩酚酞 3。用三氟乙酸（TFA）去除 PMB 基团后，将所得游离羧酸 4 固定在 2-Cl-Trt 树脂上形成 5。在 Pd（PPh$_3$）$_4$/PhSiH$_3$ 去除 Alloc 基团后，游离氨基在标准条件下与 Boc-Ser（OtBu）-OH 偶联，得到三肽 6。随后，Fmoc-End（Cbz）$_2$-OH 与 DIC/HOBt 连接的三肽 6 的偶联得到 7，然后在弱酸性条件下（TFE/AcOH/DCM）将其从树脂上裂解，得到侧链保护的肽 8。然后使用 HATU/HOAt/Oxymapure 在 CH$_2$Cl$_2$ 中室温顺利进行 13 元环化反应，再进行 TFA 处理和氢化（Pd（OH）$_2$，H$_2$），分别去除 Boc 基团和 Cbz 基团获得 17% 的环肽 9。完成环肽 9 的合成部分后，使用 Ser 连接完成 teixobactin 的合成。通过固相肽可以合成含有 C-末端水杨醛酯 11 的线性肽片段。在吡啶/乙酸中肽 9 和肽 11 偶联即可得到 37% 产率的 teixobactin。

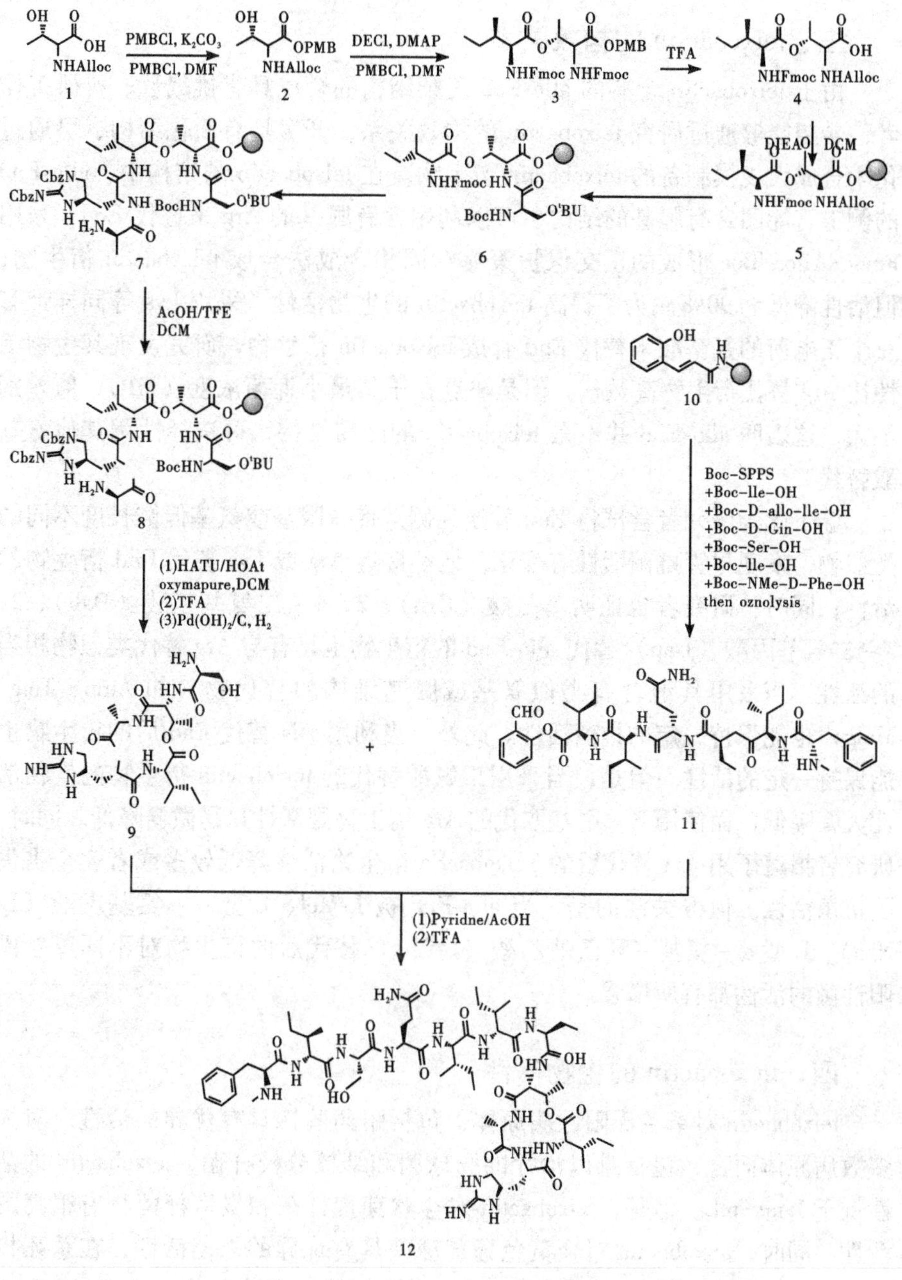

第四章 化学治疗先导化合物的发现与新药研发

图 4-11　teixobactin 的全合成路线

三、teixobactin 的构效关系

由于 teixobactin 含有的 allo-End 复杂结构的合成具有挑战性，科研工作者们希望能够通过研究 teixobactin 的构效关系，开发具有简化结构、可通过化学合成大规模制备的 teixobactin 衍生物。在 teixobactin 的结构中，allo-End 的侧链官能团含有胍基的结构，可以利用含有胍基的 Arg 来替代 End，采用 Fmoc/Alloc/Boc 形成的正交保护策略和固相合成法合成 teixobactin 衍生物，但活性降低约 90%。为了提高 teixobactin 的生物活性，采用 Lys 等同样带有一个正电荷的氨基酸来替代 End 合成 teixobactin 衍生物，研究发现其生物活性比 Arg 替代衍生物高数倍。但是缺点在于其最小抑菌浓度（MIC）值差别不大，这表明 allo-End 并不是 teixobactin 的必需结构，可选择性用其他氨基酸替代。

鉴于此，研究者尝试将 End 替换为侧链带有胍基或氨基但链长度不同的类似物，发现尽管抗菌活性有变化，但都接近 Arg 或 Lys 替代 End 衍生物的活性；同时，研究者也证明鸟氨酸（Orn）、2,4-二氨基丁酸（Dab）、2,3-二氨基丙酸（Dap）替代 allo-End 的衍生物也具有与 Arg 替代类似物相当的活性。当采用其他含有类似氨基或胍基结构的替代物（如 Amp、Tmg、Mmg）也能保持一定的抗菌活性。此外，当利用 His 替代 End 后的衍生物也能保持一定的活性。但是，当采用瓜氨酸替代的 teixobactin 衍生物的生物活性大幅降低，而使用 N-甲基取代的 Arg 衍生物则活性只是微弱降低。同时，研究者报道了用 Ala 替代后的 Teixobactin 衍生物活性降低较多或者完全丧失了抗菌活性。值得关注的是，当 allo-End 被 L-Mel、L 型 α-氨基戊酸（L-Nva）、L 型 α-氨基-环己基乙酸（L-Chg）替代后的衍生物对不同革兰氏阳性菌的活性都有所增强。

四、teixobactin 的生物活性

teixobactin 对革兰氏阳性病原体，包括耐药菌株具有优异的活性。对大多数病原体而言，包括难以治疗的肠球菌和结核分枝杆菌，teixobactin 的活性低于 1 mg/mL。但是，teixobactin 对梭状芽孢杆菌和炭疽杆菌具有很高的活性。同时，teixobactin 对金黄色葡萄球菌具有优异的杀菌活性，在杀死指数期晚期人群方面优于万古霉素，并对中间耐药性金黄色葡萄杆菌（VISA）保持杀菌活性。teixobactin 对大多数革兰氏阴性菌无效，但对外膜通透性屏障有缺陷的大肠杆菌 asmB1 菌株表现出良好的活性。

表 4-4 teixobactin 对病原微生物的活性

微生物及遗传型	Organism and genotype	Teixobactin MIC ($\mu g/mL$)
金黄色葡萄球菌	S. aureus (MSSA)	0.25
金黄色葡萄球菌（耐甲氧西林型）	S. aureus (MRSA)	0.25
肠球菌	enterococcus faecium	0.5
肺炎双球菌（抗青霉素）	streptococcus pneumoniae (penicillin^R)	≤0.03
炭疽杆菌	B. anthracis	≤0.06
梭状芽孢杆菌	clostridium difficile	0.005
结核分歧杆菌（H37Rv）	M. Tuberculosis H37Rv	0.125
大肠埃希氏菌	escherichia coli	25
大肠埃希氏菌（asmB1）	Escherichia coli (asmB1)	2.5
铜绿假单胞菌	pseudomonas aeruginosa	>32

研究发现，在 teixobactin 低于 MIC 水平的情况下，金黄色葡萄球菌连续传代 27 天也未能产生耐药突变体。这表明 teixobactin 对抗细菌是一种非特异性的作用方式，并且伴随着毒性。然而，teixobactin 在 100 mg/mL 的水平下对哺乳动物 NIH/3T3 和 HepG2 细胞没有毒性。实验发现，teixobactin 没有溶血活性，也不结合 DNA，但是能够强烈抑制肽聚糖的合成，同时对标记物掺入 DNA、RNA 和蛋白质几乎没有影响。这表明 teixobactin 是一种新的肽聚糖合成抑制剂。

用 teixobactin 处理金黄色葡萄球菌全细胞导致可溶性细胞壁前体十一碳二烯基 - N - 乙酰氨基甲酸五肽（UDP-MurNAc - 五肽）的显著积累，这与万古霉素处理细胞的结果类似，表明肽聚糖生物合成的一个膜相关步骤被阻断。teixobactin 在体外抑制肽聚糖的生物合成反应以脂质 I、脂质 II 或十一碳烯基焦磷酸盐为底物，呈剂量依赖性。如果使用性标记的底物对 MurG -、FemX - 和 PBP2 催化的反应进行定量分析，teixobactin 几乎完全抑制了反应的进行，同时添加脂质 II 可阻止 teixobactin 抑制金黄色葡萄球菌。这些实验表明，teixobactin 与肽聚糖前体特异性相互作用，而不是干扰其中一种酶的活性。teixobactin 对万古霉素耐药肠球菌具有活性，这些肠球菌具有修饰的脂质 II（脂质 II - D - Ala - D - Lac 或脂质 II - D - Ala - D - Ser）。结果表明，与万古霉素不同，teixobactin 能够与这些修饰形式的脂质 II 结合。此外，teixobactin 与壁磷壁酸（WTA）前体十一碳二烯基 PP – GlcNAc 也能够有效结合。而磷壁酸锚定自溶素，防止肽聚糖不受控制地水解。这就导致 teixobactin 对磷壁酸合成的抑制将有助于释放自溶素，从而使这种抗生素具有优异的溶解和杀伤活性。尽管 teixobactin 在体外能有效结合脂质 I，但这对抗菌活性似乎不太重要；其原因是细胞内前体与表面暴露的脂质 II 和十一碳二烯基 PP – GlcNAc – WTA 前体不同。teixobactin 与靶标的结合主要依赖于抗生素与焦磷酸盐部分和附着在脂质载体上的第一个糖部分的相互作用，因为需要更高浓度的 teixobactin 来完全抑制 YbjG 催化的十一碳二烯基焦磷酸单磷酸化，从而涉及必需脂质载体的再循环过程。teixobactin 也可能与荚膜多糖生物合成的异戊二烯基 – PP – 糖中间体结合，对葡萄球菌的毒力作用很重要，对链球菌生物合成的抑制则是致命的。teixobactin 能够在血清存在下稳定地保持活性，具有良好的微粒体稳定性和低毒性。小鼠静脉注射单次 20 mg/kg 剂量后测定的药代动力学参数是有利的，因为血清中的 teixobactin 含量在 4 小时内保持在 MIC 水平以上。小鼠败血症模型动物疗效研究表明，小鼠腹腔内感染耐甲氧西林金黄色葡萄球菌（MRSA），其剂量导致 90% 的死亡。感染 1 小时后，以每公斤 1～20 mg 的单次剂量静脉注射 teixobactin，所有接受治疗的动物都存活下来。在随后的实验中，PD_{50}（一半动物存活的保护剂量）被确定为每公斤 0.2 mg，这与用于治疗 MRSA 的主要抗生素万古霉素的 2.75 mg 相比是有利的。在金黄色葡萄球菌感染的大腿模型中测试 teixobactin 能够显示出良好的疗效。teixobactin 对感染肺炎链球菌的小鼠也非常有效，导致肺部 c.f.u. 减少 6 $\log_{10}$。

teixobactin 是一种有前景的抗菌药，在许多感染动物模型中显示对耐药病原体有效。由于释放的自溶素对细胞壁的消化，teixobactin 与 WTA 前体的结合有助于有效的裂解和杀死细菌。teixobactin 能够与多个靶点结合，但没有一个靶点是蛋白质。聚异戊二烯偶联的细胞包膜前体，如脂质 II，在革兰氏阳性细菌的外部很容易获得，是抗生素攻击的"Achilles heel"。鉴于高度保守的 teixobactin 结合基序，这可能会以抗生素修饰酶的形式出现。然而，尽管编码攻击常见抗生素（如 β – 内酰胺类或氨基糖苷类）的酶的决定因素很常见，但罕见的万古霉素的决定因素尚不清楚。而 teixobactin 甚至比万古霉素更加耐药。万古霉素进入临床后，通常经过 30 年才出现耐药性，而 teixobactin 产生耐药性可能需要更长的时间。这些为 teixobactin 成为临床耐药性药物提供了科学理论支持。

teixobactin 代表一类新型抗生素，具有独特的化学支架，且缺乏可检测的耐药性。teixobactin 独特的 enduracidine C-末端头基团特异性结合脂质 Ⅱ 的焦磷酸糖部分，而 N 末端则协调另一个脂质 Ⅱ 分子的焦磷酸。这种结构有利于形成与靶标结合的 β-片 teixobactin，从而形成超分子纤维结构，而与焦磷酸糖部分的特异性结合是 teixobactin 缺乏耐药性的原因。teixobactin 的超分子结构损害了细胞膜的完整性。原子力显微镜和分子动力学模拟表明，超分子结构取代了磷脂，使膜变薄；脂质 Ⅱ 的长疏水尾部集中在超分子结构内，显然有助于膜的破裂。teixobactin 结合脂质 Ⅱ 以促使膜的破坏。teixobactin 只损伤含有脂质 Ⅱ 的膜，而脂质 Ⅱ 在真核生物中是不存在的，这完美地解决了 teixobactin 的毒性问题。针对细胞壁合成和细胞质膜的双管齐下的作用产生了一种针对细菌细胞包膜的高效化合物。teixobactin 抗菌机制是将细菌的细胞膜和细胞壁同时破坏，同时其不会产生耐药性和对人体的毒性，使 teixobactin 候选药物的合理设计成为可能。

我们知道天然抗生素 teixobactin 可以杀死病原菌，而不会产生可检测的耐药性。由于 teixobactin 分子结构中含有多个肽键且具有手性，因此 teixobactins 的化学合成比较困难。另一方面，teixobactin 在水中的溶解度差，且对其与细菌结合模式的认识不足阻碍了 teixobactin 的修饰改造。到目前为止，teixobactin 被认为是通过与同源细胞壁前体（脂质 Ⅱ 和 Ⅲ）结合来杀死细菌的。2020 年 Nature 报道 teixobactin 和 Lipid Ⅱ 形成的复合物的结构，并揭示了 teixobactin 如何识别广谱靶标。研究发现，teixobactin 在膜表面形成微米大小的簇，并且它们与脂质 Ⅱ 的结合亲和力在阴离子膜中显著降低。因此，细胞壁前体的直接结合不太可能是 teixobactin 杀死细菌的唯一原因。研究表明，teixobactin 在膜表面形成微米大小的簇将前体与细胞壁分离，并在 teixobactin 杀死细菌的时间尺度上发生，这是一种额外的作用方式，甚至可能是生理条件下更相关的作用方式。因此，在相关膜条件下，协同优化簇形成和对不同细胞壁构建块的结合亲和力能够促进 teixobactin 设计的进一步修饰改造，提高我们开发针对多重耐药细菌的强效抗生素的能力。

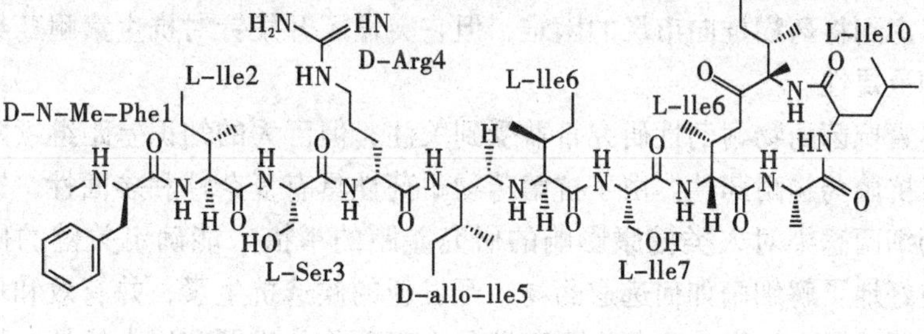

图 4-12 改造的 teixobactin 的分子结构

2019 年 *Nature Communication* 报道了一种全新的"一锅法"30 克级规模上全合成 teixobactin 及其衍生物的有机合成策略，促进了临床前应用。其中一种 teixobatin 衍生物（图 4-12、图 4-13）与 teixobactin 的抗菌活性相比，对万古霉素耐药的粪肠球菌和甲氧西林耐药的金黄色葡萄球菌的效力分别提高了 8 倍和 4 倍。此外，它们在使用耐甲氧西林金黄色葡萄球菌的肺炎链球菌败血症小鼠模型和中性粒细胞减少小鼠大腿感染模型中显示出高效率的治疗效果。这些研究增强了我们对 teixobactin 的深度理解，对进一步开发抗菌候选药物具有重要价值。

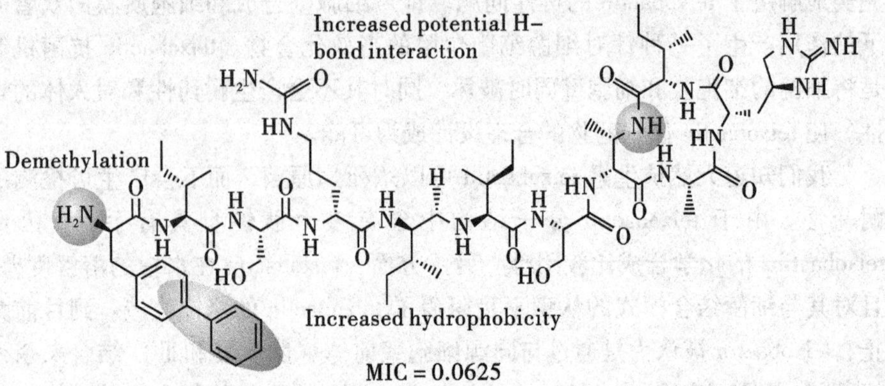

图 4-13　teixobactin 衍生物的结构

五、小结

由于 teixobactin 强效和广谱的抗生素活性、体内疗效以及较低的耐药性，在主流媒体上受到了大量关注。这些媒体包括 BBC 新闻的报道——"Antibiotics：US discovery labelled 'game-changer' for medicine"；《华尔街日报》——"Scientists Discover Potent Antibiotic, A Potential Weapon Against a Range of Diseases"；以及《福布斯》杂志——"Teixobactin and iChip Promise Hope Against Antibiotic Resistance"。虽然媒体的其中一些说法很大胆，特别是要考虑到将药物推向市场的困难，但它突显了开发针对抗生素耐药细菌的新药的重要性。

尽管抗菌药物耐药性研究日益受到关注，但巨大的知识差距继续阻碍有效应对抗菌药物耐药性。由于抗菌药物耐药性具有复杂性和多面性，旨在弥合耐药细菌感染对人类健康影响的研究差距的举措未能确定关键的研究重点。更好地了解细菌如何逃避药物，开发新的候选抗生素，并有效和负担得起地诊断感染和抗微生物药物耐药性是人们面临的难题和巨大挑战。抗生素

teixobactin 的出现为人们寻找新型抗菌耐药性药物指明了方向。鉴于抗生素 teixobactin 针对细菌的双重破坏作用，几乎可以忽略不计的耐药性和对人体的毒性，使得 teixobactin 成为一种近乎完美的抗菌药物。我们有理由相信抗生素 teixobactin 的发现研究，将是抗菌药物史上的又一重要里程碑。

参考文献

［1］吕菁君，赵光举，赵宏宇. 成人流行性感冒诊疗规范急诊专家共识（2022 版）［J］. 中国急救医学，2022，42（12）：1013-1026.

［2］中国疾病预防控制中心. 中国流感疫苗预防接种技术指南（2023—2024）［J］. 中国病毒病杂志，2024，14（1）：1-19.

［3］成人流行性感冒抗病毒治疗共识专家组. 成人流行性感冒抗病毒治疗专家共识［J］. 中华传染病杂志，2022，40（11）：641-655.

［4］国家流感中心. https：//ivdc. chinacdc. cn/cnic/zyzx/

［5］WAGNER R，MATROSOVICH M，KLENK H D. Functional balance between haemagglutinin and neuraminidase in influenza virus infections［J］. Reviews in Medical Virology，2002，12：159-166.

［6］LEW W，CHEN X W，KIM C U. Discovery and development of gs 4104（oseltamivir）an orally active influenza neuraminidase inhibitor［J］. Current Medicinal Chemistry，2000，7（6）：663-672.

［7］ANDRONATI S A，KARASEVA T L，KRYSKO A A. Peptidomimetics - antagonists of the fibrinogen receptors：Molecular design，structures，properties and therapeutic applications［J］. Current Medicinal Chemistry，2004，11：1183-1211.

［8］VON ITZSTEIN M. The war against influenza：Discovery and development of sialidase inhibitors［J］. Nature Reviews Drug Discovery，2007，6：967-974.

［9］CHHABRA S R，ABDUL RAHIM A S，KELLAM B. Recent progress in the design of selectin inhibitors［J］. Mini-reviews In Medicinal Chemistry，2003，3：679-687.

［10］KIM C U，LEW W. Influenza neuraminidase inhibitors possessing a novel hydrophobic interaction in the enzyme active site：Design，synthesis and structural analysis of carbocyclic sialic acid analogues with potent anti - influenza activity［J］. Journal of the American Chemical Society，1997，119：681-690.

[11] KIM C U, LEW W, WILLIAMS M A, et al. Structure-activity relationship studies of novel carbocyclic influenza neuraminidase inhibitors [J]. Journal of Medicinal Chemistry, 1998, 41 (14): 2451-2460.

[12] WILLIAMS M A, LEW W, MENDEL D B, et al. Structure-activity relationships of carbocyclic influenza neuraminidase inhibitors [J]. Bioorganic & Medicinal Chemistry lETTERS, 1997, 7 (14): 1837-1842.

[13] VARGHESE J, LAVER W, COLMAN P. Structure of the influenza virus glycoprotein antigen neuraminidase at 2.9 Å resolution [J]. Nature, 1983, 303: 35-40.

[14] VON ITZSTEIN M, WU W Y, KOK G, et al. Rational design of potent sialidase-based inhibitors of influenza virus replication [J]. Nature, 1993, 363: 418-423.

[15] AXEL T, BRÜNGER. Crystallographic refinement by simulated annealing: Application to a 2.8 Å resolution structure of aspartate aminotransferase [J]. Journal of Molecular Biology, 1988, 203 (3): 803-816.

[16] VON ITZSTEIN M, JEFFREY C, DYASON STUART W, et al. A study of the active site of influenza virus sialidase: An approach to the rational design of novel anti-influenza drugs [J]. Journal of Medicinal Chemistry, 1996, 39 (2): 388-391.

[17] JOSEPH N V, PAUL W S, STEVEN L S, et al. Drug design against a shifting target: A structural basis for resistance to inhibitors in a variant of influenza virus neuraminidase [J]. Structure, 1998, 6: 735-746.

[18] KIEFEL M J, ITZSTEIN M V. Influenza virus sialidase: A target for drug discovery [J]. Progress in Medicinal Chemistry, 1999, 36: 1-28.

[19] LI W, ESCARPE P A, EISENBERG E J, et al. Identification of GS 4104 as an orally bioavailable prodrug of the influenza virus neuraminidase inhibitor GS 4071 [J]. Antimicrobial Agents and Chemotherapy, 1998, 42 (3): 647-653.

[20] ARUN K J, Sandra M. 基于结构的药物及其他生物活性分子设计：工具和策略 [M]. 药明康德新药开发有限公司，译. 北京：科学出版社，2017.

[21] BENJAMIN E B. 药物研发基本原理 [M]. 白仁仁，主译. 北京：科学出版社，2019.

[22] 张致平. 抗耐药菌药物研究进展 [J]. 中国抗生素杂志, 2005, 30 (7): 430-434.

[23] 王润玲. 药物化学 [M]. 北京: 中国医药科技出版社, 2014: 295-326.

[24] 孟繁浩, 李柱来. 药物化学 [M]. 北京: 中国医药科技出版社, 2016: 272.

[25] 李长兵, 廖洪利, 姜和. 环肽抗生素替索巴丁全合成及构效关系研究进展 [J]. 国际药学研究杂志, 2018, 45 (8): 582-587.

[26] BARANOVA A A, ALFEROVA V A, KORSHUN V A, et al. Modern trends in natural antibiotic discovery [J]. Life, 2023, 13 (5): 1073.

[27] JONES C R, LAI G H, PADILLA M S T L, et al. Investigation of isobactin analogues of teixobactin [J]. ACS Medicinal Chemistry Letters, 2024, 15 (7): 1136-1142.

[28] GRIFFIN J H, MENDOZA A T, NOWICK J S. Teixobactin "Swapmers" with l tail Stereochemistry Retain Antibiotic Activity [J]. The Journal of Organic Chemistry, 2024, 89 (20): 15325-15330.

[29] OLUWOLE A O, HERNNDEZ-ROCAMORA V M, CAO Y, et al. Real-time biosynthetic reaction monitoring informs the mechanism of action of antibiotics [J]. Journal of the American Chemical Society, 2024, 146 (10): 7007-7017.

[30] BRÜSSOW H. The antibiotic resistance crisis and the development of new antibiotics [J]. Microbial Biotechnology, 2024, 17 (7): 14510.

[31] TOMASZ A. Weapons of microbial drug resistance abound in soil flora [J]. Science, 2006, 311 (5759): 342-343.

[32] GILBERT N. Four stories of antibacterial breakthroughs [J]. Nature, 2018, 555: 7695.

[33] LEWIS K. Recover the lost art of drug discovery [J]. Nature, 2012, 485 (7399): 439-440.

[34] COOK M A, WRIGHT G D. The past, present, and future of antibiotics [J]. Science Translational Medicine, 2022, 14 (657): 7793.

[35] OUTTERSON K, REX J H. Evaluating for-profit public benefit corporations as an additional structure for antibiotic development and commercialization [J]. Translational Research, 2020, 220: 182-190.

[36] CHEN Y, BATRA H, DONG J, et al. Genetic engineering of

bacteriophages against infectious diseases [J]. Frontiers in Microbiology, 2019, 10: 954.

[37] MILLER M J, LIU R. Design and syntheses of new antibiotics inspired by nature's quest for iron in an oxidative climate [J]. Accounts of Chemical Research, 2021, 54 (7): 1646 – 1661.

[38] DURAND G A, RAOULT D, DUBOURG G. Antibiotic discovery: history, methods and perspectives [J]. International Journal of Antimicrobial Agents, 2019, 53 (4): 371 – 382.

[39] HUTCHINGS M I, TRUMAN A W, WILKINSON B. Antibiotics: Past, present and future [J]. Current Opinion in Microbiology, 2019, 51: 72 – 80.

[40] KHARDORI N. Antibiotics—Past, present, and future [J]. Medical Clinics, 2006, 90 (6): 1049 – 1076.

[41] LEWIS K. The science of antibiotic discovery [J]. Cell, 2020, 181 (1): 29 – 45.

[42] FRANCK E, CROFTS T S. History of the streptothricin antibiotics and evidence for the neglect of the streptothricin resistome [J]. npj Antimicrobials and Resistance, 2024, 2 (1): 3.

[43] RIBEIRO D CUNHA B, FONSECA L P, CALADO C R C. Antibiotic discovery: Where have we come from, where do we go? [J]. Antibiotics, 2019, 8 (2): 45.

[44] LING L L, SCHNEIDER T, PEOPLES A J, et al. A new antibiotic kills pathogens without detectable resistance [J]. Nature, 2015, 517 (7535): 455 – 459.

[45] JIN K, SAM I H, PO K H L, et al. Total synthesis of teixobactin [J]. Nature Communications, 2016, 7 (1): 12394.

[46] ZONG Y, FANG F, MEYER K J, et al. Gram-scale total synthesis of teixobactin promoting binding mode study and discovery of more potent antibiotics [J]. Nature Communications, 2019, 10 (1): 3268.

[47] GILTRAP A. Total synthesis of natural products with antimicrobial activity [M]. Springer, 2018.

[48] LIU L, WU S, WANG Q, et al. Total synthesis of teixobactin and its stereoisomers [J]. Organic Chemistry Frontiers, 2018, 5 (9): 1431 – 1435.

[49] SCHUMACHER C E, HARRIS P W R, DING X B, et al. Synthesis and biological evaluation of novel teixobactin analogues [J]. Organic and Biomolecular Chemistry, 2017, 15 (41): 8755-8760.

[50] SHUKLA R, LAVORE F, MAITY S, et al. Teixobactin kills bacteria by a two-pronged attack on the cell envelope [J]. Nature, 2022, 608 (7922): 390-396.

[51] SPELLBERG B, SHLAES D. Prioritized current unmet needs for antibacterial therapies [J]. Clinical Pharmacology & Therapeutics, 2014, 96 (2): 151-153.

[52] LEWIS K. Platforms for antibiotic discovery [J]. Nature Reviews Drug Discovery, 2013, 12 (5): 371-387.

[53] SHUKLA R, MEDEIROS-SILVA J, PARMAR A, et al. Mode of action of teixobactins in cellular membranes [J]. Nature communications, 2020, 11: 2848.

[54] DEGEN D, FENG Y, ZHANG Y, et al. Transcription inhibition by the depsipeptide antibiotic salinamide A [J]. Elife, 2014, 3: 02451.

[55] SCHNEIDER T, KRUSE T, WIMMER R, et al. Plectasin, a fungal defensin, targets the bacterial cell wall precursor Lipid II [J]. Science, 2010, 328 (5982): 1168-1172.

[56] PARMAR A, IYER A, PRIOR S H, et al. Teixobactin analogues reveal enduracididine to be non-essential for highly potent antibacterial activity and lipid II binding [J]. Chemical Science, 2017, 8 (12): 8183-8192.

[57] AUCH A F, VON JAN M, KLENK H P, et al. Digital DNA-DNA hybridization for microbial species delineation by means of genome-to-genome sequence comparison [J]. Standards in Genomic Sciences, 2010, 2: 117-134.

第五章 消化系统药物先导化合物的发现与新药研发

在众多药物类别中,消化系统药物扮演着十分重要的角色,它们直接针对人体消化系统的疾病进行治疗和预防,其中抗胃溃疡药作为消化系统药物的一个分支,更是临床治疗中十分常见的药物。消化性溃疡(peptic ulcer)是一种由胃液的消化作用导致的黏膜损伤疾病,在各种致病因子的作用下,消化道黏膜发生炎症反应与坏死、脱落,形成破损,产生溃疡的黏膜坏死、缺损、穿透黏膜肌层,严重者可达固肌层或更深层,其主要发生在食管、胃、十二指肠、胃空肠吻合口及含异位胃黏膜的梅克尔(Meckel)憩室内。消化性溃疡是一种临床上的常见病、多发病。消化性溃疡因好发部位多为胃及十二指肠,所以通常新药研发多以抗胃溃疡药物为研究方向。胃溃疡可发生于任何年龄,全球 5%~10% 的人患有此病,每年的发病率为 0.1%~0.3%,大约每 10 个人中就有 1 人患过胃溃疡,在世界范围内影响广泛。我国流行病调查显示,我国胃溃疡标化年发病率约为 0.84%,其已成为 21 世纪我国最常见的疾病之一,影响范围之广不容忽视。

临床上对胃溃疡病理机制和治疗的研究已经有 200 多年。消化性溃疡的发病与黏膜损伤和保护机制间的平衡失调有关,即损伤因子和保护因子间失调,前者包括胃酸、胃蛋白酶和幽门螺杆菌,后者包括胃黏液细胞分泌的黏液、HCO_3^- 和前列腺素。机体健康状态下,两种因子处于动态平衡,胃黏膜不会被胃液消化导致溃疡,当某些因素打破这种平衡状态时,使得保护因子降低,或者导致损伤因子增加,从而引起胃酸或胃蛋白酶侵蚀胃黏膜诱发溃疡。因此,胃酸的过量分泌是导致胃溃疡的主要原因之一。

抗消化性溃疡药物的研发史长达半个多世纪,涉及多个药物类别的发现和应用。发展至今,科学家们陆续研发出了碱性抗胃酸药、H_2 受体拮抗剂、质子泵抑制剂、M 受体拮抗剂、胃泌素受体拮抗剂、抗幽门螺杆菌药及胃黏膜保护药等类别。

第一节 "替丁"类抗溃疡药的发现与新药研发

早期临床上治疗胃溃疡主要使用传统抗酸药,多为具一定碱性的铝、镁等碱性药物,国内外广泛应用的常见抗酸药有铝镁加、胶体果胶铋、磷酸铝、碳酸钙、三硅酸镁、碳酸氢钠、氢氧化铝和氧化镁等。这些弱碱性无机化合物,口服吸收后能够通过中和或者吸收分泌过多的胃酸发挥作用,提高胃液 pH,减弱胃酸对胃溃疡面的持续刺激和腐蚀作用,从而发挥疗效。在 20 世纪初,胃溃疡被公认是一种难以治愈的疾病,患者常常需要忍受着剧烈

第五章 消化系统药物先导化合物的发现与新药研发

的疼痛和消化不良。当时医学界对胃溃疡的认识还非常有限，人们普遍认为胃溃疡是由多种因素引起的，包括精神压力、饮食不当或者遗传因素等。随着逐渐认识胃酸在胃溃疡发病机理中的扮演的角色，对于胃溃疡的治疗方法和抗胃溃疡药物也逐渐更新。碳酸氢钠（$NaHCO_3$）是最早被用作抗酸剂的化合物之一，它能与胃酸中的盐酸反应生成二氧化碳和水从而中和胃酸。这种简单的化学反应在研究治疗方案的初期为缓解胃溃疡患者的疼痛提供了一种有效的方法，但碳酸氢钠作为药物使用时的疗效十分短暂，患者需要频繁服用，药物依从性极低，且碳酸氢钠是一种与胃酸反应产生二氧化碳气体的碱，这种气体会积聚在消化系统中，导致腹胀、消化不良等副作用。随后氢氧化铝 $[Al(OH)_3]$ 作为一种更有效的抗酸剂被应用。利用氢氧化铝的碱性和酸碱中和反应的原理，与胃酸中的盐酸反应生成水和氯化铝，且其效果比碳酸氢钠更为持久。氢氧化铝也是一种胃黏膜保护剂，进入消化系统后可在胃黏膜上形成保护层，从而可以减少胃酸对胃壁的刺激和腐蚀，缓解胃酸分泌过多的症状。以上抗酸药也存在明显的缺点，通常只能缓解症状而不能减少胃酸分泌和治愈胃溃疡，同时不良反应较大，有些药物甚至会出现反跳性胃酸分泌增加的现象，还会影响其他药物的吸收。抗酸药为了增强疗效、减轻不良反应常制成复方制剂，如胃舒平（氢氧化铝、三硅酸镁、颠茄流浸膏），但与此同时因其缺点明显，这类药物近年来也逐渐被抑酸药代替。

人体的胃壁细胞上存在着很多受体，其中与胃壁细胞的泌酸过程直接相关的就是组胺 H_2 受体（histamine H_2 Receptor，H_2R）、乙酰胆碱 M 受体（muscarinic acetylcholine receptor，mAChR 或 M-R）和胃泌素受体（cholecystokinin B/Gastrin receptor，CCKBR）。组胺、乙酰胆碱和胃泌素这些信号分子可以激活胃壁细胞底边膜上各自相应的受体，并产生一系列的受体激动作用。胃泌素受体和乙酰胆碱 M 受体激动使 Ca^{2+} 增加，组胺 H_2 受体激动使腺苷酸环化酶（adenylate cyclase，AC）增加，进而使得环磷酸腺苷（cyclic adenosine monophosphate，cAMP）的量增加。经由 Ca^{2+} 和 cAMP 介导，刺激由细胞内向细胞顶端传递，在刺激下细胞内的管状泡与顶端膜内陷形成的分泌性微管融合，原位于管状泡处的胃质子泵，即 H^+/K^+-ATP 酶转移至分泌性微管，将氢离子从胞质泵向胃腔，与从胃腔进入胞浆的钾离子进行交换，氢离子与顶膜转运至胃腔的氯离子形成胃酸的主要成分——盐酸。此外，前列腺素 E_2（prostaglandin E_2，PGE_2）在炎症反应和机体各项生理功能中具有重要作用，和特定受体在胃黏膜防御机制中同样起到重要的作用。胃黏膜细胞可合成并分泌前列腺素 E_2，其可使腺苷酸环化酶减少，并通过其受体介导激活抑制性鸟核苷酸-结合蛋白，抑制壁细胞分泌胃酸，还刺激黏液、磷脂和碳酸氢盐的分泌而具有细胞保护作用。

根据上述可知,抑制胃酸分泌可以通过两种方式,一种方式为阻断质子泵,开发质子泵抑制剂(proton pump inhibitors, PPIs),另一种方式为阻断相应的受体,即开发组胺 H_2 受体抑制剂(histamine H_2 receptor antagonists, H_2RAs)、乙酰胆碱 M 受体抑制剂(muscarinic acetylcholine receptor antagonists, mAChRAs)和胃泌素受体抑制剂(gastric inhibitory polypeptide receptor antagonists, GIPRAs)。

在抗酸药广泛应用之后,抗消化性溃疡药继而朝着抑制胃酸分泌功能或增强胃壁细胞的防御功能的方向发展。目前胃溃疡的治疗药物以减少胃酸或提高胃黏膜的保护作用为主,可以分为受体拮抗剂、质子泵抑制剂(H^+/K^+-ATP 酶)、胃黏膜保护药与抗幽门螺杆菌药。受体拮抗剂主要包括的药物有:M_1 胆碱受体阻断药,如哌仑西平、替仑西平;胃泌素受体拮抗剂,如丙谷胺;组胺 H_2 受体阻断药,如西咪替丁、雷尼替丁、法莫替丁等。质子泵抑制剂类药物,如奥美拉唑、泮托拉唑、兰索拉唑、埃索美拉唑等,近年来还出现了抑酸效果更优的新型抑酸药物——钾离子竞争性酸阻滞剂。此外,消化性溃疡的治疗还离不开胃黏膜保护药,如米索前列醇、替普瑞酮及枸橼酸铋钾等,还有抗幽门螺杆菌药物联合疗法。

M_1 胆碱受体阻断药可以阻断胃壁细胞上的 M_1 受体抑制胃酸分泌,还可阻断乙酰胆碱对胃黏膜中的嗜铬细胞、G 细胞上的 M_1 受体的激动作用,减少组胺和胃泌素的释放,间接减少胃酸的分泌。但 M_1 胆碱受体阻断药的抗酸作用比较弱,不良反应较多,逐渐被其他药物所替代。丙谷胺是胃泌素受体抑制剂的代表,它能竞争性阻断胃泌素受体,抑制胃酸分泌,并可以促进胃黏液合成,增强胃黏膜的胃黏液 HCO_3^- 盐屏障。胃泌素受体抑制剂的研发相对较少,目前临床应用也不广泛,丙谷胺由于抑酸作用相对较弱,临床疗效尚难以确定,目前已少用。

人们将治疗消化性溃疡药物的研发目光继而望向了可以抑制胃酸分泌的另一重要受体——组胺 H_2 受体。组胺是一种生物活性胺,广泛存在于人体各组织中,比如胃黏膜和中枢神经系统中均有分布。组胺在多种生理和病理过程中发挥着十分重要的作用,包括胃酸分泌、过敏反应、血管扩张和免疫调节的过程。组胺可以通过和人体组织中特定的受体结合来发挥作用,如组胺 H_2 受体激活后可以通过抑制胃酸分泌进而减少胃酸对胃黏膜的刺激和损伤。

1920 年以前,Dale 和 Laidlaw 从麦角中分离出组胺,并发现组胺可以刺激胃肠道和呼吸道平滑肌,扩张血管刺激心脏收缩。1920 年 Popielski 证实组

第五章 消化系统药物先导化合物的发现与新药研发

胺能刺激胃酸分泌。1927年人们从肝脏和肺中分离出组胺,证实了组胺是人体天然含有的成分。人们还发现在狗身上注射组胺能刺激胃酸的分泌,而后证实组胺为胃内壁的主要成分,证明了组胺参与了胃酸分泌的生理过程。早期研究发现组胺的有些作用与炎症过程中出现的症状类似,此研究促进了对组胺药物的研究。当时开发了一些抗组胺药物,例如苯海拉明可有效地减弱组胺的许多反应,被用于抗过敏疾病,但人们又发现这个抗组胺药物并不能减少胃酸分泌。

20世纪60年代中期,英国帝国化学工业集团的James Black教授提出假说,他认为胃部存在着不同亚型的组胺受体(后来我们称之为组胺H_2受体),很可能因为组胺与这种亚型的受体结合才导致了胃酸的大量分泌。科学家在发现胃壁细胞里存在促进胃酸分泌的组胺H_2受体后就尝试研发拮抗H_2受体的抗胃溃疡新药。分泌胃酸的壁细胞上组胺受体属H_2受体,与组胺结合后,活化的腺苷酸环化酶可使壁细胞内cAMP浓度升高,而cAMP进一步活化细胞上质子泵的H^+/K^+-ATP酶,通过主动转运机制将H^+从壁细胞内泵至胃腔中,同时将K^+从胃腔内泵至壁细胞中,胃腔中H^+含量升高时胃酸的分泌量会增加,如果cAMP和H^+/K^+-ATP酶活性过高就会增加胃溃疡等消化系统疾病的风险。H_2受体拮抗剂可以竞争性和选择性地抑制组胺与H_2受体结合,从而抑制细胞内cAMP浓度和壁细胞分泌胃酸。

James Black教授团队从组胺分子的结构改造方面着手,合成出了200多个组胺的衍生物,但最终并没有得到有预期效果的化合物分子。之前研究发现了4-甲基组胺,但该分子是促进胃酸分泌的H_2受体激动剂,激动作用比组胺更强,于是James Black教授认为由于甲基增加了位阻,限制了侧链的自由旋转,随后他们决定暂时保留组胺的咪唑部分,而对氨基侧链进行改造。

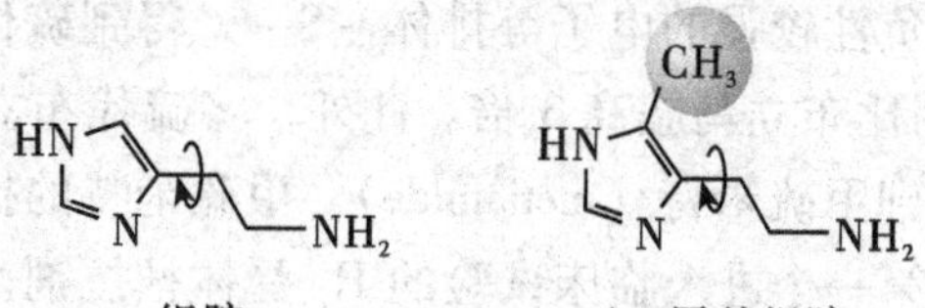

组胺　　　　4-甲基组胺

研究团队通过对组胺的存在形式进行分析,发现在胃的生理pH条件下,组胺分子以正离子(NH_3^+)的形式存在,侧链的电子云密度有所下降,表明寻找H_2受体拮抗剂可以从降低侧链氮原子的电子云密度入手。于是研究团队改造发现了N-胍基组胺,他们设想H_2受体存在两个阴离子性质的部位,就像弹簧开关一样，H_2 受体上存在三个弹簧，咪唑的氮原子可以触发第一个，组胺的正电性的氨基可以触发第二个，当两个弹簧都被触发的时候，就可以激活这个受体，但只有第三个弹簧也被触发，才能达到拮抗的效果，因此氨基后面应该还需要加上一个额外的功能基团。

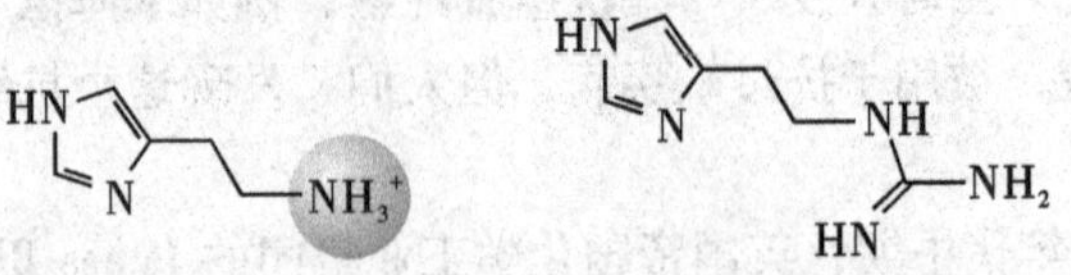

组胺正离子　　　　　　　N-胍基组胺

根据这个思路，研究团队增加了 N-胍基组胺的链长，得到了化合物 SKF 91486，但该药物仍存在部分激动作用。研究团队通过经典的电子等排原理，将胍改为硫脲，并将硫脲基团甲基化，得到 SKF 91581。他们发现侧链氨基与受体的激动剂键合部位结合，末端氨基与受体的拮抗剂键合部位结合，从而证实了上述的"弹簧理论"，将胍改造为硫脲衍生物，降低了药物的碱性同时提高了其拮抗活性。

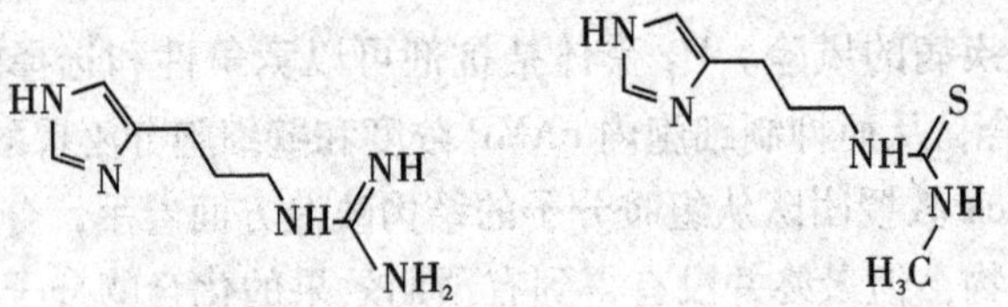

SKF 91486　　　　　　　SKF 91581

结合上述两种策略，既增加链长又降低碱性，科学家在 1971 年合成得到了布立马胺（burimamide）。作为第一个 H_2 受体的竞争性拮抗剂，布立马胺最大的问题是口服生物利用度较低。于是研究人员将布立马胺侧链上的第二个亚甲基换成电负性较强的电子等排体 -S-，得到硫代布立马胺，其对 H_2 受体的拮抗作用比布立马胺高 3 倍。此外，将硫代布立马胺的第四位引入一个甲基，又得到了甲硫米特（metiamide）。甲硫米特的拮抗活性比布立马胺强 8～9 倍，为第一个进入临床试验的 H_2 受体拮抗剂，但由于一些病人出现了肾损伤和粒细胞缺乏症，甲硫米特的临床试验最终被迫终止了。研究人员推测可能是侧链上硫脲的硫原子造成了这种毒副作用，于是利用硫脲的电子等排体进行了一系列的替换和构效关系研究，最终采用了氰基胍替换的化合物西咪替丁（cimetidine）进行临床研究。西咪替丁疗效优于甲硫米特，且没有粒细胞减少的副作用，于 1977 年在英国成为第一个上市的 H_2 受体拮抗剂，商品名为 Tagamet（中文商品名：泰胃美），又名甲氰咪胍。1988 年 James Black 教授因成功研制抗消化性溃疡药物西咪替丁获得了诺贝尔生理学或医学奖。

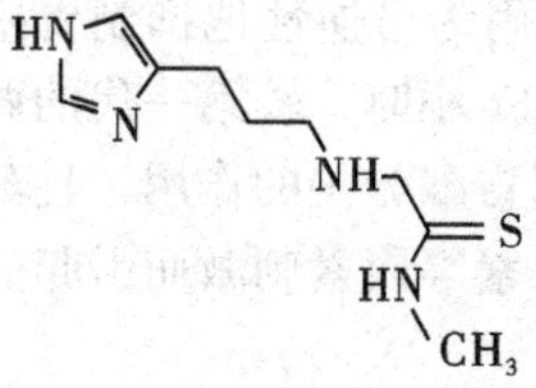

布立马胺 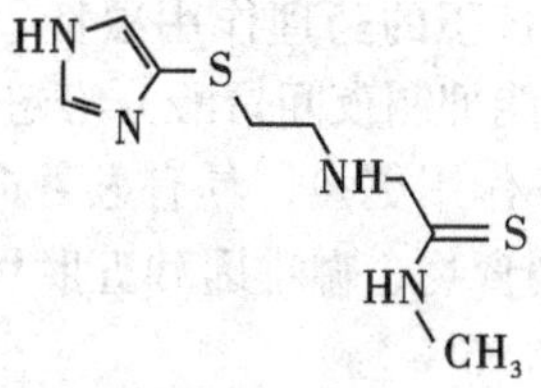　　　　　　硫代布立马胺 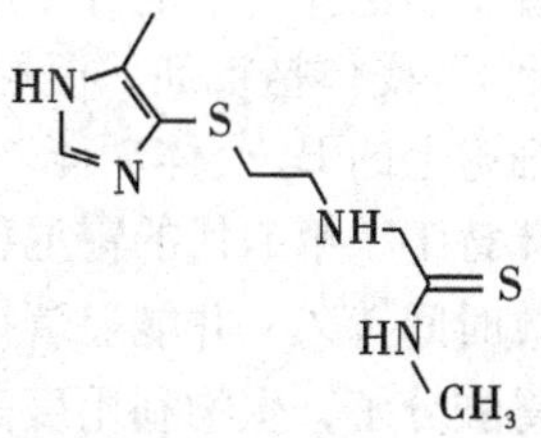　　　　　　甲硫米特

西咪替丁的问世开辟了寻找治疗消化性溃疡药物的新领域。西咪替丁能显著抑制基础胃酸分泌和各种刺激引起的胃酸分泌，对应激状态下的胃黏膜出血有明显疗效。西咪替丁在临床用于预防与治疗活动性十二指肠溃疡、胃溃疡、反流性食管炎、应激性溃疡等消化系统疾病均有效，缺点是中断用药后复发率较高，需长期维持治疗。另外长期应用可能导致妇女溢乳、男性乳腺发育和阳痿等副作用。研究人员为了解决这些副作用，通过将西咪替丁结构中的甲基咪唑环替换为二甲氨基甲基呋喃环，氰基亚氨基替换为硝基次甲基，于 1983 年得到第二个上市的 H_2 受体拮抗剂——雷尼替丁（ranitidine）。作为第二代 H_2 受体拮抗剂，雷尼替丁药效优于第一代药物西咪替丁，其主要以原药形式由肾脏经尿液排泄，少量经肝脏代谢为氮氧化物、去甲基物和硫氧化物等。雷尼替丁对 H_2 受体拮抗作用较西咪替丁强 5～8 倍，药效时间也更长，具有速效和长效的特点，生物利用度达 50%～60%，体内分布广泛。盐酸雷尼替丁又名呋喃硝胺、甲硝呋胍、善胃得和胃安太定，在临床上用于胃炎、反流性食管炎、活动性十二指肠溃疡、胃溃疡、吻合口溃疡、预防与治疗应激性溃疡和高胃酸分泌疾病等均有效，其抑制胃酸分泌的作用强于西咪替丁，缺点是中断用药后复发率高，需维持治疗；此外还可用于防治休克并发应激性胃肠出血，治疗心律失常等，同时可用于治疗咯血、慢性肾衰等，在治疗皮肤病方面也有较好的疗效，其副作用常见恶心、呕吐、皮疹、便秘、乏力、头痛、头晕和发热，还可导致突发性心律不齐、心动过缓、心源性休克、轻度的房室阻滞、可逆性神志不清、精神异常、行为异常、失眠、粒细胞减少、血小板计数减少、支气管哮喘腹痛腹泻、过敏性休克、一过性氨基转移酶升高和肾功能损伤等，因此肝功能不全者及老年人慎用，孕妇、哺乳期妇女及 8 岁以下儿童禁用。

继雷尼替丁之后，1986 年和 1988 年相继上市了法莫替丁（famotidine）

和尼扎替丁（nizaiidine），随后又研发出了乙酰罗沙替丁（roxatidine acetate）、乙溴替丁（ebrotidine）和拉呋替丁（lafutidine）。

通过将雷尼替丁分子中的呋喃环用亲脂性较大的噻唑环替换，得到尼扎替丁。尼扎替丁的分子结构与第一代和第二代 H_2 受体拮抗剂不同，其虽然是 H_2 受体拮抗剂，但尼扎替丁的药理作用独特，作用为可逆性地抑制胃壁细胞上的 H_2 受体功能。它能抑制夜间胃酸分泌超过 12 小时，较第一代的西咪替丁、第二代的雷尼替丁作用更强，具有显著抑制胃酸分泌的作用，且药效时间持久，并能显著抑制食物、咖啡因和五肽胃泌素等因素刺激而引起的胃酸分泌，生物利用度高达 95%。

近年上市的乙溴替丁为具有胃黏膜保护作用的新一代 H_2 受体拮抗剂，除了拮抗组胺 H_2 受体外，可提高上皮细胞增生活性，具有黏膜保护作用，还可促进胃黏膜层黏蛋白受体增加，增加黏液层的厚度、促进愈合，同时具有强大的杀灭幽门螺杆菌的作用。乙溴替丁的抗胃酸分泌作用与雷尼替丁相似，不良反应少，且无雄性激素拮抗活性。

此外，法莫替丁因其剂量小、药效强（比雷尼替丁强 3～20 倍；比西咪替丁强 20～100 倍）的特点而被广泛应用于多种消化系统疾病，具有高效、长效的胃酸分泌抑制作用，在作用强度及作用时间方面相较于其他 H_2 受体拮抗剂有显著优势，被称为"第三代 H_2 受体拮抗剂"，是目前选择性最高和作用最强的首选 H_2 受体拮抗剂。法莫替丁不仅可治疗溃疡病，而且能增加胃黏膜的血流，增强防御机制，提高止血作用，还可用于溃疡病出血，止血有效率可达 95%。在临床上还发现，法莫替丁对改善肝病患者的消化道症状效果明显。

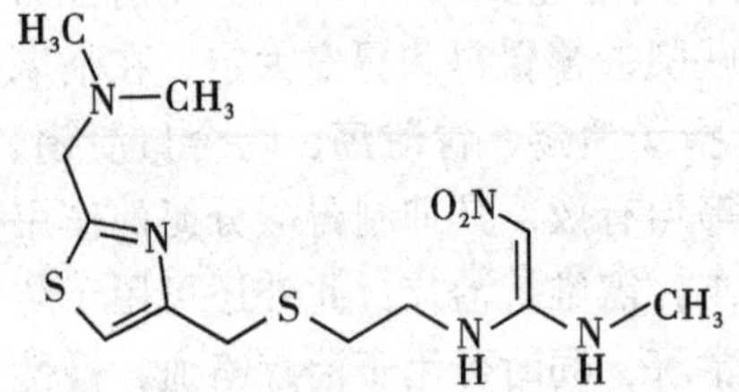

尼扎替丁

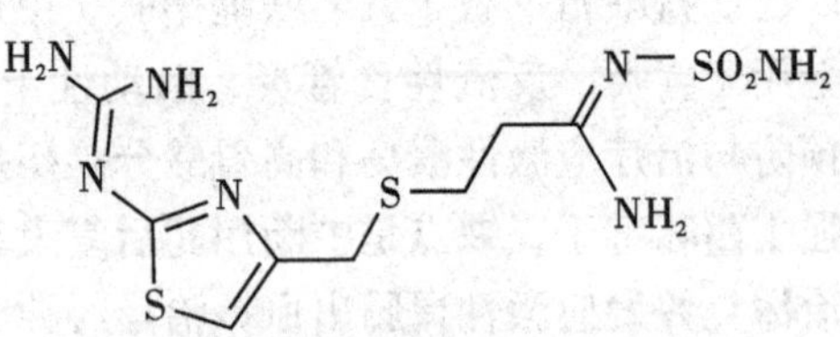

法莫替丁

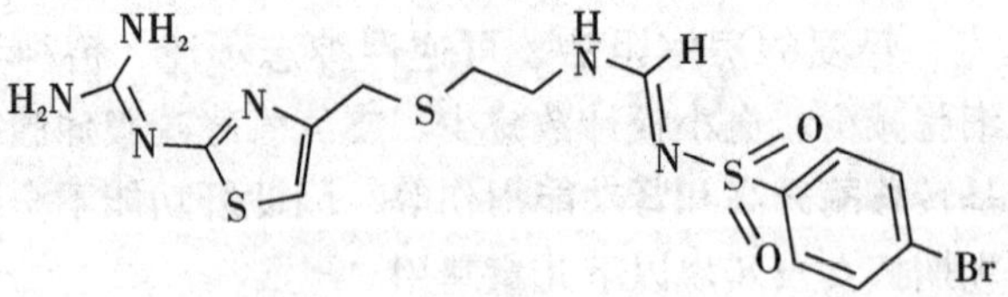

乙溴替丁

第五章　消化系统药物先导化合物的发现与新药研发

20世纪80年代中期出现了第四代组胺 H_2 受体拮抗剂罗沙替丁，其化学结构与 H_2 受体拮抗剂结构明显不同，但仍可通过该经典结构进行比较。哌啶甲苯环代替了五元的芳杂环，四硫链换成四氧链，但氧的位置更靠近芳环，原脒（或胍）的结构替换为酰胺仍有含双键的平面结构，将此类药物统称为哌啶甲苯类。罗沙替丁为长效品种，其抗胃酸分泌效力大约为西咪替丁的3～6倍，为雷尼替丁的2倍，具有显著且剂量依赖性地抑制夜间胃酸分泌和五肽胃泌素刺激的胃酸分泌作用，可减少消化性溃疡疾病患者胃蛋白酶总量。作为罗沙替丁的前药——盐酸罗沙替丁醋酸酯，其生物利用度大于90%，且不良反应发生率仅为1.7%。另一个代表药物为兰替丁（lamtidine），其抑制胃酸分泌的作用比雷尼替丁强4～10倍，持续时间达18小时。

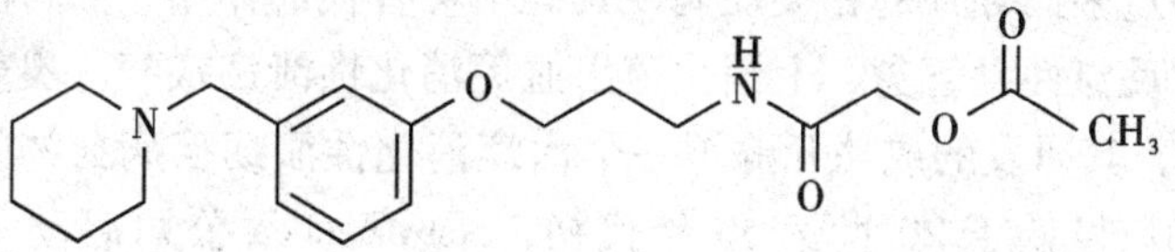

罗沙替丁醋酸酯

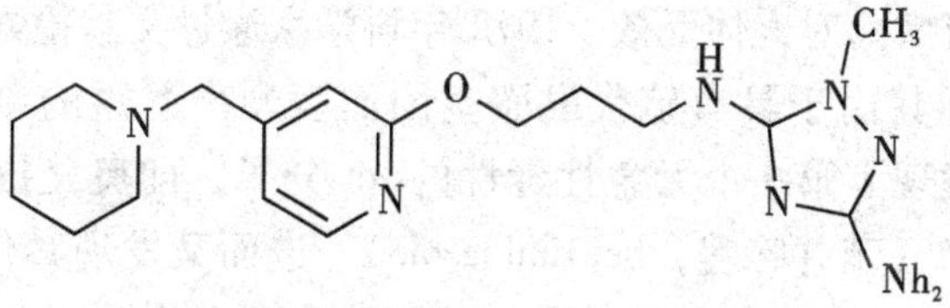

兰替丁

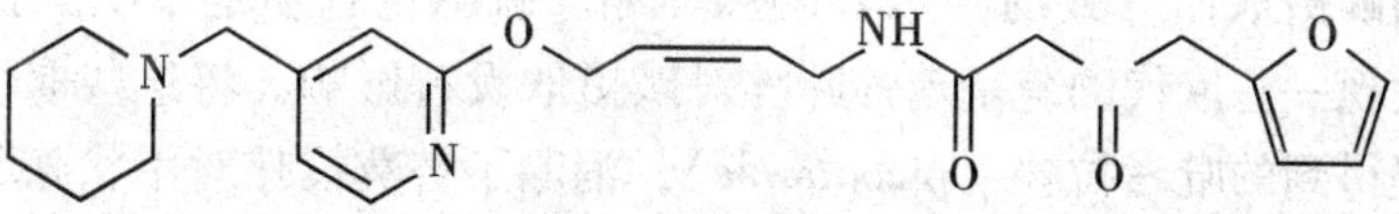

拉呋替丁

2000年国外上市的另一个代表药物拉呋替丁作为一种新型高效、长效的非竞争性组胺 H_2 受体拮抗剂，通过选择性阻断胃壁细胞膜上的组胺 H_2 受体和辣椒素敏感的传入神经元，减少多种刺激因子引起的胃酸分泌、增强胃黏膜增生及促进胃黏液分泌的作用，其持续抑制胃酸分泌和抗溃疡的活性为西咪替丁的4～10倍，可用于非甾体抗炎药引起的溃疡，具有持续的抗分泌作用及潜在的黏膜保护作用。

组胺 H_2 受体拮抗剂的发明是运用合理药物设计理论概念进行药物设计

的成功范例。然而，组胺 H_2 受体阻断药虽几经改进，但由于影响 H_2 受体的因素多、患者个体差异大等原因，易出现泌酸反跳现象及耐受性差等问题。

第二节 "拉唑"类抗溃疡药的发现与新药研发

PPIs 是消化系统药物中一类临床应用广泛的药物，抑酸作用强、特异性高、作用时间长，用于治疗胃酸相关疾病的疗效较好，作用于胃酸分泌的最后一步，能够完全阻断任何刺激引发的胃酸分泌，得到了广泛的研究和应用。PPIs 是一种 H^+/K^+ – ATP 酶抑制剂，其通过抑制胃酸分泌来治疗各种因胃酸分泌过多而导致的相关疾病，具有不可替代的作用，如胃溃疡、十二指肠溃疡、反流性食管炎、上消化道出血等消化性溃疡疾病。奥美拉唑作为第一代 PPI，其研发的成功开辟了一个治疗消化性溃疡疾病药物的研发新领域。PPIs 的研发始于 20 世纪 60 年代初，AstraZeneca 公司启动一项研究项目，尝试以利多卡因等麻醉剂的类似合成物为基础合成化合物抑制胃酸分泌。在 1970 年合成了一种可以抑制大鼠胃酸水平的化合物 H 81/75，但该化合物仅对大鼠有效而对人体无效。1972 年科学家通过文献检索发现抗分泌分子 CMN 131，但其由于具有硫代酰胺基团而表现出严重的急性毒性。1973 年，科学家们发现了第一个无急性毒性的 hit 分子，即奥美拉唑的前体化合物——H 124/26（苯并咪唑，benzimidazole），进而又发现其代谢物 H 83/69（替莫拉唑，timoprazole），并将替莫拉唑作为先导化合物进行下一步研究开发。然而经长期毒理学研究发现替莫拉唑会导致甲状腺肿（后来证明是替莫拉唑抑制碘摄取而导致的）以及胸腺萎缩。硫脲化合物是甲状腺摄碘抑制剂，且发现一些取代的巯基苯并咪唑对碘摄取没有影响，将这些取代基引入替莫拉唑得到的吡考拉唑（picoprazole），消除了替莫拉唑对甲状腺和胸腺的毒性作用但不会降低抑制胃酸分泌作用。由于弱碱会在靠近质子泵的胃壁细胞酸性区中积累，因此将取代基添加到吡啶环上以获得更高的 pKa 值，从而使药物分子在胃壁细胞内的积累最大化，最终优化得到比替莫拉唑高一个 pKa 单位，膜穿透力、在酸性部位的聚集能力更强的奥美拉唑（omeprazole），于 1988 年在欧洲上市，并在 20 世纪 90 年代逐步在世界各国上市。

后续临床研究中发现奥美拉唑在抑制胃酸分泌方面的效果在不同患者之间表现出显著的个体差异，特别是在代谢速率较慢和较快的患者群体中尤为显著，导致许多患者需要使用较大剂量的奥美拉唑才能达到缓解症状和治疗疾病的目的。为了提高奥美拉唑的疗效、降低药物使用剂量，研究人员们致力于寻找可降低肝脏代谢清除并提高药物生物利用度的化合物。经过对数百种化合物的筛选，最终通过一种不对称氧化反应合成了奥美拉唑的光学异构体（S型异构体）——埃索美拉唑（esomeprazole）。埃索美拉唑在药物疗效和药物代谢稳定性上超越了奥美拉唑本身，是目前效能最强的 PPI，于 2000 年上市。

PPIs 的临床应用非常广泛，除了用于治疗上消化道溃疡外，还可用于应激性溃疡、与某些抗菌药物合用进行幽门螺旋杆菌的根除治疗等。然而随着 PPIs 在临床中的广泛应用，研究人员也发现了其诸多局限性，如长期使用可能导致停药反跳现象，即停用抑酸药物后胃酸分泌增加超过治疗前水平。此外，PPIs 作为前药，对酸敏感，其活性在酸性条件下才能被激活，因此通常需要制备为肠溶制剂并在餐前 30～60 分钟服用才可发挥最大抑酸作用，依从性较低。PPIs 通常吸收分布较慢，需连续给药 3～5 天才可达到最佳抑酸效果。受不同个体间基因多态性影响，经细胞色素 P450 的同工酶 CYP2C19 酶代谢可能会影响抑酸效果，与其他经 CYP2C19 代谢的药物或者酶诱导剂、酶抑制剂或底物合用也可能会产生相互作用。PPIs 半衰期较短，抑酸作用持续不持久，某些患者可能会出现夜间胃内 pH 小于 4 的时间持续超过 60 分钟，并伴有烧灼感、反酸等症状出现的情况，即夜间酸突破（nocturnal acid breakthrough，NAB）现象。为了突破这些局限，科学家们研发出了新型抑酸药物——钾离子竞争性酸阻滞剂（potassium-competitive acid blockers，P-CABs），P-CABs 通过与 H^+/K^+ – ATP 酶在其钾离子结合位点或该点位附近可逆结合，抑制其构象转变，从而限制氢离子和钾离子间的交换，使氢离子无法进入壁细胞的分泌小管，以钾离子竞争性的方式抑制胃酸分泌。

P-CABs 的研发起始于 20 世纪 80 年代。美国 Schering-Plough 公司在 1982 年发明了一种可作用于胃壁细胞的 H^+/K^+ – ATP 酶，竞争性地抑制钾离子结合抑制动物和人类的胃酸分泌的咪唑吡啶化合物——SCH28080，但若反复给药存在一定的肝毒性。随之又陆续研发出了一系列 SCH28080 衍生物，包括咪唑吡啶衍生物 [如利那拉生（linaprazan）]、咪唑萘啶衍生物 [如索拉普拉生（soraprazan）]、咪唑噻吩啶衍生物（如 SPI-447）、喹诺酮类衍生物（如 SK&F96067 和 SK&F97574）、嘧啶衍生物 [如瑞伐拉赞（revaprazan）] 和吡咯衍生物 [如伏诺拉生（vonoprazan）] 等。

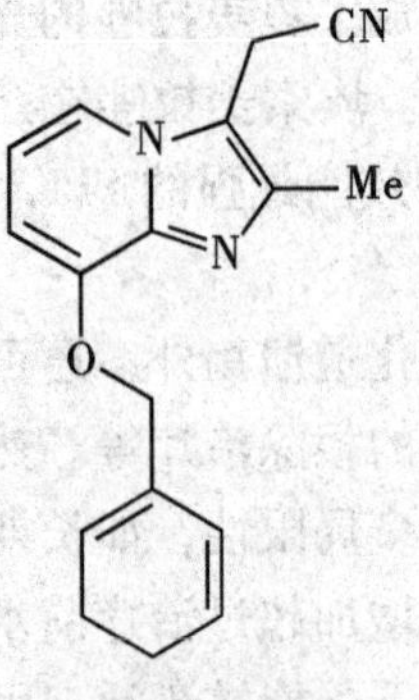

SCH28080
(Schering-Plough)

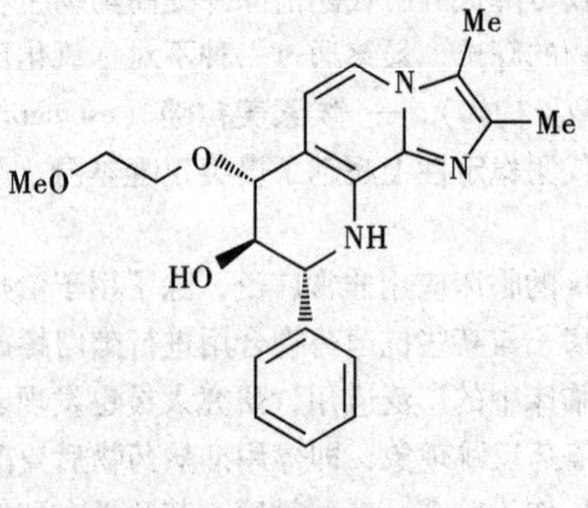

soraprazan
(Nycomed)

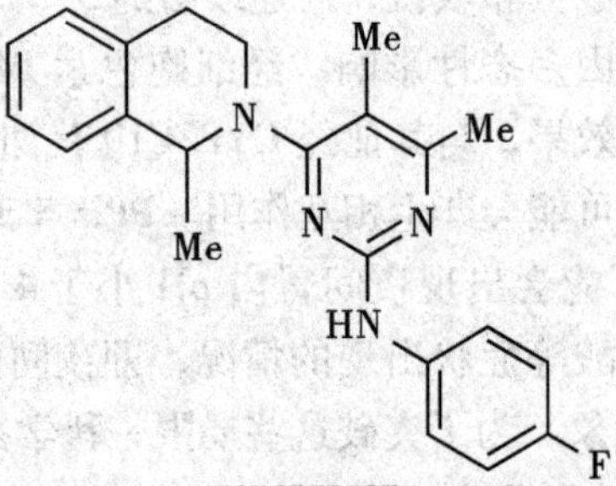

revaprazan
(Yuhan)

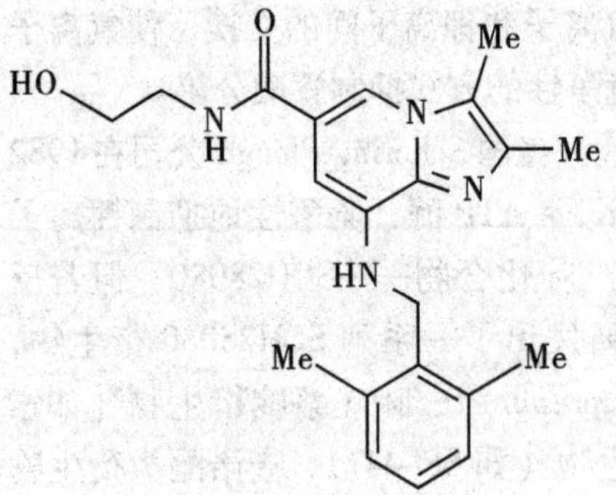

Linaprazan
(AstraZeneca)

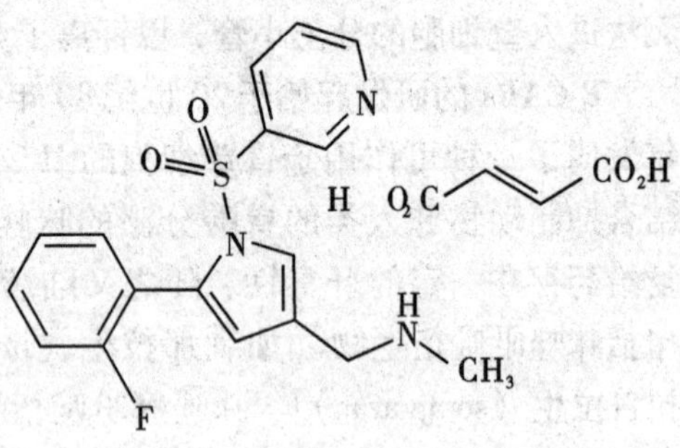

Vonoprazan
(Takeda)

首个 P-CAB 药物瑞伐拉赞于 2007 年在韩国上市，虽然它对胃黏膜的保护作用和安全性较好，但因疗效相较于 PPIs 并无明显优势，未获得临床广泛认可。由 Takeda 和 Otsuka 两家日本制药公司联合研发的一种 P-CAB——伏诺拉生，于 2014 年在日本获批上市，并于 2019 年获得我国国家药监局批准上市，用于治疗包括幽门螺杆菌感染、胃食管反流、十二指肠溃疡、胃溃疡以及食管炎等在内的一系列酸相关疾病，具备持久抑酸、首剂全效及药物相互作用引发的不良反应发生率低等优点。伏诺拉生的分子结构设计使其在酸性环境中稳定，并能迅速在胃壁细胞的分泌小管中聚集，实现强效且持久的抑酸效果，空腹时可被迅速吸收，进食后 1 小时内达到最高浓度（C_{max}）。然而，作为新型药物，伏诺拉生也存在一些局限性，其可能会影响营养吸收并减少酸屏障，这可能导致肠道感染风险和肠道微生物组的变化。目前 P-CABs 除了伏诺拉生外，还有替戈拉生（tegoprazan），是继伏诺拉生后研究最为广泛的 P-CAB，也是我国自主研发的首款 P-CAB，临床试验中 30 分钟迅速起效，而其他抑酸药物一般都需要 1.5～4 小时才能起效，不受进食时间和代谢基因型影响。非苏拉生（fexuprazan）于 2022 年 7 月 28 日在韩国上市，目前在我国正进行Ⅲ期临床试验。凯普拉生（keverprazan）于 2023 年 2 月在中国上市，是我国第二款自主研发的 P-CAB。目前许多研究已证明 P-CABs 治疗酸相关性疾病（acid-related disorders，ARD）不逊色于甚至优于质子泵抑制剂（PPIs）。因此，P-CABs 逐渐成为使用 PPIs 治疗效果不佳或无效的 ARD 患者的新选择。

《2020 年中国胃食管反流病专家共识》已推荐 PPIs 或 P-CABs 作为治疗胃食管反流病的首选药物，日本胃肠病学会的《消化性溃疡病的循证临床实践指南 2020》也建议将 P-CABs 和 PPIs 作为治疗胃溃疡和十二指肠溃疡的临床一线药物。P-CABs 类药物是近期研究的热点，但目前国内获批的适应证不多，因此其安全性和有效性尚需更多样本量更大、观察时间更长的临床试验研究来验证。

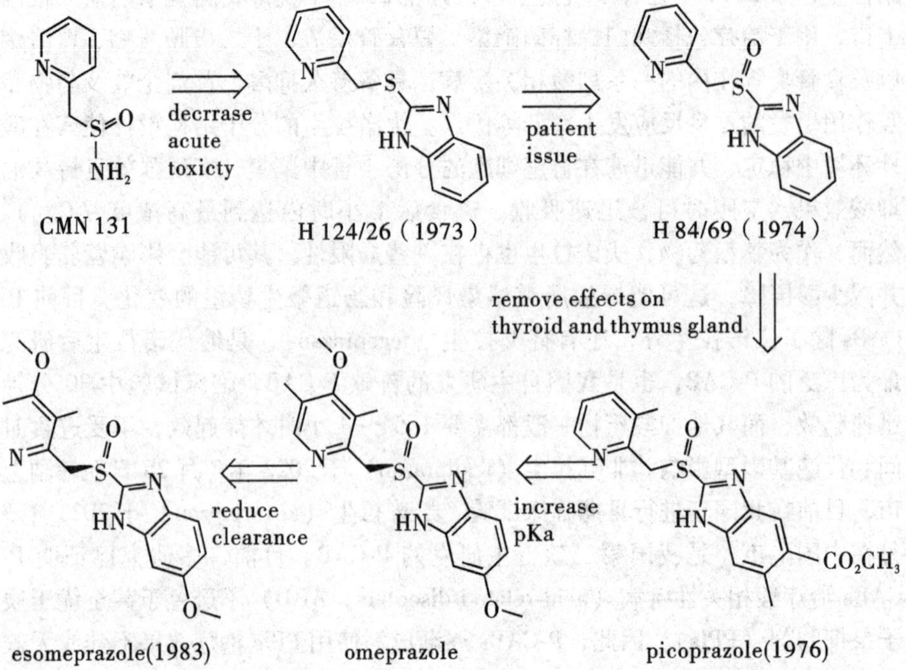

CMN 131 ⟹ (decrrase acute toxicty) H 124/26（1973） ⟹ (patient issue) H 84/69（1974）

⟹ remove effects on thyroid and thymus gland

esomeprazole(1983) ⟸ (reduce clearance) omeprazole ⟸ (increase pKa) picoprazole(1976)

参考文献

[1] 沈鸣. 消化性溃疡发病机制、诊断、治疗进展 [J]. 中华实用儿科临床杂志, 2006, 21 (19)：1357 - 1360.

[2] 冯俊礼, 师军峰, 李东芳, 等. 消化性溃疡治疗药物新剂型及其临床研究进展 [J]. 现代消化及介入诊疗, 2022, 27 (1)：114 - 117.

[3] 高万欣. 药物治疗消化性溃疡新进展 [J]. 临床合理用药, 2023, 16 (23)：167 - 171.

[4] 王莉, 王娟. 临床常用胃溃疡药物研究现状及进展 [J]. 临床合理用药杂志, 2011, 4 (14)：178 - 180.

[5] Hirakawa N, MATSUMOTO H, HOSODA A, et al. A novel histamine 2 (H2) receptor antagonist with gastroprotective activity. ii. synthesis and pharmacological evaluation of 2-furfuryl-thio and 2-furfurylsulfinyl acetamide derivatives with heteroaromatic rings [J]. Chemical and Pharmaceutical Bulletin, 1998, 46 (4)：616 - 622.

[6] 刘昊. 正加速度适应性训练对大鼠胃黏膜的保护作用及机制研究 [D].

安徽：安徽医科大学, 2018.

[7] ROBERT A, NEZAMIS J E, LANCASTER C, et al. Mild irritants prevent gastric necrosis through "adaptive cytoprotection" mediated by prostaglandins [J]. American Journal of Physiology Gastrointestinal and Liver Physiology, 1983, 245 (1): 113-121.

[8] 汤光, 李大魁. 现代临床药物学 [M]. 北京: 化学工业出版社, 2008: 519

[9] 刘永贵, 于鹏, 徐颂, 等. 抗组胺药研究进展 [J]. 现代药物与临床, 2010, 25 (1): 19-22.

[10] 焦圆凤, 陈若凡, 李兴华, 等. 胃黏膜损伤机制及治疗进展 [J]. 临床医学研究与实践, 2023, 8 (23): 195-198.

[11] 李爽, 苏光辉, 荆重阳. 组胺 H2 受体拮抗剂的研究进展 [J]. 实用药物与临床, 2005, (S1): 41-42.

[12] 王耀振, 徐灿, 吕顺莉, 等. 钾离子竞争性酸阻滞剂的药学特征研究进展 [J]. 药学实践与服务, 2024, 42 (7): 278-284.

[13] DANIEL S, FRANK Z. Diagnosis and management of patients with reflux symptoms refractory to proton pump inhibitors [J]. Gut, 2012, 61 (9): 1340-1354.

[14] INATOMI N, MATSUKAWA J, SAKURAI Y, et al. Potassium-competitive acid blockers: Advanced therapeutic option for acid-related diseases [J]. Pharmacology and Therapeutics, 2016, 168: 12-22.

[15] JOHN P G. Role of potassium in acid secretion [J]. World Journal of Gastroenterology, 2005, 11 (34): 5259-5265.

[16] 张敏敏. 消化性溃疡诊断与治疗共识意见（2022 年, 上海）[J]. 胃肠病学, 2023, 28 (4): 208-225.

[17] 汪忠镐, 吴继敏, 等. 中国胃食管反流病多学科诊疗共识 [J]. 中国医学前沿杂志（电子版）, 2019, 11 (9): 30-56.

[18] KAMADA T, SATOH K, ITOH T, et al. Evidence-based clinical practice guidelines for peptic ulcer disease 2020 [J]. Journal of Gastroenterolo, 2021, 56: 303-322.

[19] LIU J, TANG H, XU C, et al. Biased signaling due to oligomerization of the G protein-coupled platelet-activating factor receptor [J]. Nature

Communications, 2022, 13 (1): 6365 – 6365.

[20] KELLEY M T, BURCKSTUMMER T, WENZEL-SEIFERT K, et al. Distinct interaction of human and guinea pig histamine H2-receptor with guanidine-type agonists [J]. Molerular Pharmacology, 2001, 60 (6): 1210 – 1225.

[21] GANTZ I, SCHÄFFER M, DELVALLE J, et al. Molecular cloning of a gene encoding the histamine H2 receptor [J]. Proceedings of the National Academy of Sciences of the United Stales of America, 1991, 88 (2): 429 – 433.

[22] SMIT M J, ROOVERS E, TIMMERMAN H, et al. Two distinct pathways for histamine H2 receptor down-regulation. H2 LEU124 → Ala receptor mutant provides evidence for a cAMP-independent action of H2 agonists [J]. Journal of Biological Chemistry, 1996, 271 (13): 7574 – 7582.

[23] FUKUSHIMA Y, ASANO T, SAITOH T, et al. Oligomer formation of histamine H2 receptors expressed in SF9 and COS7 cells [J]. FEBS Letters, 1997, 409 (2): 283 – 286.

[24] HIRAKAWA N, MATSUMOTO H, HOSODA A, et al. A novel histamine 2 (H2) receptor antagonist with gastroprotective activity. Ⅱ. Synthesis and pharmacological evaluation of 2-furfuryl-thio and 2-furfurylsulfinyl acetamide derivatives with heteroaromatic rings [J]. Cheminform, 1998, 29 (44): 616.

[25] ZHU X, QI X, WU Z, et al. Preparation of multiple-unit floating-bioadhesive cooperative minitablets for improving the oral bioavailability of famotidine in rats [J]. Drug Delivery, 2014, 21 (6): 459 – 466.

[26] YUSIF M R, HASHIM A I I, MOHAMED A E, et al. Investigation and evaluation of an in situ interpolymer complex of carbopol with polyvinylpyrrolidone as a matrix for gastroretentive tablets of ranitidine hydrochloride [J]. Chemical and Pharmaceutical Bulletin, 2016, 64 (1): 42 – 51.

[27] ALY A A, IBRAHIM E, AHMED E H. Design and development of novel lipid based gastroretentive delivery system: Response surface analysis, in-vivo imaging and pharmacokinetic study [J]. Drug Delivery, 2015, 22

(1): 37-49.

[28] BASHA M, SALAMA A, NOSHI S H. Soluplus? Based solid dispersion as fast disintegrating tablets: A combined experimental approach for enhancing the dissolution and antiulcer efficacy of famotidine [J]. Drug Development and Industrial Pharmacy, 2020, 46 (2): 253-263.

[29] NITIN S R, JAGTAP V, AJAYGIRI G K. Formulation and development of famotidine solid dispersion tablets for their solubility enhancement [J]. Indian Journal of Pharmaceutical Education and Research, 2019, 53 (4): 548-553.

[30] LATHA MS, BABU R J. Design, statistical optimization of Nizatidine floating tablets using natural polymer [J]. Future Journal of Pharmaceutical Sciences, 2021, 7 (1): 2.

[31] RAGHAVENDRA RAO N G, BISHT A. Formulation and evaluation of lafutidine gas powered system for controlled release [J]. International Journal of Pharmaceutics, 2021, 66 (1): 119-125.

[32] FULE R, AMIN P. Development and evaluation of lafutidine solid dispersion via hot melt extrusion: Investigating drug-polymer miscibility with advanced characterisation [J]. Asian Journal of Pharmaceutical Sciences, 2014, 9 (2): 92-106.

[33] SAADY M, SHOMAN A N, TEAIMA M, et al. Fabrication of gastro-floating sustained-release etoricoxib and famotidine tablets: Design, optimization, in-vitro, and in-vivo evaluation [J]. Pharmaceutical Development and Technology, 2024, 29 (5): 429-444.

[34] TUFAIL M, SHAH K U, KHAN I U, et al. Controlled release bilayer floating effervescent and noneffervescent tablets containing levofloxacin and famotidine [J]. International Journa of Polymer Science, 2024, 2024 (1): 1243321.

[35] ZEWAIL M B, EL-GIZAWY S A, ASAAD G F, et al. Development of famotidine-loaded lecithin-chitosan nanoparticles for prolonged and efficient anti-gastric ulcer activity [J]. Journal of Drug Delivery Science and Technology, 2024, 91: 105196.

[36] RANA H, MISTRY J, THAKKAR V, et al. Intelligent industry-oriented

oro-solid formulation of famotidine: Advanced statistical optimization and Ex-Vivo characterization [J]. Results in Chemistry, 2024, 10: 101753.

[37] HOGAN II R B, HOGAN III R B, CANNON T, et al. Dual-histamine receptor blockade with cetirizine-famotidine reduces pulmonary symptoms in COVID-19 patients [J]. Pulmonary Pharmacology and Therapeutics, 2020, 63: 101942.

[38] JANOWITZ T, GABLENZ E, PATTINSON D, et al. Famotidine use and quantitative symptom tracking for COVID-19 in non-hospitalised patients: A case series [J]. Gut, 2020, 69 (9): 1592 – 1597.

[39] AL MOSAWI A. Famotidine research Progress [J]. Journal of biomedical Research and Environmental Sciences, 2021, 2 (1): 21 – 23.

[40] MALONE R W, TISDALL P, FREMONT-SMITH P, et al. COVID-19: Famotidine, histamine, mast cells, and mechanisms [J]. Frontiers in Pharmacology, 2021: 12.

[41] YANG H, GEORGE S J, THOMPSON D A, et al. Famotidine activates the vagus nerve inflammatory reflex to attenuate cytokine storm [J]. Molecular Medicine, 2022, 28 (1): 57.

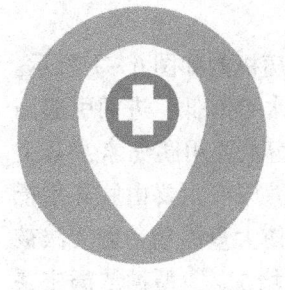

第六章 | 降血糖先导化合物的发现与新药研发

糖尿病（diabetes mellitus，DM）是一种糖、蛋白和脂肪代谢障碍性疾病，主要表现为高血糖及尿糖。长时期的慢性高血糖可导致多重器官的损伤甚至功能丧失，如神经、血管、眼、肾、心脏等；糖尿病重症患者如不能得到有效救治会有严重后果，如失明、截肢、肾衰竭、心脑血管病变、酮症酸中毒性猝死等。全世界每年约160万人直接死于糖尿病，糖尿病医疗支出到2025年预计约达4900亿美元。糖尿病既是危险的健康威胁，也是巨大的经济负担。

糖尿病主要分为1型糖尿病和2型糖尿病，其发病机制如图6-1所示。1型糖尿病是由于胰岛β细胞受损，引起胰岛素分泌水平降低，进而引起高血糖、β-酮症酸中毒及代谢紊乱等症状。1型糖尿病主要用胰岛素及其类似物进行治疗，以补充自身分泌不足的胰岛素。2型糖尿病主要由胰岛素抵抗而引起，即细胞无法对胰岛素做出正常的响应，致使大量的葡萄糖无法被细胞吸收利用而进入血液中，导致血液中葡萄糖浓度增加。2型糖尿病主要用口服降糖药加以改善，以促使胰岛β细胞分泌更多的胰岛素或改善靶细胞对胰岛素的敏感性。根据口服降糖药的作用机制，可分为胰岛素分泌促进剂、胰岛素增敏剂、α-葡萄糖苷酶抑制剂、二肽基肽酶Ⅳ（DPP-Ⅳ）抑制剂及钠-葡萄糖协同转运蛋白2（SGLT-2）抑制剂等。本章将对代表性药物的先导物发现及新药研发进行阐述。

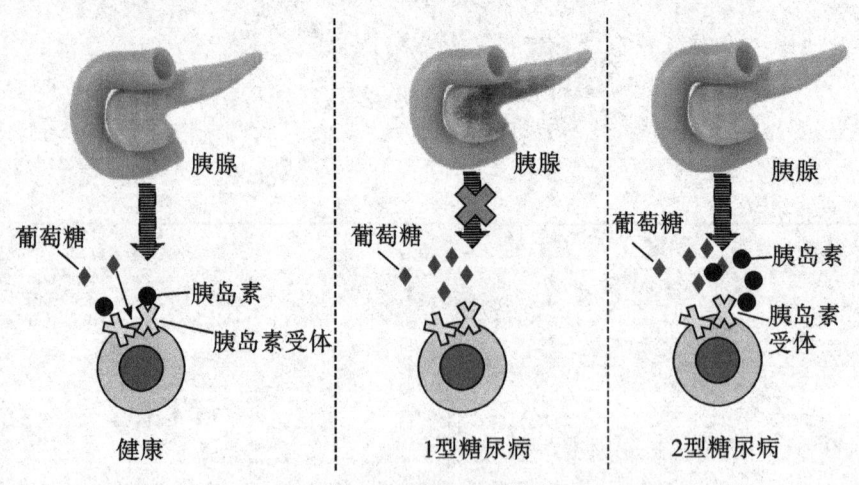

图6-1　1型糖尿病和2型糖尿病发病机制

第六章 降血糖先导化合物的发现与新药研发

第一节 胰岛素的发现与新药研发

胰岛素是胰腺-细胞分泌的一种蛋白激素，受内源或外源性物质如葡萄糖、乳糖、核糖、精氨酸、胰高血糖素等的刺激而产生，在体内起调节血糖、脂肪及蛋白质代谢的作用，是治疗糖尿病的有效药物。胰岛素的化学结构由16种51个氨基酸组成，分为A、B两个肽链。A链有21个氨基酸，B链有30个氨基酸，共有3个二硫键。其中A7（Cys，半胱氨酸）—B7（Cys）、A20（Cys）—B19（Cys）四个半胱氨酸中的巯基形成2个二硫键，使A、B两链连接起来。A链中A6（Cys）与A11（Cys）之间也存在1个二硫键。人胰岛素的一级结构见图6-2。

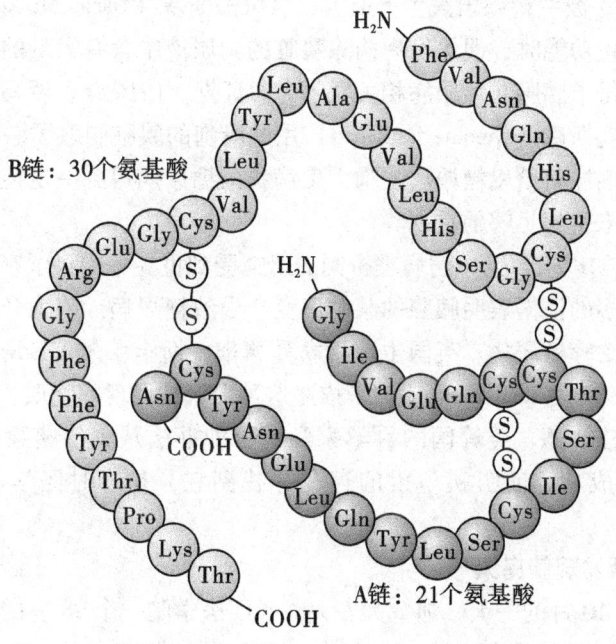

图6-2 人胰岛素的一级结构

一、胰岛素先导物的发现

1. 糖尿病的早期研究背景

英文中用diabetes描述糖尿病最早可追溯到公元前250年，意思是病人被未知的力量吸走太多的水分和体液。自此近两千年时间，大量病例显示该病症状为口渴、嗜水、嗜食、消瘦等,但对该病病因没有进一步认识,对该病治疗也无有效办法。

1670年,英国医生托马斯·威利斯(Thomas Willis)首次注意到该病患者的尿液有甜味,于是在diabetes后面加上mellitus,从此糖尿病开始被称为"diabetes mellitus"。1776年,英国医生马修·道博森(Matthew Dobson)证实糖尿病患者的尿液和血液之所以有甜味是因为含有较高浓度的糖。1797年,苏格兰医生约翰·罗拉(John Rollo)首次用高蛋白、高脂肪、低碳水化合物饮食使糖尿病患者的病情得到控制。1815年,法国化学家迈克尔·尤金·沙威鲁尔(Michel Eugene Chevreul)首次证实糖尿病患者尿液中的糖类物质是葡萄糖,自此将尿液中是否含有葡萄糖作为糖尿病的诊断标准。1869年,德国柏林病理研究所的博士研究生保罗·朗格汉斯(Paul Langerhans)首次发现胰岛及胰岛细胞,为揭示糖尿病的本质奠定了生理学和组织学基础。1889年,波兰籍德国医生奥斯卡·名可夫斯基(Oscar Minkowski)在研究胰腺的消化功能时,偶然发现摘除胰脏的狗尿液中含有大量的葡萄糖,人类第一次获得了胰腺和糖尿病相关联的有力证据。1916年,罗马尼亚教授尼古拉·帕乌勒斯库(Nicolae Paulescu)用健康狗的胰脏制取了一种水溶性制剂,将此制剂注射给患糖尿病的狗,患病狗的糖尿病得到一定控制,但遗憾的是在当时未引起足够的重视。

20世纪初以来,糖尿病病理机制的研究受到世界各国科学家的关注和重视。越来越多的证据表明胰腺的某种病变会导致糖尿病,胰腺合成分泌的某种物质可能治疗糖尿病。英国生理学家爱德华·斯卡佛尔(Edward Schafer)首次使用胰岛素(insuline)一词来描述这种尚未被发现的物质。1919—1920年间,英、法、德、美等国的科学家尝试各种办法从狗的胰腺中提取胰岛素,但均未成功。证明胰岛素的存在并找到它,是当时医学领域的紧迫课题。

2. 班廷发现胰岛素

1920年10月的一天,加拿大安大略省西医学院一个28岁的生理学兼成形外科青年教师弗雷德里克·格兰特·班廷(Frederick Grant Banting)读到一篇病理学家的论文:"胆石形成中,如果阻塞了胰腺通向十二指肠的导管,就有可能引起胰腺萎缩。作者在动物实验中,观察到结扎胰腺导管也能引起胰腺萎缩"。班廷在文献的启发下悟出了一些道理:能否将狗的胰脏导管扎住,使胰脏退化,这样可以使胰岛细胞不受消化液的影响,从而提取仍然健康的胰岛细胞,来使已经全部切除了胰脏而得糖尿病后行将死亡的狗活下去呢?他立即在笔记本上记下了:"结扎狗胰岛管;6~8周待其退化;将剩余部分取出进行提取。"随后,班廷找到多伦多大学生理系的麦克劳德教授,以寻求这位有名的糖代谢专家的支持。经过多次努力,麦克劳德教授终于允许他来自己的实验室工作,并为班廷提供了10条狗,还找了一个名叫贝斯特的学生协助班廷的实验。实验过程如图6-3所示,他们先将健康狗的胰导管结扎,待7周后,这些狗的胰腺萎缩,并且失去消化器官的功能,然而胰岛在外观上仍是完好的,摘取胰腺并进行研磨,从中分离得到胰岛提取物。将另一组健康狗的胰腺摘除使其患上糖尿病。班廷又将糖尿病狗分为两组,第一组注射胰腺提取物,糖尿病狗的血糖浓度明显降低,其症状也很快得到缓解;而第二组没有注射胰腺提取物,糖尿病狗的病情逐渐加重并最终死亡。

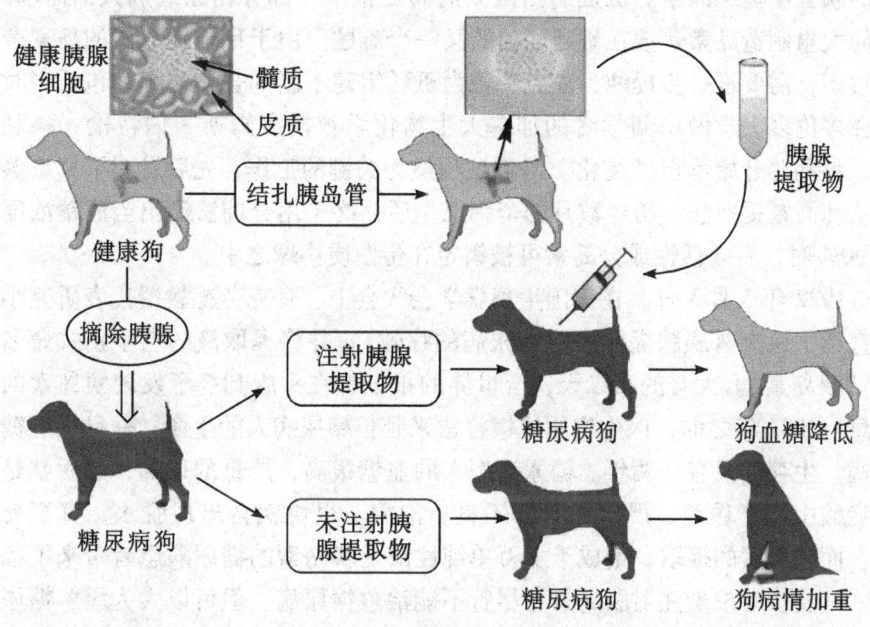

图6-3　班廷发现胰岛素的实验过程

经过反复实验,班廷和贝斯特终于发现胰岛提取物具有维持糖尿病狗生命的作用,并给它取名为"岛素"。然而,为了维持1条糖尿病狗的性命,却用了5条狗的胰脏,这意味着杀死5条狗使1条狗活命。接下来要解决的问题是,怎样才能得到更多的岛素而又不需要杀死狗呢?班廷想到了屠宰场,他和贝斯特从屠宰场带回了9只牛的胰脏。酸化酒精能抑制对岛素有破坏作用的消化液,因此用酸化酒精来处理牛的胰脏可以提取出所需的岛素。将所得岛素注射给患糖尿病狗后,狗的高血糖直线下降。

但这种岛素能否用在人身上呢?两人不约而同而又相互保密在自己身上

做了人体实验，证实了这种能够救活狗的岛素对健康人体是安全的。接下来的工作要验证这种从牛胰脏中提取的岛素可否用于糖尿病人身上。当时，14岁的糖尿病男孩兰纳德·汤姆森正在接受饥饿疗法，体重已不足30 kg，估计几个星期后就会死去。1922年1月11日，多伦多大学的医生把牛岛素注射到该男孩体内，半小时后，男孩的血糖值就下降了25%，12天后，血糖指标下降了75%，尿糖近乎完全消失，精神、体力明显恢复。之后，医生们又在几个成年糖尿病患者身上进行了临床试验，也获得了惊人的效果。至此，班廷团队从动物胰脏提取的岛素对糖尿病患者的疗效已经确证无疑。

当时获得岛素的方法就是从屠宰场拿到冷冻的牛和猪的胰脏，再从磨成粉的胰脏中提纯岛素。班廷的团队只能满足很少一部分糖尿病病人的需求。如何大量制造岛素是摆在班廷面前的又一个难题。由于班廷提取出的岛素杂质过多，需要进一步提纯，麦克劳德为班廷组建了新的合作小组，包括当时正在多伦多大学做访问学者的加拿大生物化学教授詹姆斯·伯特伦·科利普。科利普开始承担"纯化"岛素这项最为关键的工作，先后发明了真空蒸馏法和酒精提取法，历经数月的辛勤工作后，终于用分馏法测出当酒精浓度为90%时，有效活性成分岛素可被锁定在蛋白质小球之中。

1922年5月3日，在美国生理学学会大会上，麦克劳德教授代表研究小组宣读了论文《胰腺提取液对糖尿病的疗效》，并将提取液的名字正式命名为"胰岛素"。大会的第二天，全世界的报纸都在头版刊登了发现胰岛素的消息。1922年之前，医生们用饥饿疗法来延长糖尿病人的生命。一旦患上糖尿病，生存期只有一两年。糖尿病病人的血糖很高，严重的口渴，然后就是酮症酸中毒、昏迷、严重的营养不良、消瘦，很快就会出现脱水，直至死亡。而胰岛素的提取，给成千上万单纯性缺乏胰岛素的糖尿病患者带来了福音，只要按时按量注射胰岛素，尽管不能治愈糖尿病，但可以大为缓解糖尿病的症状，不仅能延长患者生命，而且能极大提高生活质量。此后，糖尿病成为一种依靠药物可以控制的慢性病。1923年10月，诺贝尔奖委员会将诺贝尔生理学或医学奖颁给了班廷和麦克劳德。

3. 胰岛素的结构确证

胰岛素的发现给单纯性缺乏胰岛素的病人带来了福音。那胰岛素的化学结构又是什么样呢？自从胰腺中提取的胰岛素得到结晶后，英国生物化学家弗雷德里克·桑格（Frederick Sanger）从1945年起，历经10年的研究，先将牛胰岛素拆分成两条链，然后用酸和蛋白水解酶分别进行部分水解得到一些小肽片段，再用2，4-二硝基苯分别测定了两条链的氨基酸序列，于1955年报道了胰岛素的一级结构。这一工作证实了蛋白质的确拥有稳定的氨基酸组成和排列顺序，此研究在生命科学中的重要性也使桑格荣获 1958 年诺贝尔化学奖。桑格对胰岛素结构的解析和确证为胰岛素的人工合成和规模化生产奠定了基础。中国是世界上第一个人工合成胰岛素的国家。1965 年，中国科学院上海生物化学研究所、中国科学院上海有机化学研究所和北京大学生物系的科学家历经 6 年多的艰苦工作，经历了多次失败后，终于在世界上第一次用人工方法合成出具有生物活性的蛋白质——结晶牛胰岛素。这次成功证明了蛋白质可以在实验室中合成，为后续的蛋白质工程奠定了基础，为生物制药提供了新的方向。

在桑格忙于给胰岛素测序的时候，一位女科学家雅娄和同事伯森发现长期注射动物胰岛素的病人血清中存在抗胰岛素的抗体，这些抗体的生成可导致恼人的过敏症状。虽然动物胰岛素和人胰岛素结构极其相似（表 6-1），但仍然可引起人体免疫系统的警觉。

表 6-1　人胰岛素和动物胰岛素分子的氨基酸差异

胰岛素来源	胰岛素 A 链		胰岛素 B 链
	第 8 位	第 10 位	第 30 位
人	苏氨酸（Thr）	异亮氨酸（Ile）	苏氨酸（Thr）
猪	苏氨酸（Thr）	异亮氨酸（Ile）	甘氨酸（Gly）
牛	甘氨酸（Gly）	缬氨酸（Val）	甘氨酸（Gly）

1923 年，美国礼来公司（Eli Lilly）成功上市世界首支动物胰岛素——因苏林，并在随后的 50 年间，挽救了超过 3000 万的糖尿病患者的生命。但因苏林在临床应用中存在诸多问题，如引发低血糖、胰岛素抵抗、过敏、胰岛素耐药及注射部位脂肪增生或萎缩等不良反应，促使科学家们寻求更安全、更有效的替代方案。科学家们致力于创造一种与人体内源性胰岛素结构完全相同的制剂，以期最大限度地减少不良反应，提高治疗效果。人胰岛素的研发不仅是对现有问题的回应，更代表了生物技术在医学领域的重大突破，为糖尿病患者带来了新的希望。

二、人胰岛素

人胰岛素的一级结构如图 6-4 所示，具有典型的蛋白质性质，酸碱两性，等电点在 pH 5.35～5.45，在微酸性环境中（pH 2.5～3.5）稳定。

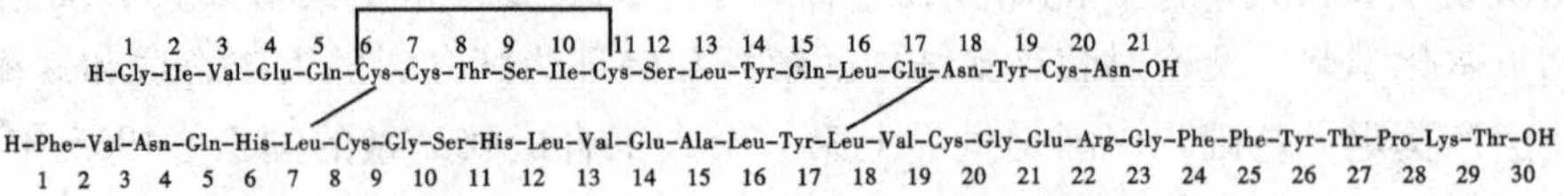

```
                       1  2   3   4   5   6   7   8   9  10  11 12  13  14  15  16  17  18  19  20  21
                       H-Gly-Ile-Val-Glu-Gln-Cys-Cys-Thr-Ser-Ile-Cys-Ser-Leu-Tyr-Gln-Leu-Glu-Asn-Tyr-Cys-Asn-OH

H-Phe-Val-Asn-Gln-His-Leu-Cys-Gly-Ser-His-Leu-Val-Glu-Ala-Leu-Tyr-Leu-Val-Cys-Gly-Glu-Arg-Gly-Phe-Phe-Tyr-Thr-Pro-Lys-Thr-OH
 1   2   3   4   5   6   7   8   9  10  11  12  13  14  15  16  17  18  19  20  21  22  23  24  25  26  27  28  29  30
```

图 6-4 人胰岛素的一级结构

人胰岛素最早由基因泰克公司（Genentech）和礼来制药公司合作研发。1978年，基因泰克公司成功在大肠杆菌中表达了人胰岛素基因，1982年10月29日，FDA批准了由基因泰克开发、礼来制药生产的Humulin上市，这是第一个获准上市的基因工程药物。

人胰岛素的制备主要通过基因重组技术实现。首先，从人体细胞中分离出编码胰岛素的基因序列，并将其插入适当的质粒载体中。然后将重组质粒转入宿主细胞（通常是大肠杆菌）。在合适的发酵培养条件下，转化的宿主细胞能够大量表达人胰岛素前体蛋白。经过细胞裂解、离心和层析等多步骤纯化，获得纯化的人胰岛素前体蛋白。然后再通过特定的酶切割和重折叠等步骤，将前体蛋白转化为成熟的人胰岛素分子。最后进行严格的质量检测，确保产品的纯度、活性和安全性，即可获得用于临床的重组人胰岛素制剂。由于其氨基酸排列顺序及生物活性同人体自身分泌的胰岛素完全相同，克服了动物胰岛素的多种不良反应，逐渐被广泛应用。

由于胰岛素是蛋白质类药物，可被胰岛素酶、胃蛋白酶、糜蛋白酶水解破坏，因此口服无效，只能皮下注射给药，一般每日3次，餐前15～30分钟注射；而该药品也需冷藏保存。因此患者用药依从性差，给工作生活带来诸多不便。此外，胰岛素分子在溶液中天然倾向于形成二聚体，在高浓度和某些条件下（如锌离子存在时）还会形成六聚体。二聚体和六聚体的形成会延迟胰岛素从注射部位的吸收，这种延迟吸收会影响胰岛素的起效时间和作用持续时间，使其难以精确模拟生理性胰岛素分泌模式。而聚合程度的不同可能导致不同批次或不同患者间胰岛素吸收和作用的可变性。

为了克服上述局限性，科学家们开始致力于研发结构上有所改进的人胰岛素类似物。希望通过调整胰岛素分子的氨基酸序列或化学结构，能够提供更快或更长效的胰岛素活性，从而更加接近生理性的胰岛素分泌模式。

三、人胰岛素类似物

人胰岛素类似物的成功研制不仅显著提高了糖尿病药物的疗效和安全性，也提升了患者的生活质量和依从性，标志着糖尿病治疗进入了一个新的时代，为广大患者带来了更多的治疗选择和更好的预后。例如，速效胰岛素类似物如赖脯（lispro）胰岛素和门冬（aspart）胰岛素，通过减少二聚体和六聚体的形成，实现了更迅速的血糖控制，而长效类似物如甘精（glargine）胰岛素和地特（detemir）胰岛素则提供了更稳定的基础血糖水平控制。

研究表明，改变或者去除胰岛素 B 链 C 末端 28 位（B28 位）脯氨酸对其生物活性影响较小，但可影响其二聚体的形成和解离。因此，现开发的多数胰岛素类似物均是在 B28 位氨基酸上置换或增加氨基酸残基，所得到的类似物比天然胰岛素更为速效或长效。主要的胰岛素类似物如图 6-5 所示。

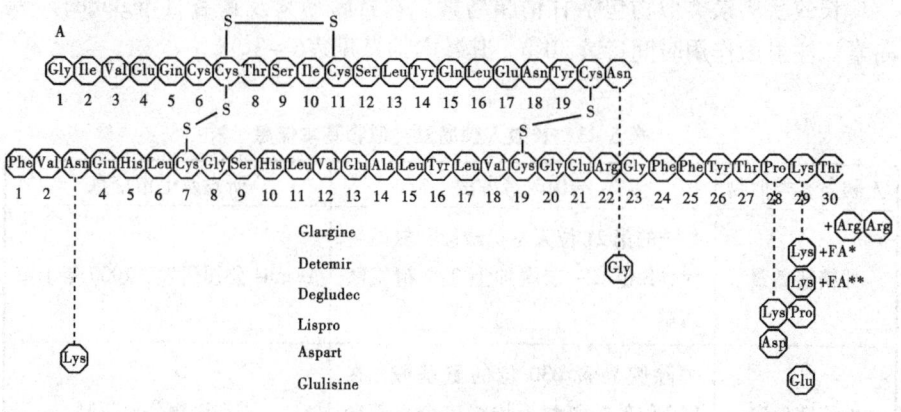

图 6-5 人胰岛素类似物结构

1. 速效（超短效）胰岛素

目前上市的主要有赖脯胰岛素、门冬胰岛素和赖谷（glulisine）胰岛素，皮下注射后起效时间 10 分钟，达峰时间 40 分钟，作用持续时间 3～5 小时。其基本信息见表 6-2。

表 6-2 速效人胰岛素类似物基本信息

人胰岛素类似物	结构改造方法	研发及上市信息
赖脯胰岛素	B 链上的第 28 位的脯氨酸和第 29 位的赖氨酸位置互换	Lilly 公司于 1996 年上市
门冬胰岛素	B28 位的脯氨酸被天冬氨酸所取代	诺和诺德公司于 1999 年上市
赖谷胰岛素	赖氨酸替代 B3 位的天冬酰胺，谷氨酸替代 B29 位赖氨酸	Aventis 公司研发

赖脯胰岛素（lispro）是用基因工程技术将人胰岛素 B28 位与 B29 位的氨基酸互换而得。互换改变了 B 链末端的空间结构，致使胰岛素在生理浓度下不易聚合。门冬胰岛素（aspartm）是用基因工程技术将人胰岛 B28 位的

脯氨酸替换为门冬氨酸，利用电荷的排斥作用来阻止胰岛素单体或二聚体的自我聚合，使分子间的聚合减少。赖谷胰岛素是用赖氨酸替代B3位天冬酰氨酸，谷氨酸替代B29位赖氨酸的一类新型快速作用的胰岛素类似物。

与普通人胰岛素相比，胰岛素类似物具备了吸收快，迅速形成高的胰岛素吸收峰（在15 min内起效，1～3 h达峰）等特点，更接近正常生理状态餐时胰岛素分泌状态。

2. **长效胰岛素**

长效胰岛素类似物包括甘精胰岛素、地特胰岛素及德谷（degludec）胰岛素。注射后作用时间持续30 h。其基本信息见表6-3。

表6-3 长效人胰岛素类似物基本信息

人胰岛素类似物	结构改造方法	研发及上市信息
甘精胰岛素	A链的第21位天冬氨酸被甘氨酸替代，B链C-末端加上2个精氨酸残基	Aventis公司研发，2000年上市
地特胰岛素	去除胰岛素B30位的氨基酸，在B29位的赖氨酸上增加一个豆蔻酸侧链	诺和诺德公司研制
德谷胰岛素	去除B30位的氨基酸，在B29位的赖氨酸上增加2个豆蔻酸	诺和诺德公司研制

甘精胰岛素是一种利用重组DNA技术生产的生物合成人胰岛素类似物。通过胰岛素分子内氨基酸的置换（A21位天门冬氨酸被甘氨酸替代）且在人胰岛素B链羧基末端增加了两个精氨酸，改变了等电点（pI 5.4～6.7），这使甘精胰岛素在酸性溶液（pH 4.0）中完全溶解，保持结构稳定；在中性溶液中溶解度很低，注射到皮下组织（pH 7.4）后可形成细小的胰岛素共沉淀物，可延长吸收及作用时间；Glargine的生物活性显著改善，并使其六聚体结构更稳定，可较慢持续地释放药物，不产生血浆峰浓度值，药物释放比传统胰岛素制剂更接近正常基础的人胰岛素，同时在夜间发生低血糖的概率较低。

地特胰岛素去除人胰岛素B30位的氨基酸，在B29位的赖氨酸上增加一个豆蔻酸侧链（含C14-脂肪酸链）。在有锌离子存在的药液中，胰岛素分子仍以六聚体形式存在，而C14-脂肪酸链的修饰，会使六聚体在皮下组织的扩散和吸收减慢。在单体状态下，含C14-脂肪酸链又会与白蛋白结合，进一步减慢吸收入血循环的速度。在血糖中98%～99%的地特胰岛素与白蛋白结合。因此，向靶组织的扩散也较未结合白蛋白的胰岛素要慢。

这些类似物通过精巧的分子设计和蛋白质工程技术，在保留人胰岛素基本结构和功能的同时，对其进行了微妙而关键的修改。这些修改旨在改善胰岛素的药代动力学特性，如吸收速度、作用持续时间和稳定性。研发过程中，科学家们致力于创造出能更好地模拟生理性胰岛素分泌模式的制剂，以实现更精确的血糖控制。这一努力不仅产生了速效和长效胰岛素类似物，还为患者提供了更灵活、更个性化的治疗选择。人胰岛素类似物的成功开发不仅提高了糖尿病治疗的效果和安全性，也显著改善了患者的生活质量，为未来更先进的糖尿病治疗方案铺平了道路。

四、小结

胰岛素治疗的百年发展历程是医学领域一个令人瞩目的成就。这段旅程始于1921年，加拿大科学家班廷成功从动物胰腺中提取胰岛素，为糖尿病患者带来了生命的希望。最初的动物胰岛素虽然挽救了无数生命，但存在纯度不高、易引起过敏反应等问题。20世纪70年代末，基因工程技术的突破使得人胰岛素的大规模生产成为可能。1982年，人重组胰岛素正式获批上市，标志着糖尿病治疗进入了一个新时代。人胰岛素解决了动物胰岛素的许多问题，但其药代动力学特性仍不能完全满足临床需求。为了进一步改善治疗效果，科学家们开始研发人胰岛素类似物。1996年，第一个胰岛素类似物——赖脯胰岛素问世，随后出现了一系列速效和长效胰岛素类似物。这些类似物通过精巧的分子设计，实现了更接近生理性胰岛素分泌模式的药代动力学特性，为患者提供了更精确、更灵活的血糖控制选择。胰岛素的发现是过去100年中最伟大的科学发现之一。胰岛素在继续改善糖尿病患者的生活质量、拯救生命。

随着生物技术和药物研发的不断进步，可以期待人胰岛素类似物在多个方面进一步优化和创新。首先，新一代人胰岛素类似物将能更加精准地模拟生理性胰岛素分泌模式，进一步减少低血糖风险，提高血糖控制的稳定性。其次，研究者们正在探索长效和超长效胰岛素类似物的开发，这将为患者减少注射频率，提供更便捷的治疗选择。科学家们还在结合胰岛素类似物与智能化设备，例如闭环胰岛素泵和连续血糖监测系统，以实现更加个性化和自动化的糖尿病管理。此外，口服胰岛素等非侵入性给药方式的研究也在不断推进，未来有望彻底改变糖尿病患者的治疗体验。

第二节 二肽基肽酶Ⅳ抑制剂先导化合物的发现与新药研发

二肽基肽酶Ⅳ是一种丝氨酸蛋白酶，在血浆和许多组织中广泛存在。它的天然底物是胰高血糖素样肽（GLP-1）和葡萄糖促胰岛素多肽（GIP）。GLP-1 由小肠黏膜 L 细胞分泌产生，经血液循环运输至胰腺细胞，可刺激胰岛素的分泌。GIP 也具有促胰岛素分泌的功能。DPP-Ⅳ酶与 GLP-1 和 GIP 接触后可使它们失去活性，从而降低胰岛素的分泌而使血糖升高。DPP-Ⅳ酶抑制剂可以阻止 GLP-1 及 GIP 与 DPP-Ⅳ酶的结合位点，从而阻止了 DPP-Ⅳ酶降解 GLP-1 和 GIP，进而提升胰岛素的分泌，可更好地控制血糖。该类药物的降血糖机制如图 6-6 所示。

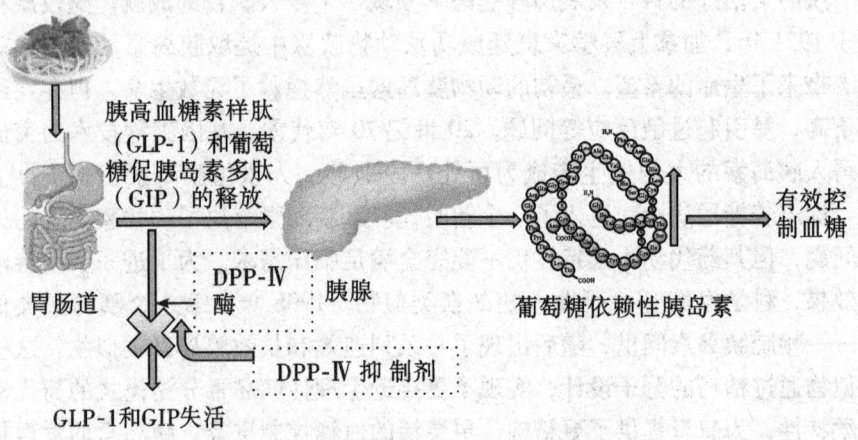

图 6-6 DPP-Ⅳ抑制剂的降血糖机制

DPP-Ⅳ的晶体结构于 2003 年被报道，结构如图 6-7 所示。DPP-Ⅳ（也称为 CD26）是一种重要的蛋白酶，在葡萄糖代谢、免疫调节和细胞黏附等过程中起关键作用。了解其晶体结构对于理解其功能和开发抑制剂药物至关重要。之后强效且选择性良好的 DPP-Ⅳ抑制剂不断涌现。DPP-Ⅳ抑制剂已成为当今糖尿病治疗新药开发的热点。此类药物多以列汀命名，因此也称为列汀类药物。现有 DPP-Ⅳ抑制剂按其结构特点，主要分为拟肽类 DPP-Ⅳ抑制剂（如 α-氨基酸类和 β-氨基酸类）和非肽类 DPP-Ⅳ抑制剂（如黄嘌呤类、氨甲基嘧啶类等）。

第六章 降血糖先导化合物的发现与新药研发

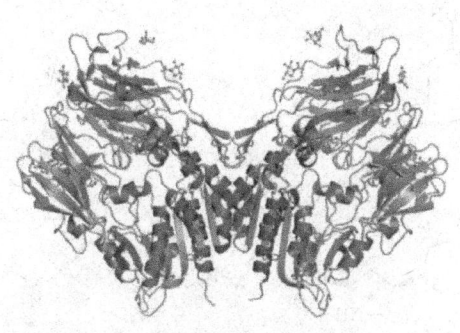

图6-7 人体二肽基肽酶-Ⅳ的晶体结构（PDB：2F9P）

拟肽类DPP-Ⅳ抑制剂的结构可分为P1杂环和P2氨基酰基两部分，P1杂环可与DPP-Ⅳ的S1疏水口袋相结合，P2氨基酰基与DPP-Ⅳ的S2口袋相结合。当$n=0$时，为α-氨基酰胺类；当$n=1$时，为β-氨基酰胺类。通式如图6-8所示。

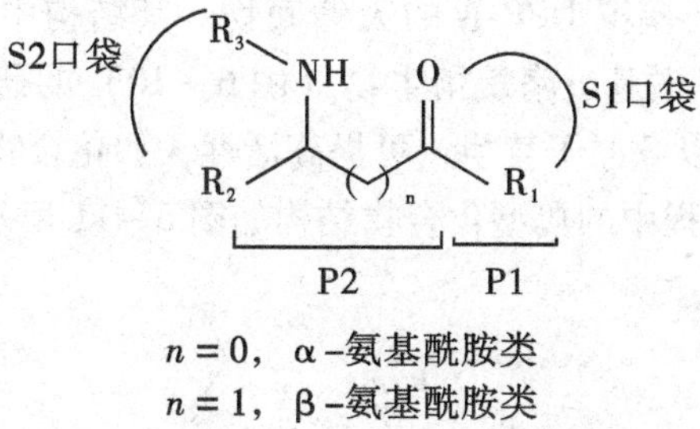

$n=0$，α-氨基酰胺类
$n=1$，β-氨基酰胺类

图6-8 拟肽类DPP-Ⅳ抑制剂的结构通式

下面将对代表性的列汀类药物的研发过程分类进行阐述。

一、α-氨基酰胺类DPP-Ⅳ抑制剂药物发现与研发

目前，国内外已上市的该类药物有维格列汀（vildagliptin）、沙格列汀（saxagliptin）、替格列汀（trelagliptin）和安奈格列汀（anagliptin），其结构如图6-9所示。下面介绍代表性药物维格列汀和沙格列汀的发现过程。

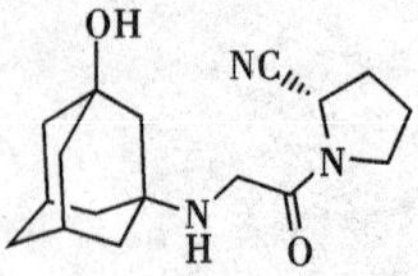

维格列汀

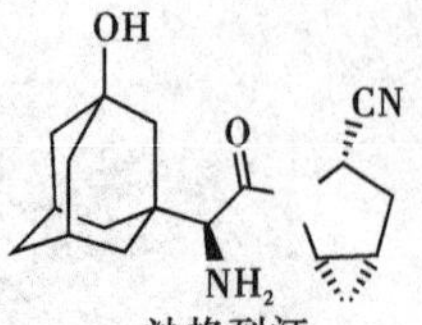

沙格列汀

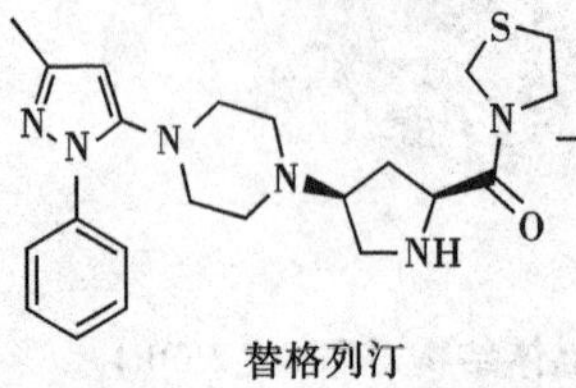

替格列汀

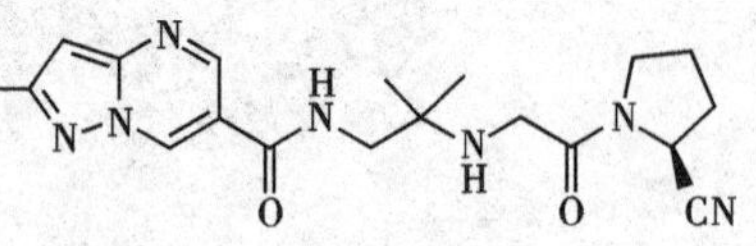

安奈格列汀

图 6－9　α－氨基酰胺类 DPP-Ⅳ抑制剂的结构式

1. 维格列汀的药物发现

2000 年左右，研究人员确定二肽基肽酶Ⅳ是 2 型糖尿病治疗的潜在靶点。抑制 DPP-Ⅳ可以延长胰岛素分泌激素 GLP-1 的半衰期，从而改善血糖控制。早期的抑制剂模拟 DPP-Ⅳ的天然底物，其结构中都含有类似脯氨酸的片段。对 α－氨基酰基吡咯烷衍生物（图 6－10）的研究发现，化合物吡咯烷环 3 位的 CH_2 以 S 原子替换，可提高活性，如化合物 1 活性优于化合物 2。维格列汀发现过程中的典型化合物结构如图 6－11 所示。

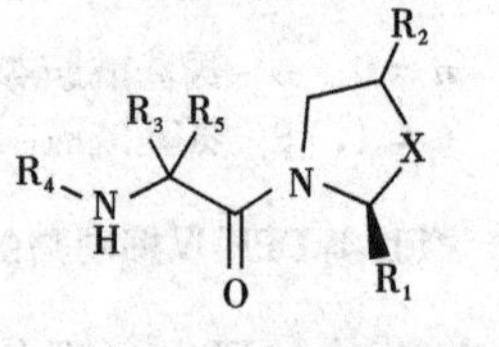

图 6－10　α－氨基酰基吡咯烷衍生物

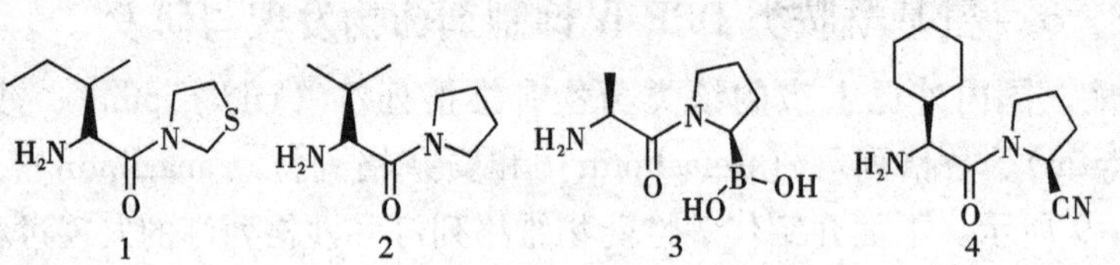

1　　2　　3　　4

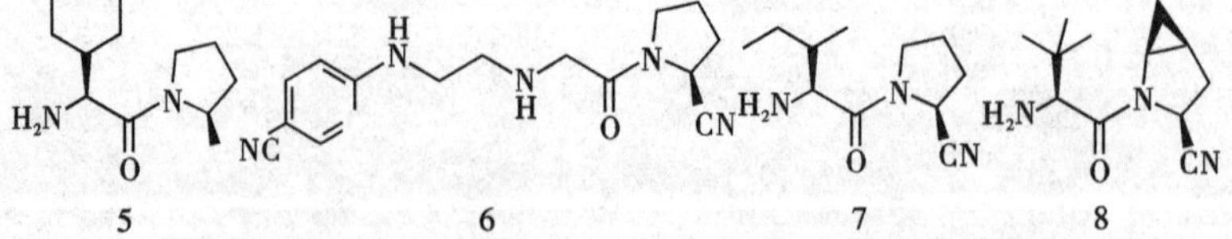

5　　6　　7　　8

图 6－11　维格列汀发现过程中典型化合物的结构式

吡咯烷环 2 位引入亲电子基团 ($R_1 \neq H$)，可与 DPP-Ⅳ活性位点的 Ser630 残基结合，活性提高。如化合物 3 对 DPP-Ⅳ的 Ki 值为 0.03 nmol/L；化合物 4 活性优于化合物 5。诺华公司研制的化合物 6，其吡咯烷环 2 位 CN 若用 H 原子代替，则活性降低 1000 倍。吡咯烷 2 位碳原子的构型对化合物的活性也有影响，S-型活性优于 R-型。

研究发现 $R_1 = B(OH)_2$ 或 CN 的吡咯烷化合物，在 pH 7 左右的环境下不稳定，其氨基会和 $B(OH)_2$ 或 CN 发生环合反应，活性降低。诺华公司对 6 进行结构优化，得到活性更强的 3-羟基金刚烷基衍生物，即维格列汀。维格列汀由于氨基带有大位阻的金刚烷基，不易与氰基构成六元环，故稳定性好。

2007 年 9 月，维格列汀获得欧盟委员会批准在欧盟国家及挪威和爱尔兰上市，商品名为 Galvus。2011 年 8 月获得 CFDA 的批准在中国上市，商品名佳维乐。尽管它在临床上被广泛使用，但仍存在一些缺点具体为：①半衰期短。维格列汀的半衰期相对较短，为 2～3 小时，这导致需要每天 2 次给药，影响患者依从性。②生物利用度有限。口服维格列汀的生物利用度约为 85%，虽然不低，但仍有提升空间。③潜在副作用。虽然维格列汀总体安全性良好，但仍有报道显示可能存在胰腺炎、关节痛等副作用风险。因此，需要对维格列汀进行进一步结构的改造

2. 沙格列汀的药物发现

在对维格列汀的优化过程中，研究人员发现当 $R_1 = CN$ 时，吡咯烷的 3, 4 位或 4, 5 位引入环丙基也可增加化合物稳定性，而且环丙基与氰基在同侧 (cis) 时活性优于异侧 (trans)。如化合物 7 在 pH 7.2 的磷酸盐缓冲液中的 $t_{1/2}$ 为 5 小时，而化合物 8（$IC_{50} = 7.0$ nmol/L）的 $t_{1/2}$ 延长至 42 小时。沙格列汀的结构中就含有处于同侧的氰基和环丙基，同时也采用维格列汀的研发策略，氨基引入大位阻的金刚烷基，进一步提高结构稳定性；并且把亚氨基替换为氨基。

这些结构改造使沙格列汀相比维格列汀具有更高的 DPP-Ⅳ抑制活性、更长的作用持续时间和更好的生物利用度。2009 年 7 月，沙格列汀获得美国 FDA 批准上市，商品名为 Onglyza。2011 年 5 月，CFDA 批准百时美施贵宝公司的沙格列汀在中国上市，商品名安立泽。沙格列汀具有良好耐受性，不良反应主要为上呼吸道感染、尿路感染、头痛以及鼻咽炎等。沙格列汀目前单药治疗或联合二甲双胍治疗 2 型糖尿病。

α-氨基酰胺类 DPP-Ⅳ抑制剂的发现与研发始于对 DPP-Ⅳ酶在糖尿病发病机制中作用的认识。通过结构优化和构效关系研究，研究人员成功开发出

具有高效、选择性和良好口服生物利用度的抑制剂。这类药物因其独特的作用机制和良好的安全性成为2型糖尿病治疗的重要选择。

二、β-氨基酰胺类DPP-Ⅳ抑制剂药物发现与研发

目前，国内外已上市的β-氨基酰胺类DPP-Ⅳ抑制剂药物为西格列汀（sitagliptin）和吉格列汀（gemigliptin），其化学结构式如图6-12。

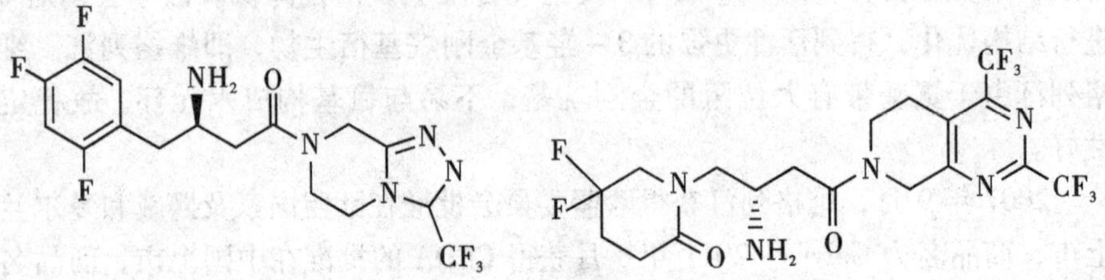

图6-12 β-氨基酰胺类DPP-Ⅳ抑制剂的结构式

下面简要介绍西格列汀的发现过程。

西格列汀的发现过程如图6-13所示。默克公司经高通量筛选得到苗头化合物β-氨基高苯丙酰脯氨酸衍生物9，但由于其分子量过大且结构复杂、类药性差，因此对其进行结构简化。保留氨基和羰基结构，用噻唑烷代替吡咯烷部分，得到的化合物10分子量减半，活性仍保持。

在进行修饰时发现，P1位苯环上引入氯、氟、氰等取代基将大大提高活性；且多取代活性高于单取代。因此，化合物10的P1位苯环上引入3个氟原子，活性显著提高，但该化合物11半衰期短，口服生物利用度差，需要进一步结构改造。P2位的噻唑烷占据S2口袋，可用其他杂脂环或芳杂环取代。因此，将化合物11的P2位噻唑烷替换为苯基取代的哌嗪环，所得化合物12虽活性提高了10倍，但哌嗪环代谢不稳定，口服生物利用度仍不好。最终，研究人员在哌嗪环上骈合了1个三氮唑环，得西格列汀，该化合物既保持了对DPP-Ⅳ的高抑制活性，又大大提高了哌嗪环的代谢稳定性。

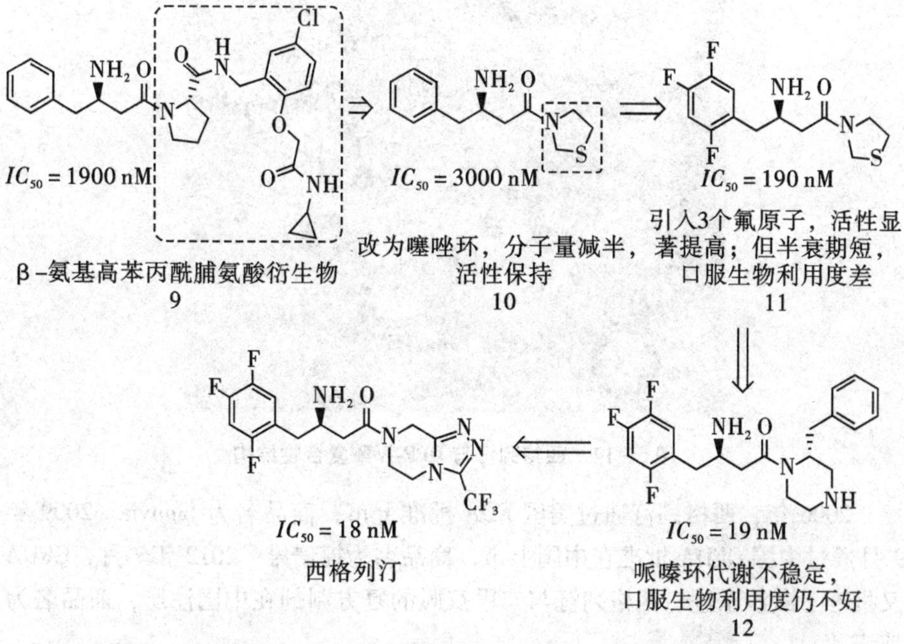

第六章 降血糖先导化合物的发现与新药研发

图 6-13 西格列汀发现过程

X-射线晶体衍射结构测定表明西格列汀通过酰胺部分与DPP-Ⅳ活性部位结合。2,4,5-三氟苯基部分完全占据了 S1 疏水口袋。(R)-α-氨基基团与酪氨酸 Tyr 662 侧链和 2 个谷氨酸残基 Glu205、Glu206 发生氢键相互作用。该相互作用与底物 N 端和 DPP-Ⅳ结合作用类似，数据表明（S）-对映体效力更低。水分子连接了羰基氧原子和 Tyr547 的羟基。在三氮唑哌嗪的氮原子和蛋白质的原子之间也存在水介导的相互作用。三氮唑哌嗪与 Phe357 的侧链相叠加。三氟甲基取代基与 Arg358 和 Ser209 的侧链相互作用，并且这些相互作用与除去该基团时效力降至原来的 1/4。三氟甲基与所在的口袋结合十分紧密，当三氟甲基被更大的取代基代替时效力下降，这表明三氟甲基是该位点最佳大小的基团。西格列汀与 DPP-Ⅳ酶的复合物结构如图 6-14 所示。

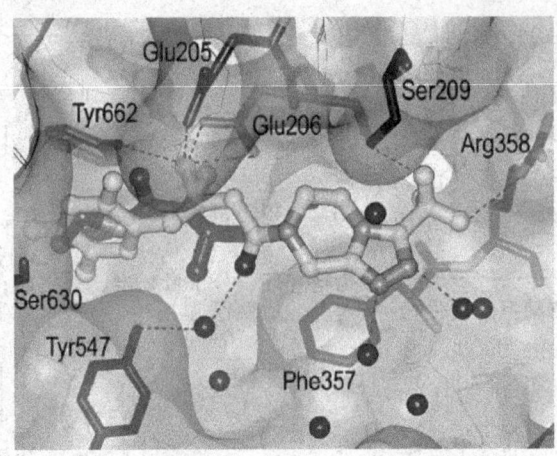

图6-14 西格列汀与DPP-Ⅳ酶复合物结构

2006年，西格列汀通过美国FDA批准上市，商品名为Januvia。2009年9月通过中国CFDA批准在中国上市，商品名为捷诺维。2012年7月，CFDA又批准了默沙东进口西格列汀与二甲双胍的复方制剂在中国注册，商品名为捷诺达。

西格列汀为第一代DPP-Ⅳ口服抑制剂药物，通过减缓肠促胰岛素的灭活，延长肠促胰岛素在体内的作用时间，明显改善患者的糖化血红蛋白（hemoglobin A1c，HbA1c）、空腹血糖和饭后血糖等指标。同时患者胰岛素分泌指数以及胰岛β细胞功能均有非常明显改善，耐受性良好，极少发生低血糖。西格列汀口服片剂体内半衰期为8～14小时，血药浓度呈剂量依赖性，主要经肾脏消除，大部分以原形经尿排出，食物不会影响药物的体内代谢过程。西格列汀能与目前使用的几乎所有的口服降糖药联合使用，与二甲双胍联用治疗效果更为显著。

另一个β-氨基酰胺类DPP-Ⅳ抑制剂为吉格列汀，2012年6月在韩国获批上市。为长效高选择性的DPP-Ⅳ抑制剂，对DPP-Ⅳ活性的抑制率达80%以上，生物利用度可达94%。吉格列汀联合治疗有效改善β细胞功能，且未见体重增加和低血糖等不良反应。吉格列汀单药治疗或与二甲双胍联用均能显著改善2型糖尿病患者的血糖控制效果。

β-氨基酰胺类DPP-Ⅳ抑制剂以β-氨基酰胺核心结构为特征，通过模拟DPP-Ⅳ的天然底物实现高效抑制。研究人员通过结构优化、药代动力学改善和体内活性评价，已发现多个潜力化合物。β-氨基酰胺类DPP-Ⅳ抑制剂的研发仍在持续深入，有望为2型糖尿病患者提供更有效、更安全的治疗选择。

三、非肽类 DPP-Ⅳ 抑制剂药物发现与研发

目前，国内外已上市的非肽类 DPP-Ⅳ 抑制剂药物主要有利格列汀、阿格列汀、曲格列汀和奥格列汀，其化学结构式如图 6-15 所示。下面介绍代表药物的发现过程。

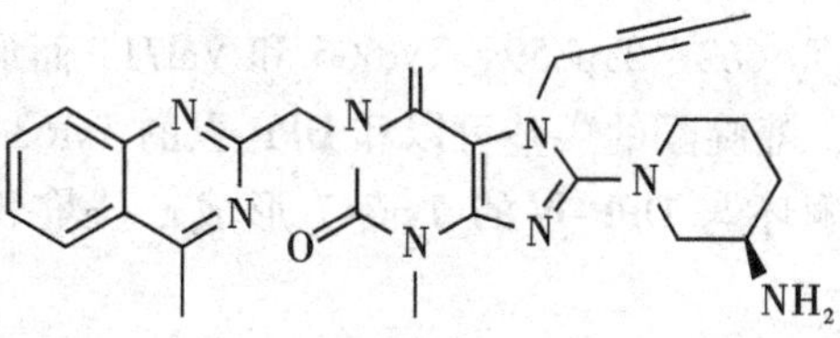

利格列汀 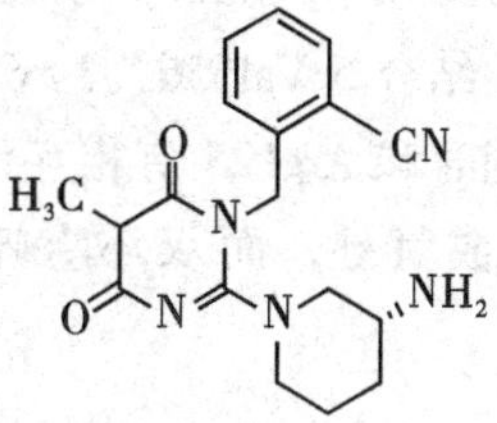　　　　　　　　阿格列汀

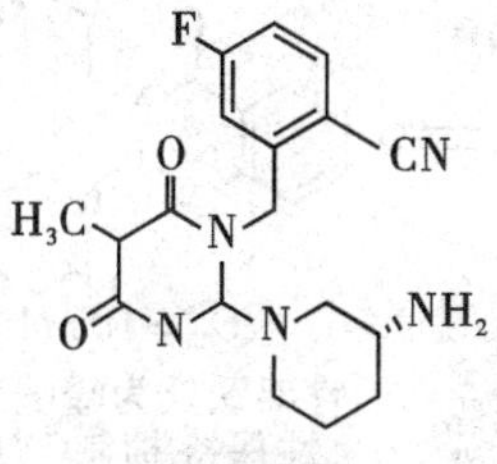

曲格列汀 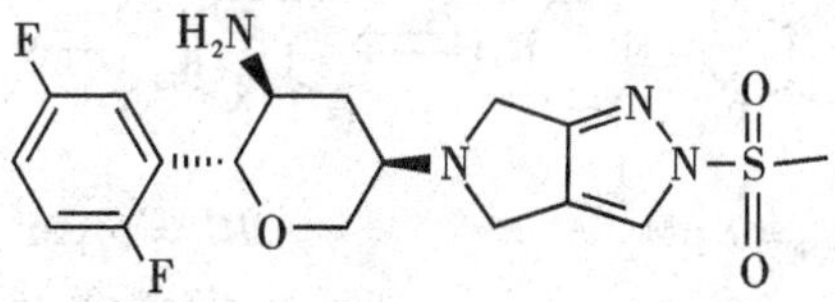　　　　　　　　奥格列汀

图 6-15　非肽类 DPP-Ⅳ 抑制剂药物的结构式

1. 阿格列汀的药物研发

阿格列汀的药物研发过程见图 6-16。2005 年，日本武田制药公司采用高通量筛选的方法，制备和解析了 80 多个小分子化合物与 DPP-Ⅳ 酶复合物的共晶结构。其中发现 7-苄基-8-哌嗪基黄嘌呤（化合物 13）的酶抑制活性虽然并不高，IC_{50} 值只有 2 μmol/L，但其结构新颖，因此决定作为苗头化合物进行深入研究。化合物 13 的 6 位羰基与 DPP-Ⅳ 酶 Tyr631 可形成氢键，7-氯代苯与 DPP-Ⅳ 的 S1 疏水口袋结合，8-位质子化的哌嗪环和 Glu205/Glu206 可形成离子键，而母核黄嘌呤环则和 Tyr547 形成 π-π 堆积相互作用。后续的结构改造发现，氯原子被氰基置换，哌嗪环变换为氨基哌啶，所得化合物 14 的 DPP-Ⅳ 抑制活性提高了 400 倍，IC_{50} 值达到 5 nmol/L。该化合物和 DPP-Ⅳ 的共晶结构显示，14 和 DPP-Ⅳ 的相互作用除了与 13 和 DPP-Ⅳ 一致的相互作用之外，化合物 14 的氰基可以和 Arg125 形成极性相互作用，哌啶 3-位新引入的伯氨基可以和 DPP-Ⅳ 形成双离子键。这两方面的因素共同作用，使化合物 14 的活性提高了 400 倍。为了确定氨基哌啶 3-位

的优选立体化学结构，制备了两种对映体，并发现 R - 异构体比 S - 异构体的活性大约高 10 倍。

下一步采用骨架跃迁的方法，将化合物 14 中的黄嘌呤环替换为喹唑啉酮环，氰基和氨基哌啶保持不变，得化合物 15，发现其 DPP-Ⅳ 抑制活性保持，化合物 15 与 DPP-Ⅳ 酶相互作用如图 6 - 17 所示。哌啶 3 - 位伯氨基可以和 DPP-Ⅳ 的 Glu205/Glu206 形成双离子键，苯乙腈基团与 DPP-Ⅳ 的 S1 口袋有效结合（Val656，Tyr631，Tyr662，Trp659，Tyr666 和 Val711 而形成），并且同时和 Arg125 有相互作用；嘧啶酮的羰基可以和 DPP-Ⅳ 的 Tyr631 的 -NH 形成氢键，而双环喹唑啉酮环与 DPP-Ⅳ 的 Tyr547 形成 π - π 堆积相互作用。

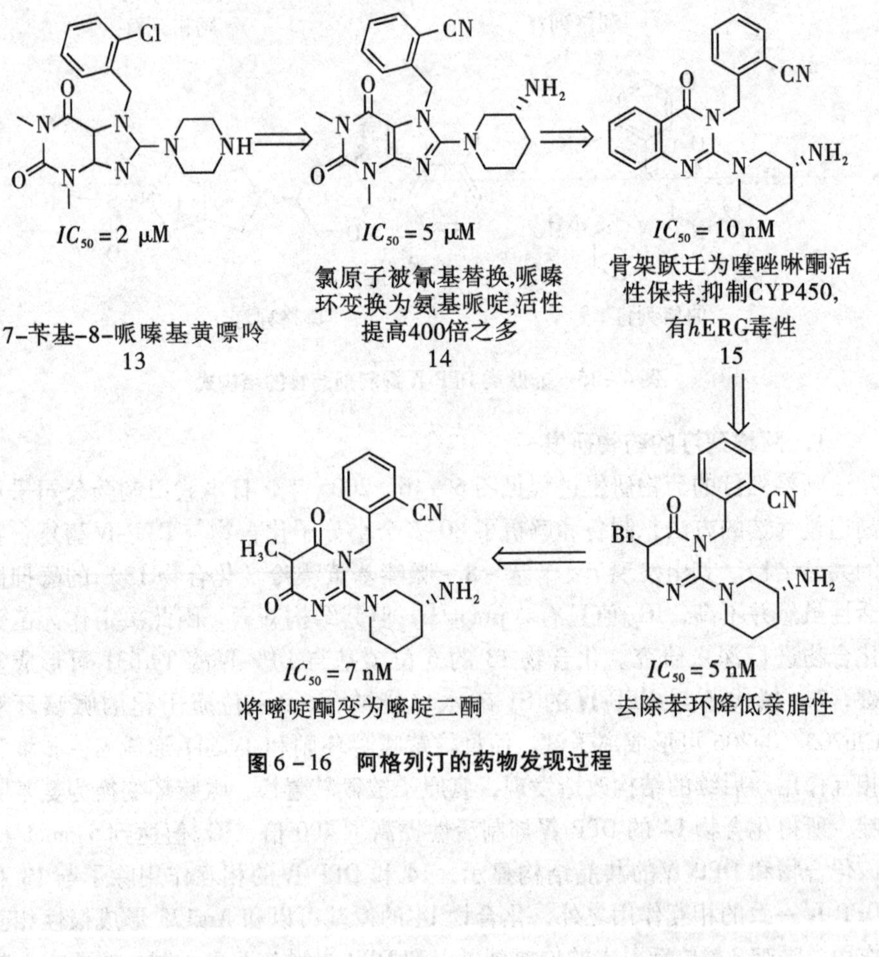

图 6 - 16　阿格列汀的药物发现过程

第六章　降血糖先导化合物的发现与新药研发

图 6-17　化合物 15 的结构设计

但化合物 15 对细胞色素 CYP450 显示有抑制作用，同时也抑制心肌的 hERG 钾通道，有 hERG 毒性，推断是由于喹唑啉酮环较强的亲脂性而引起。

因此，下一步去除化合物 15 的苯环以降低亲脂性的嘧啶酮衍生物，得化合物 16，其 DPP-Ⅳ 抑制活性保持，IC_{50} 为 5 nmol/L。化合物 16 和 DPP-Ⅳ 的共晶结构显示，新得到的嘧啶酮的羰基氧仍然与 DPP-Ⅳ 形成氢键，氰基苯基也可与 DPP-Ⅳ 的疏水空腔结合，氨基也可形成离子键。再进一步将化合物 16 嘧啶酮的骨架跃迁为嘧啶二酮，仍保持高的 DPP-Ⅳ 抑制活性，IC_{50} 为 7 nmol/L，并且其对细胞色素 CYP450 无抑制作用，对于心肌的 hERG 钾离子通道也无毒性。最终，确定该化合物的苯甲酸盐为候选药物，即阿格列汀。

阿格列汀与 DPP-Ⅳ 的共晶结构和相互作用如图 6-18 所示，2 位嘧啶酮的羰基氧仍然与 DPP-Ⅳ 的 Tyr631 形成氢键，氰基、苯基也可与 DPP-Ⅳ 的疏水空腔结合，氰基与 Arg125 形成氢键结合，哌啶环的氨基与 Glu205/Glu206 也可形成离子键，这些特征与前面的高活性化合物均一致。

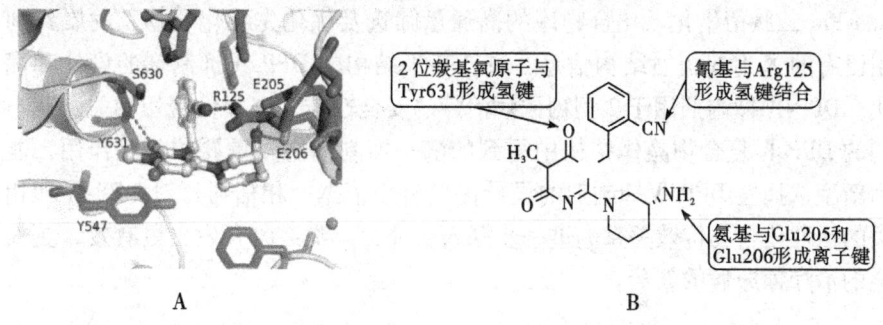

图 6-18　阿格列汀与 DPP-Ⅳ 的共晶结构（A）和相互作用（B）

2010 年 4 月，阿格列汀经日本厚生省批准上市，商品名为 Nesina。2013 年 1 月美国 FDA 批准阿格列汀上市。2013 年 7 月，CFDA 批准阿格列汀在中国上市，商品名为尼欣那。阿洛列汀对 DPP-IV 酶活性的抑制作用与剂量呈依赖性关系，用药 2 小时内对 DPP-IV 的抑制作用可达 91%～100%，24 小时内降至 20%～66%。2 型糖尿病患者口服阿格列汀 14 天（25、100 或 400 mg/d），24 小时内 DPP-IV 活性降低了 81.8%～96.7%，72 小时内降低了 66.3%～81.6%。阿格列汀不会升高 2 型糖尿病患者的心血管疾病风险。

保留阿格列汀的基本骨架结构，包括吡啶二酮核心和氰基、苯基基团等，仅在阿格列汀的苯乙腈基团对位引入了一个氟原子得到曲格列汀。这个修饰可能有助于提高化合物的代谢稳定性，并延长作用时间等。通过引入氟原子，曲格列汀成为一种每周 1 次给药的长效 DPP-IV 抑制剂，相比每日给药的阿格列汀，具有更好的患者依从性和可能的治疗优势。2015 年 3 月，曲格列汀获日本卫生劳动福利部批准上市，是全球上市的首个每周口服 1 次的降糖药，通过选择性、持续性抑制 DPP-IV 控制血糖水平。由于曲格列汀特异的分子结构，其在机体内的代谢非常缓慢，主要经过肾脏代谢。服药 7 天后，累积尿中排泄率为 76% 左右，而对于 DPP-IV 活性的抑制率仍然有 77.4%。

四、小结

基于上述各类选择性 DPP-IV 抑制剂构效关系研究和晶体结构分析，亲脂性 S1 口袋以及 Glu205/206 口袋可被认为是抑制作用的关键分子锚定位点。通过仅对这两个位点相互作用的优化就能够实现纳摩尔级的结合亲和力。与 Phe357、Tyr547 和 Arg358、Arg125 等侧链的相互作用，可进一步降低 IC_{50} 值。随着近年来，X 射线衍射晶体学获得的 DPP-IV 与所结合的抑制剂相互作用的有关信息不断增加，选择性 DPP-IV 抑制剂发现途径已从最初的 Xaa-Pro 二肽衍生化、化合物库的高通量筛选及优化先导化合物，发展到利用已有的 X 射线衍射结构信息，进行基于结构的 DPP-IV 抑制剂的设计和优化。DPP-IV 抑制剂用于 2 型糖尿病治疗的安全性与其选择性密切相关。从不同的 DPP-IV 复合物晶体结构中得到的酶—抑制剂之间重要的相互作用，能为新型选择性 DPP-IV 抑制剂的设计提供有力依据。相信通过对 DPP-IV 和相关的活性化合物构效关系的进一步深入研究，人类终将开发出更有效、更安全的治疗糖尿病的新药。

第三节 钠-葡萄糖协同转运蛋白2抑制剂先导化合物的发现与新药研发

卡格列净（canagliflozin）是以2型钠葡萄糖共转运蛋白（SGLT2）为靶标的第一个口服降血糖药，通过可逆的选择性抑制肾小管对血糖的重吸收，促进血糖在尿液中的排泄，降低体内血糖水平，因而作用机制有别于已有降血糖药物。卡格列净也是以天然活性产物为先导物研制成功的典型范例。

一、卡格列净的药物发现过程

1. 靶标特点

生理学研究表明，循环血中的葡萄糖在肾小球中滤过，然后在肾脏近曲小管处重吸收，重吸收作用是由两个蛋白介导：1型和2型钠葡萄糖共转运蛋白（SGLT1和SGLT2）。SGLT1是高选择性低容量的转运蛋白，主要在小肠上表达；SGLT2是低选择性高容量的转运蛋白，主要表达于肾近曲小管的S1和S2区段上。SGLT2基因突变可导致持续的肾性糖尿病。选择性地抑制SGLT2而不抑制SGLT1，可成为不影响胃肠道吸收葡萄糖、不干预胰岛素系统的治疗2型糖尿病的新途径。通过抑制SGLT2降低血糖的机制如图6-19所示。

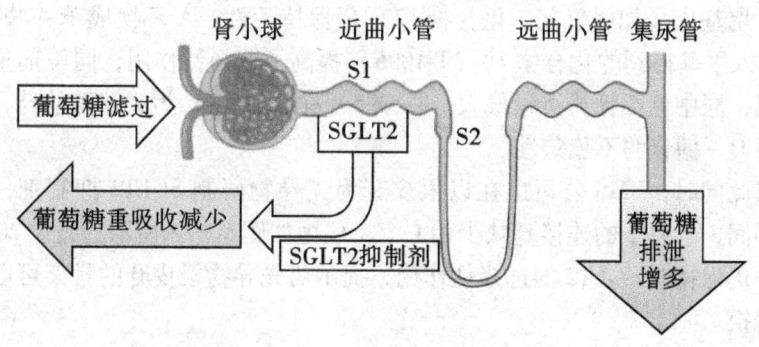

图6-19 SGLT2抑制剂降血糖机制

2. 天然产物的初始改造

根皮苷（phlorizin）是一种以二氢查尔酮为苷元的葡萄糖苷，含于许多果实中，最早由法国化学家C. Petersen于1835年从苹果树的根皮中分离得到。1886年，德国医学教授Von Mering发现了根皮苷具有降低血糖的作用。但根皮苷不能作为降血糖药物使用，一方面是由于口服给药后根皮苷在胃肠道β-葡萄糖苷酶的作用下降解为根皮素而失去活性（图6-20）；另一方面，根皮苷具有SGLT2和SGLT1的双重抑制作用，选择性不高，而抑制肠道SGLT1具有比较大的副作用。

根皮苷虽然不能成药，但却是很好的先导化合物，可以对其进行进一步的结构修饰和改造。根皮苷结构改造的目标是：①对SGLT2有高选择性抑制作用；②口服有效；③消除糖苷容易水解失活的代谢不稳定性；④化学结构具有新颖性。

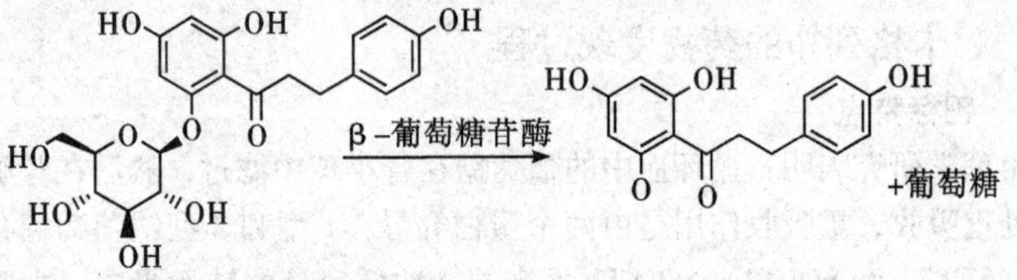

根皮苷（phlorizin）对SGLT2和SGLT1有双重抑制作用，口服后水解失效

根皮素（phloretin）

图6-20 根皮苷的胃肠道降解过程

卡格列净的药物发现过程如图6-21和图6-22所示。初步的结构变换揭示出如下的构效关系：糖基和两个苯环之间的连接基是必需的；A环的酚羟基可烷基化（如甲氧基，化合物17）仍保持活性。A环换成苯并呋喃环，B环引入甲基得到的化合物18（T-1095）提高了选择性作用，同等剂量下灌胃小鼠，尿中葡萄糖排泄量最大。T-1095（化合物18）为碳酸酯前药，仍未能克服O-糖苷的不稳定性。

与此同时，BMS公司也在以根皮苷为先导物研制SGLT2抑制剂，将两个苯环间3个原子的连接基减少为1个，成为如图6-22所示的类型20的化合物，仍保持对SGLT2的选择性作用，提示对先导物根皮苷的骨架可以作较大的变换。

3. C-糖苷提高稳定性

将化合物18的O-苷键换为C-苷键，使糖基经C—C键与苷元连接，得化合物19，其活性和选择性仍保持，代谢和化学稳定性显著强于相应的O-苷化合物18。

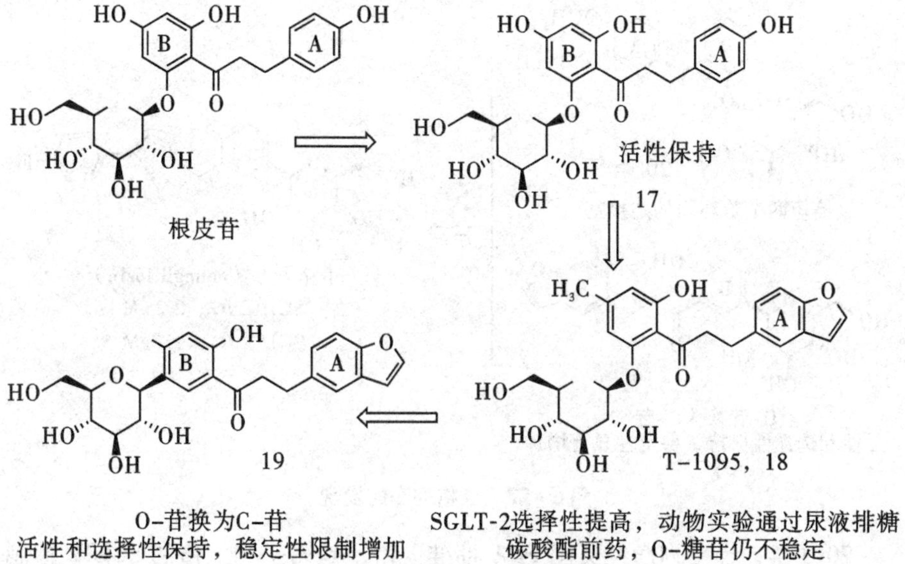

图 6-21 根皮苷为先导物的药物修饰与改造

4. 芳环的变换——杂环的引入和候选药物卡格列净的确定

将 O-苷键换为 C-苷键所得化合物 19，与将 A 环和 B 环间连接基减少为 1 个碳原子而得 20 化合物，将两者的优点结合在一起；并同时对 A 环和 B 环分别用杂环做电子等排置换，例如 A 环用噻吩、吡咯、吡啶、吡嗪等杂环，B 环用吡啶、吡嗪、吲哚、苯并呋喃、苯并噻吩、苯并噻唑、苯并恶唑、苯并咪唑等代替，对化合物体外测定对人 SGLT2（hSGLT2）的抑制活性（IC_{50}）和对 hSGLT1 的选择性倍数。结果表明，A 为苯环、B 为苯基噻吩的母核活性和选择性优于其他系列。其中所得卡格列净（canagliflozin）对 hSGLT2 和 hSGLT1 的 IC_{50} 分别为 2.2 nmol/L 和 910 nmol/L，选择性高达 414 倍，表明对小肠吸收葡萄糖的影响很小。大鼠口服生物利用度 $F=83\%$，血浆半衰期 $t_{1/2}=5$ h。雄性 SD 大鼠一次灌胃 30 mg·kg^{-1}，尿中排泄 3696 mg 葡萄糖/200 g 体重。

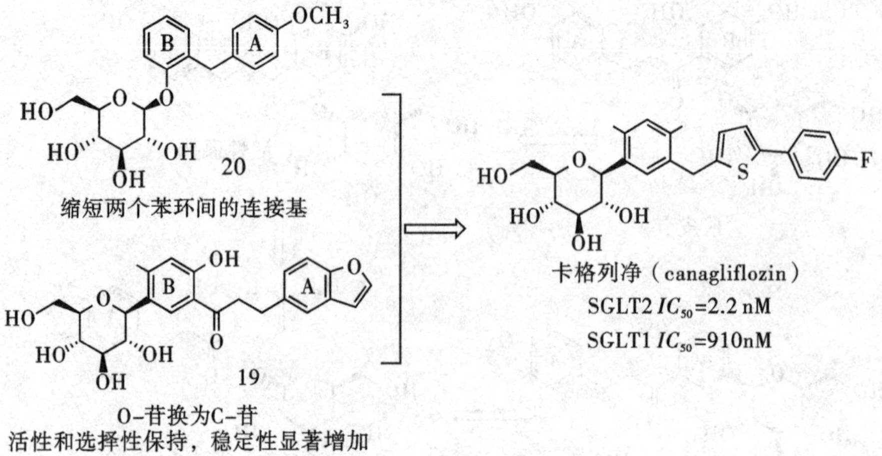

图 6-22　卡格列净的发现

2013 年，卡格列净经美国 FDA 批准上市，是第一个上市的 SGLT2 抑制剂。强生公司经Ⅲ期临床研究表明，卡格列净不仅显著降低 2 型糖尿病患者的血糖水平，而且极少引起低血糖事件。此外，其减肥效果也十分明显。

二、已上市的 SGLT2 抑制剂药物

尽管卡格列净在临床应用中展现出显著的降糖效果和心血管保护作用，但其潜在的副作用和安全性问题仍然引起了研究者们的关注。这些缺陷推动了制药行业继续探索和开发新一代的 SGLT2 抑制剂。研究人员致力于开发能够保持卡格列净优势的同时，更好地解决其安全性问题的新型药物。这一努力导致了达格列净（dapagliflozin）、恩格列净（empagliflozin）等其他"列净"类药物的问世。这些新型 SGLT2 抑制剂在保持良好降糖效果的基础上，在某些方面展现出了更优越的安全性特征，为 2 型糖尿病患者提供了更多的治疗选择。随着研究的深入，制药行业继续努力开发更安全、更有效的 SGLT2 抑制剂，以满足患者日益增长的医疗需求。

目前，共上市了 8 个 SGLT2 抑制剂药物，其结构式如图 6-23 所示。

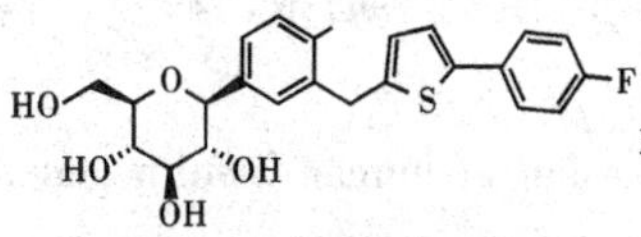

卡格列净

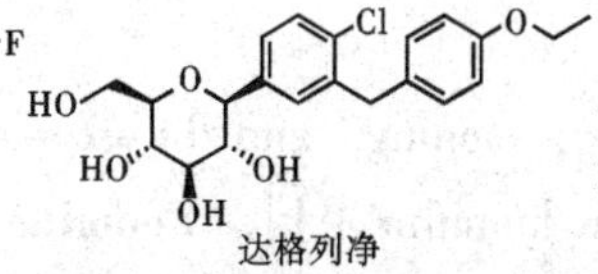

达格列净

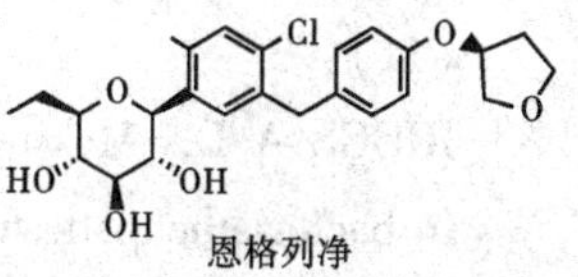

恩格列净

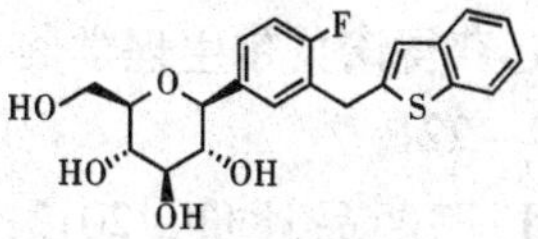

伊格列净

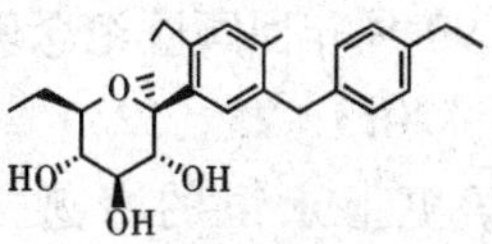

托格列净

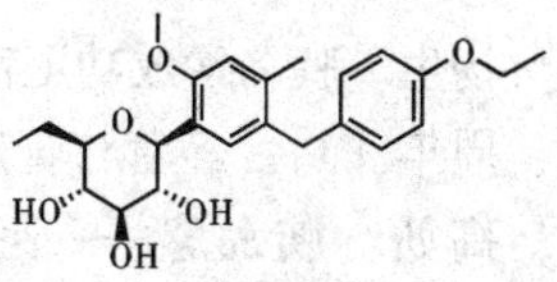

鲁格列净

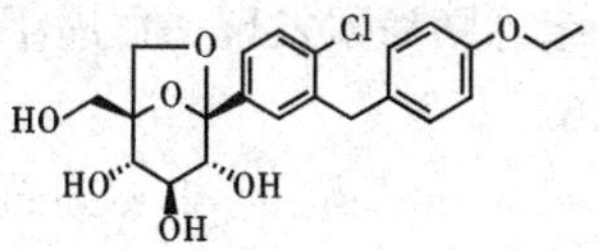

埃格列净

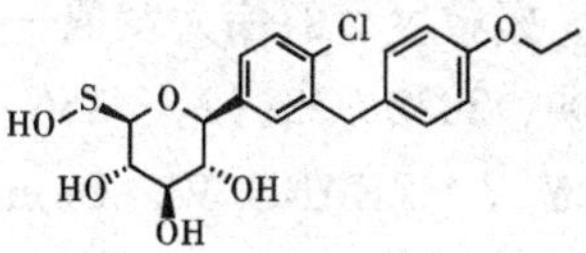

索格列净

图6－23　已上市的SGLT2抑制剂药物

三、小结

钠－葡萄糖协同转运蛋白2抑制剂作为新型抗糖尿病药物，通过增加尿糖排泄降低血糖，同时具有降低体重、血压和改善心肾结局等多重获益。目前已上市多种SGLT2抑制剂，如达格列净、恩格列净等。未来研究方向包括开发更高选择性的抑制剂、探索新适应证、研究联合用药策略、开发多重作用机制药物、应用于1型糖尿病、深入研究长期安全性和心血管保护机制，以及开发新型给药系统。尽管面临一些不良反应挑战，但随着研究深入，SGLT2抑制剂有望在糖尿病及相关代谢疾病治疗中发挥更重要作用。

参考文献

［1］叶蕴华．浅谈胰岛素的结构与生物活性［J］．大学化学，2010，25：19－23.

［2］李延香，牛传玉．胰岛素的发现与认识的历程［J］．生物学通报，2013，48（7）：57－62.

［3］王战强．胰岛素及其合成技术应用与发展［J］．中国医药导报，2011，8（13）：11－12.

［4］姜宁，吕晔，陈执中．重组人胰岛素类似物的研究应用进展［J］．食品与药品，2012，14（11）：445－447.

[5] 王志均. 班廷的奇迹——胰岛素的发现 [J]. 生物学通报, 2007, 42 (11): 3-4.

[6] RIGGS A D. Making, cloning, and the expression of human insulin genes in bacteriathe path to humulin [J]. Endorine Reviews, 2021, 42 (3): 374-380.

[7] 杨生. 胰岛素成功上市90周年回顾暨纪念班廷获得诺贝尔生理学奖90周年 [J]. 经营与管理, 2013, 25 (12): 219-221.

[8] 高妍. 胰岛素——医学史上永恒的奇迹 [J]. 药品评价, 2012, 9 (31): 6-8.

[9] 张崇本. 拯救生命的伟大发现——纪念胰岛素发现一百周年 [J]. 生理科学进展, 2022, 53 (2): 156-161.

[10] SIEW Y Y, ZHANG W. Downstream processing of recombinant human insulin and its analogues production from E. coli inclusion bodies [J]. Bioresources and Bioprocessing, 2021, 8: 65-91.

[11] LEE S H, YOON K H. A century of progress in diabetes care with insulina history of innovations and foundation for the future [J]. Diabetes and Metabolis Journal, 2021, 45: 629-640.

[12] KRAMER C K, RETNAKARAN R, ZINMAN B. Insulin and insulin analogs as antidiabetic therapy: A perspective from clinical trials [J]. Cell Metabolism, 2021, 33: 740-747.

[13] BHORIA S, YADAV J, YADAV H, et al. Current advances and future prospects in production of recombinant insulin and other proteins to treat diabetes mellitus [J]. Biotechnology Letters, 2022, 44: 643-669.

[14] YU J, ZHANG Y, YE Y, et al. Microneedle-array patches loaded with hypoxia-sensitive vesicles provide fast glucose-responsive Insulin delivery [J]. Proceedings of the National Academg of Sciences of the United State of America, 2015, 112 (27): 8260-8265.

[15] YU J, WANG J, ZHANG Y, et al. Glucose-responsive insulin patch for the regulation of blood glucose in mice and minipigs [J]. Nature Biomedical Engineering, 2020, 4 (5): 499-506.

[16] BODE B W, IOTOVA V, MARGARITA K M, et al. Efficacy and safety of fast-acting insulin aspart compared with insulin aspart, both in combination with insulin degludec, in children and adolescents with type 1 diabetes: The onset 7 trial [J]. Diabetes Care, 2019, 42 (7), 1255-

1262.

[17] SHAH V N. Once-weekly insulin for type 2 diabetes without previous insulin treatment [J]. New England Journal of Medicine, 2021, 384 (8): 26.

[18] KEATING G M. Insulin degludec and insulin degludec/insulin aspart: A review of their use in the management of diabetes mellitus [J]. Drugs, 2013, 73 (6): 575 – 593.

[19] 陈鸿楠, 邓颖, 郭秀娟, 等. 奥格列汀: 一种新的长效二肽基肽酶 – 4 抑制剂 [J]. 药物评价研究, 2017, 40 (1): 133 – 137.

[20] 郝群, 蔡正艳, 周伟澄. 二肽基肽酶 – 4 抑制剂构效关系研究进展 [J]. 世界临床药物, 2009, 30 (8): 487 – 497.

[21] 董琳琳, 昌盛. 二肽基肽酶-Ⅳ抑制剂的研究进展 [J]. 吉林医药学院学报, 2017, 38 (2): 130 – 134.

[22] 张亚安, 张惠斌. 二肽基肽酶-Ⅳ抑制剂及其构效关系的研究进展 [J]. 国际药学研究杂志, 2009, 36 (1): 36 – 43.

[23] 李娜, 苗卉, 贾一鹤, 等. 二肽基肽酶Ⅳ抑制剂研究进展 [J]. 中南药学, 2017, 15 (5): 545 – 553.

[24] 王善春, 曾丽丽, 丁宇洋, 等. 基于骨架跃迁和药物拼接所确立的新型二肽基肽酶Ⅳ抑制剂 [J]. 药学学报, 2014, 49 (1): 61 – 67.

[25] 张微微, 陈亚东, 刘海春, 等. 基于药物设计的二肽基肽酶-Ⅳ抑制剂研究 [J]. 2012, 8 (6): 202 – 206.

[26] 郭家钰, 巫振坤, 贺岩, 等. 选择性 SGLT2 抑制剂的研究进展 [J]. 中南药学, 2021, 19 (9): 1766 – 1776.

[27] 郭宗儒. 由根皮苷到坎格列净的上市 [J]. 药学学报, 2015, 50 (5): 633 – 634.

[28] XU J, OK H O, GONZALEZ E J, et al. Discovery of potent and selective β-homophenylalanine based dipeptidyl peptidase Ⅳ inhibitors [J]. Bioorganic and Medicinal Chemistry Letters, 2004, 14: 4759 – 4762.

[29] BROCKUNIER L L, HE J F, COLWELL L F, et al. Substituted piperazines as novel dipeptidyl peptidase Ⅳ inhibitors [J]. Bioorganic and Medicinal Chemistry Letters, 2004, 14: 4763 – 4766.

[30] PETERS J U, WEBER S, KRITTER S, et al. Aminomethylpyrimidines as Novel DPP-Ⅳ Inhibitors: A 105-fold Activity Increase by Optimization of Aromatic Substituents [J]. Bioorganic and Medicinal Chemistry Letters,

2004, 1491-1493.

[31] KIM D, WANG L P, BECONI M, et al. (2R) -4-Oxo-4- [3- (Trifluoromethyl) -5, 6-dihydro [1, 2, 4] triazolo [4, 3-a] pyrazin-7 (8H) -yl] -1- (2, 4, 5-trifluorophenyl) butan-2-amine: A potent, orally active dipeptidyl peptidase IV inhibitor for the treatment of type 2 diabetes [J]. Journal of Medicinal Chemistry, 2005, 48: 141-151.

[32] KAKU K. First novel once-weekly DPP-4 inhibitor, trelagliptin, for the treatment of type 2 diabetes mellitus [J]. Expert Opinion on Pharmacotherapy, 2015, 16 (16): 1-9.

[33] ZHANG Z Y, WALLACE M B, FENG J. et al. Design and synthesis of pyrimidinone and pyrimidinedione inhibitors of dipeptidyl peptidase IV [J]. Journal of Medicinal Chemistry, 2011, 54: 510-524.

[34] BRAUNWALD E. SGLT2 inhibitors: Ehe statins of the 21st century [J]. European Heart Jounal, 2021, 43 (11): 1029-1030.

[35] TSUJIHARA K, HONGU M, SAITO K. et al. Na$^+$-glucose cotransporter (SGLT) inhibitors as antidiabetic agents. 4. Synthesis and pharmacological properties of 4′-Dehydroxyphlorizin derivatives substituted on the B Ring [J]. Journal of Medicinal Chemistry, 1999, 42: 5311-5324

[36] DEACON C F. Dipeptidyl peptidase-4 inhibitors in the treatment of type 2 Diabetes: A comparative review [J]. Diabetes, Obesity and Metabolism, 2011, 13 (1): 7-18.

[37] AUGERI D J, ROBL J A, BETEBENNER D A, et al. Discovery and preclinical profile of saxagliptin (BMS-477118): A highly potent, Long-acting, orally active dipeptidyl peptidase IV inhibitor for the treatment of type 2 diabetes [J]. Journal of Medicinal Chemistry, 2005, 48 (15): 5025-5037.

[38] FUJITA Y, INAGAKI N. Renal sodium glucose cotransporter 2 inhibitors as a novel therapeutic approach to treatment of type 2 diabetes: Clinical data and mechanism of action [J]. Journal of Diabetes Investigation, 2014, 5 (3): 265-275.

第七章 抗肿瘤先导化合物的发现与新药研发

"癌症"一词给人类带来了巨大的恐惧感,因为它是与非传染性疾病相关的主要死亡原因之一。肿瘤是世界范围内的一个主要公共卫生问题,是发达国家人口的主要死亡原因,也是发展中国家人口的第二大死亡原因,直至2024年,已有超1000万人因其死亡。已知癌症是一种高度复杂的疾病,其由基因缺陷或不稳定性引起,导致细胞病理学改变,如由于基因突变、染色体易位、基因故障和失能细胞凋亡导致的细胞异常生长和复制。目前,肿瘤治疗方式主要集中在化学治疗、手术、免疫疗法和激素疗法等。通常,化学治疗(以下简称"化疗")是治疗癌症的主要手段。从技术上讲,化疗涉及使用合成、半合成或天然来源的化学药物进行治疗。

虽然大多数化疗药物是合成或半合成的,但天然产物(NP)在癌症治疗中的作用也得到了广泛认可。目前,几种已知的抗癌药物是天然来源的,并且直接或在结构修饰后用于治疗癌、黑色素瘤、实体瘤等。自1961年以来,9种植物衍生化合物已在美国被批准用作抗癌药物:长春碱、长春新碱、依托泊苷、替尼泊苷、紫杉醇、诺维本(长春瑞滨)、泰索帝(多西他赛)、拓扑替康和伊立替康。

通过生物活性和作用机制定向分离和表征,再加上合理的药物设计为基础的改性和类似物合成,许多具有有效抗肿瘤活性的先导化合物已经从药用植物中分离得到。药物发现和开发过程中使用了三种主要研究方法:①活性化合物的生物活性和作用机制定向分离和表征;②基于合理药物设计的修饰和类似物合成;③作用机制研究。传统药物,包括中草药配方,可以作为潜在新药的来源,初步研究集中在生物活性先导化合物的分离。在此基础上,尝试化学修饰,以增加其活性,降低毒性或改善其他药理学特征。因此,药物在临床前研究的主要目标是解决毒理学、生产和配方问题。

抗肿瘤先导化合物是研发抗肿瘤药物的关键步骤,具有重要的意义。本章将对肿瘤代表性药物的先导物的发现及新药研发进行阐述。

第一节 抗肿瘤植物来源先导化合物

一、喜树碱类

(一)喜树碱类先导化合物的发现

喜树碱(camptothecin,CPT)及其衍生物是重要的抗肿瘤药物家族之一。1966年,Wall等从中国特有的珙桐科植物喜树(*Camptotheca acuminata*）的树干、树皮和果实中分离得到，这是 CPT 类化合物研究的开端。目前，CPT 已成为仅次于紫杉醇的第二大植物源抗癌药物。动物实验结果表明，CPT 对肺癌、卵巢癌、乳腺癌、胰腺癌和胃癌具有显著的抗肿瘤活性，因此可作为开发新的抗癌药物的一个非常有吸引力和前景的先导结构。CPT 是一种单萜五环喹诺酮生物碱，含有平面五环结构，包括吡咯烷核（B 环）、喹啉核（A 和 B 环）、内酰胺核（D 环）、含有 S 构型立构中心的内酰胺系统和 E 环中的 α-羟基（图 7-1）。

最初的研究发现 CPT 对多种肿瘤细胞系展现出显著的细胞毒性。它能够抑制肿瘤细胞的增殖，主要是通过抑制 DNA 拓扑异构酶 I（Topo I）的活性来发挥作用。这一独特的作用机制使喜树碱在抗肿瘤药物研究领域备受关注。CPT 作为先导化合物，为后续一系列衍生物的开发提供了基础。先导化合物是指具有一定生物活性的化合物，可以通过对其结构进行修饰和优化来开发更有效的药物。CPT 的化学结构中，其内酯环是活性必需基团，一旦内酯环打开，其抗肿瘤活性会显著降低。这一特性为后续的结构修饰提供了重点方向，例如如何在保持内酯环结构完整的同时，改善药物的其他性质，如溶解性、药代动力学特性等。

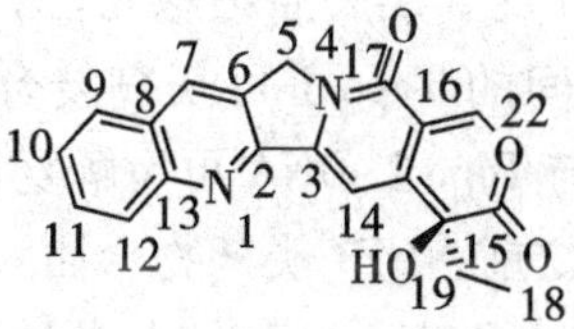

图 7-1 喜树碱的结构式

（二）喜树碱类新药研发过程

天然的 CPT 是一种特殊的、中性的生物碱，极其不易溶于水，难溶于一般的有机溶剂，但可溶于吡啶、氯仿、甲醇、二甲亚砜等少数溶剂，不溶于酸，与酸不容易成盐，在浓硫酸中溶解呈黄绿色。室温下，CPT 通过碱处理使喜树碱 E 环的内酯环打开，形成水溶性的羟基酸钠盐以提高其水溶性，经酸化则又重新内酯化成环（图 7-2）。在 20 世纪 70 年代开始使用 CPT 的水溶性钠盐（CPT-Na）进行早期临床试验。CPT 的临床试验结果表明，其疗效较低，伴有不可预测的严重毒性，包括出血性膀胱炎和骨髓毒性。因此，临床试验被暂停。直到 1985 年，霍普金斯大学的 Hsiang 教授首先发现其通过作用于拓扑异构酶 I 抑制 DNA 的复制和转录，对广谱肿瘤细胞系表现出良好的抗肿瘤活性。这一发现使 CPT 在 20 世纪 80 年代末重新成为抗癌药物开发的前沿。

−2　喜树碱钠盐的结构式

（三）喜树碱类先导化合物的作用机制

CPT 类药物主要是通过抑制 DNA 拓扑异构酶 I 来发挥抗肿瘤作用。DNA 拓扑异构酶 I 是一种核酶，在 DNA 的复制、转录、重组和修复等关键的细胞过程中发挥不可或缺的作用，是许多重要抗癌药物的特定目标。Topo I 抑制剂疗效高、抗瘤谱广，已成为设计新型抗肿瘤药物的重要靶酶。在正常生理状态下，Topo I 能够切断 DNA 单链，使 DNA 链能够顺利地通过切口，然后再将切口重新连接起来，以此来调节 DNA 的拓扑结构。例如，在 DNA 复制过程中，随着复制叉的前进，DNA 双螺旋会不断地产生扭曲应力，Topo I 可以适时地切割和重新连接 DNA 单链，释放这种应力，使得复制过程能够顺利进行。

CPT 的主要作用机制涉及 S 期肿瘤细胞死亡。在细胞的 S 期里面，CPT 会导致前进的复制叉和中间的 Topo I 可切割复合物之间发生潜在的碰撞。CPT 类药物能够特异性地与 Topo I-DNA 可裂解复合物结合。当 Topo I 切割 DNA 单链后，在重新连接之前，CPT 类药物会插入到这个复合物中。它们与 Topo I-DNA 复合物的亲和力很高，这种结合是通过药物分子的化学结构与复合物的特定区域相互作用实现的。例如，CPT 的内酯环结构等部分参与了这种结合过程。CPT 类药物与 Topo I-DNA 复合物结合后，会稳定这种复合物，使得 Topo I 无法正常地将切割后的 DNA 单链重新连接起来。这样就导致了 DNA 单链断裂的积累。在 DNA 复制过程中，复制叉遇到这些断裂的单链时，就会受到阻碍，复制过程无法正常完成。同样，在转录过程中，RNA 聚合酶沿着 DNA 模板链移动时，也会因为这些单链断裂而受到干扰，导致转录无法顺利进行。

持续的 DNA 单链断裂会激活细胞内的一系列损伤应答机制。细胞会试图修复这些损伤，但如果损伤过于严重，就会触发细胞凋亡程序。这包括激活一系列的凋亡相关蛋白，如 Caspase 家族蛋白。Caspase 蛋白被激活后，会分解细胞内的各种重要结构和分子，最终导致细胞的程序性死亡。例如，Caspase-3 可以分解细胞骨架蛋白和核内的一些关键蛋白，使细胞的形态和功能发生改变，进而导致细胞凋亡。这种对肿瘤细胞的凋亡诱导作用是喜树碱类药物发挥抗肿瘤活性的关键所在。

由上可知,CPT通过与拓扑异构酶Ⅰ结合,能够可逆地诱导单链断裂,影响细胞的复制能力,防止DNA的重组。因而能够有效地抑制肿瘤生长,导致细胞凋亡。它稳定了TopoⅠ和DNA之间的所谓的可切割复合体。通常,这些稳定的断裂是完全可逆的。然而,当DNA复制叉与可切割复合体碰撞时,单链断裂转化为不可逆的双链断裂。值得注意的是,CPT并不能在TopoⅠ所有切割位点捕获可裂解复合物。研究显示CPT要产生药效,必须CPT、TopoⅠ、DNA三者同时具备。

此外,目前正在合成和评估CPT衍生物中,有一些衍生物能够将瞬时TopoⅠ催化的DNA断裂稳定至比托泊替康或伊立替康更大的亲和力。一些喜树碱相关化合物,其在10、11和7位上含有取代基,例如10,11-亚甲二氧基-20(S)-CPT和10-溴乙酰氨基-20(S)-CPT。这些化合物在产生TopoⅠ诱导的链断裂方面比喜树碱更有效,这种作用可能与其延长TopoⅠ介导的DNA断裂半衰期的能力有关。用这些化合物治疗可能会导致减少的副作用和肿瘤细胞中DNA断裂的持续性,这可能会增加杀死肿瘤细胞的机会。

(四)喜树碱类化合物的构效关系

全合成和半合成方法的发展以及作用机制的研究促进了CPT的发展,包括内酯稳定性,溶解性和药物转运机制,肿瘤细胞识别和DNA序列特异性增强,等等性能的提高。CPT的结构-活性关系(SAR)的大量研究促使合成了许多衍生物和类似物,包括前药(缀合物和聚合物结合的喜树碱)、新制剂(脂质体或微粒载体),以及亲脂性和水溶性喜树碱。CPT衍生物的讨论当前分别集中在五环结构的喹啉环(A/B-环)、C和D环以及E环上。目前,新型CPT衍生物的设计基于以下假设,包括A、B、C和D环的共轭和平面性,E环内酯和20-C处的S构型。相应地,设计的适合于肿瘤细胞靶向酶促活化的喜树碱类似物将具有4个标准:①水溶性;②在血液中的稳定性;③降低的细胞毒性;④对确定的酶促裂解的敏感性。喜树碱类化合物的构效关系如图8-3所示。

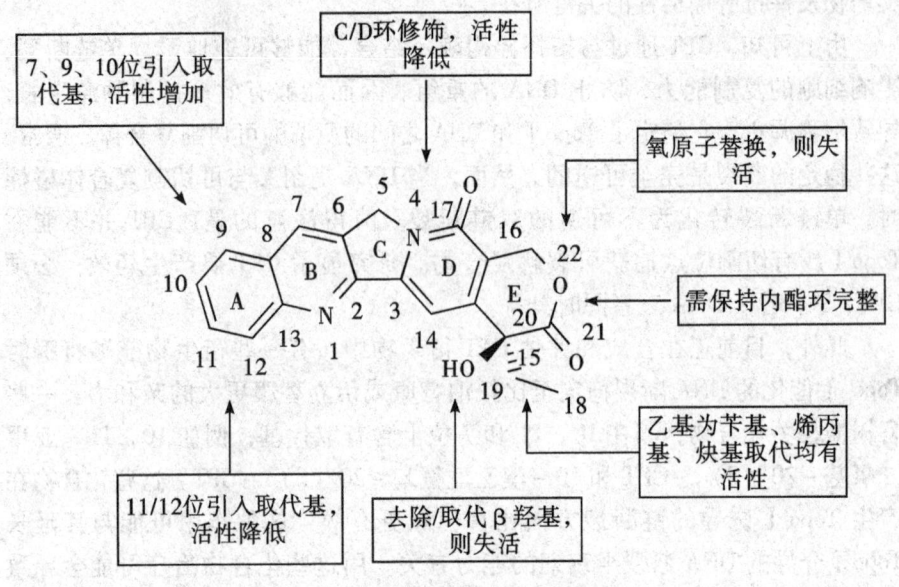

图 7-3 喜树碱的构效关系总结

(五) 喜树碱类先导化合物的合成

在 CPT 首次被分离出来近 50 年后，以 CPT 为基础的药物仍然吸引着世界各地研究人员的关注，越来越多的 CPT 衍生化疗药物被研究出来。尤其是 Topo I 作为 CPT 的治疗靶点的发现，为抗肿瘤药物的开发开辟了一条新的途径。然而，具有抗肿瘤活性的天然喜树碱的含量极少，远远不能满足人们的实际需要。此外，虽然 CPT 是一种很有前途的抗肿瘤药物，但由于其水溶性差、毒副作用大，以及 E 环上高度亲电的 α-羟基内酯的内在不稳定性（由于开放的羧酸盐优先与血清白蛋白结合）等问题严重阻碍了其在肿瘤治疗领域的应用。已有研究表明，将喜树碱中发现的六元 α-羟基内酯环改变为七元 β-羟基内酯环可以增强内酯的稳定性，从而减少其转化为非活性羧酸形式。因此，通过人工有机合成能够有效地弥补这一天然上的不足。目前，已经开发了几种 CPT 的全合成或半合成方法，制备了一系列喜树碱衍生物并进入临床应用或临床试验阶段。

自 1971 年 Stork、Schultz 和 Danishevsky 报道了消旋喜树碱的合成方法后，人们对喜树碱的全合成研究已经取得了巨大进展。全合成法是通过化学合成的方法，从头构建喜树碱的分子结构。这种方法可以对喜树碱的结构进行精确的控制和修饰，从而获得具有特定活性和性质的喜树碱衍生物。目前，已经可以实现由简单的原材料、简短的步骤（十步以内）、高效以及高选择性的合成喜树碱及其衍生物。通常，可以通过使用不同的 AB 环和 DE 环前体通过构建 C 环来得到喜树碱类化合物。常用的全合成方法包括 Friedlander 缩合、Michael 加成、串联的自由基环化、Diels-Alder 环加成和铅催化的 heck 反应等。

此外，半合成法是制备 CPT 类药物的重要方法之一。半合成法通常是以喜树碱为原料，通过化学反应引入不同的侧链或官能团，从而得到具有不同药理活性和药代动力学性质的喜树碱类药物。例如，伊立替康（irinotecan）是一种广泛应用于临床的喜树碱类药物，其半合成法是以喜树碱为原料，通过多步化学反应引入哌啶基、哌啶侧链得到的。这种方法的优点是可以根据需要对药物的结构进行修饰和优化，从而提高药物的疗效和安全性。同时，半合成法也可以利用天然产物喜树碱作为起始原料，降低生产成本。

喜树碱类先导化合物的生物合成法是利用生物体内的酶或微生物来合成喜树碱类化合物的方法。如通过培养喜树的细胞，可以在体外生产喜树碱类化合物。此外，还可以利用微生物（如细菌、真菌等）的代谢能力来合成喜树碱类化合物。通过筛选和优化合适的微生物菌株，可以提高产量和纯度。利用基因工程合成喜树碱也是一种有效的方法。通过将喜树碱生物合成相关的基因导入到其他生物体中，如大肠杆菌、酵母等，使其能够表达和生产喜树碱类化合物。这种方法可以利用基因工程技术对生物合成途径进行调控和优化，提高产量和效率。需要注意的是，生物合成法目前仍面临一些挑战，如产量较低、成本较高、纯化困难等。因此，在实际应用中，通常需要结合化学合成法和生物合成法，以提高喜树碱类化合物的生产效率和质量。同时，也需要进一步研究和开发新的生物合成技术和方法，以满足市场对喜树碱类化合物的需求。

（六）喜树碱类先导化合物的结构修饰与前药设计

以天然 CPT 为原料，通过对其结构进行改造，获得了拓扑替康（topotecan）、伊立替康、贝洛替康（belotecan）、羟基喜树碱（10-hydroxycamptothecin, HCPT）、9－氨基喜树碱（9-aminocamptothecin）、9－硝基喜树碱（9-nitrocamptothecin）、DB－67（7-t-butyldimethylsilyl-10-hydroxycamptothecin）等半合成衍生物。其中，伊立替康、拓扑替康和贝洛替康分别被 FDA 批准用于治疗结肠直肠癌和卵巢癌。此外，9－氨基喜树碱、9－硝基喜树碱等喜树碱衍生物也显示出治疗癌的显著潜力。因此，喜树碱被认为是 21 世纪最有前途的抗癌药物之一。

最早开始研究的喜树碱衍生物是 HCPT，是由我国科学家在 20 世纪 70 年代自主研制的抗肿瘤药物，因其可靠的临床疗效而受到人们广泛的关注。

作为喜树碱的羟基衍生物，HCPT 为喜树碱的羟基衍生物，作用机制与喜树碱相似，但毒性较小（图 7-4）。其对多种肿瘤有抑制作用，具有抗瘤谱广且无交叉耐药性等优势，主要用于胃癌、肝癌、大肠癌、肺癌、头颈部癌、膀胱癌和白血病等。HCPT 是一种黄色粉末或结晶性粉末，熔点为 272～273℃，不溶于水，极微溶于甲醇和无水乙醇，易溶于稀碱溶液。该分子为五环结构，分子结构呈高度不饱和态，存在连续的共轭系统。

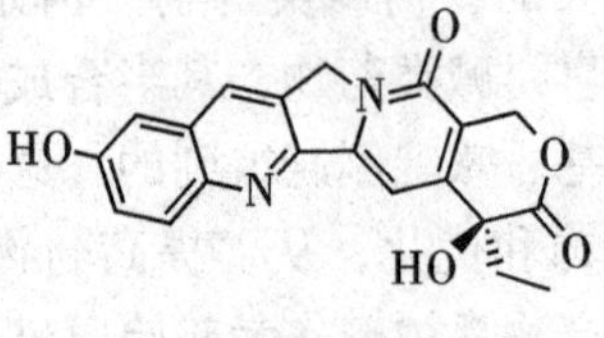

图 7-4 10-羟基喜树碱的结构式

HCPT 主要作用于 DNA 合成期（即 S 期），对 G_1、G_2、M 期细胞亦有轻微杀伤力，而对 G 期细胞无作用。HCPT 静脉注射后经静脉注射后，胆囊中的药物浓度最高，其次为癌细胞、小肠、肝、骨髓、胃及肺等器官。其在血液中的清除过程呈双相曲线，第一个快速下降的生物半衰期为 4.5 分钟，第二个半衰期约为 29 分钟。静脉注射的 HCPT 主要从胆汁排泄，通过大便排出体外；且给药后随着时间延长，血药浓度逐渐降低，胆汁和大便中排出明显升高，癌细胞中浓度分布 24 小时内保持稳定水平。

喜树碱本身水溶性差，限制了其临床应用。为了改善这一情况，在其分子结构中引入亲水性基团是一种常见的策略。例如，伊立替康是喜树碱的衍生物，在喜树碱的 7 位引入乙氧基羰基-哌啶基-氨基甲酸酯侧链，这一修饰极大地增加了化合物的水溶性。这种侧链结构含有能够与水分子形成氢键的官能团，如氨基和酯基，从而使得药物在水性环境中更易溶解。1991 年，Sawada 等人首次报道了伊立替康的合成。此后，伊立替康于 1994 年被 FDA 批准用于结直肠癌一线治疗。伊立替康的合成路径如图 7-5 所示。首先，将喜树碱在双氧水、硫酸亚铁和硫酸的作用下，与正丙醇经过 Minisc 反应得到 7-乙基喜树碱。随后，7-乙基喜树碱氧化生成相应的氮氧化合物，然后经过光照得到 SN-38，最后上保护得到伊立替康。SN-38 是伊立替康的活性代谢物，其抑制 Topo I 的活性远大于伊立替康。

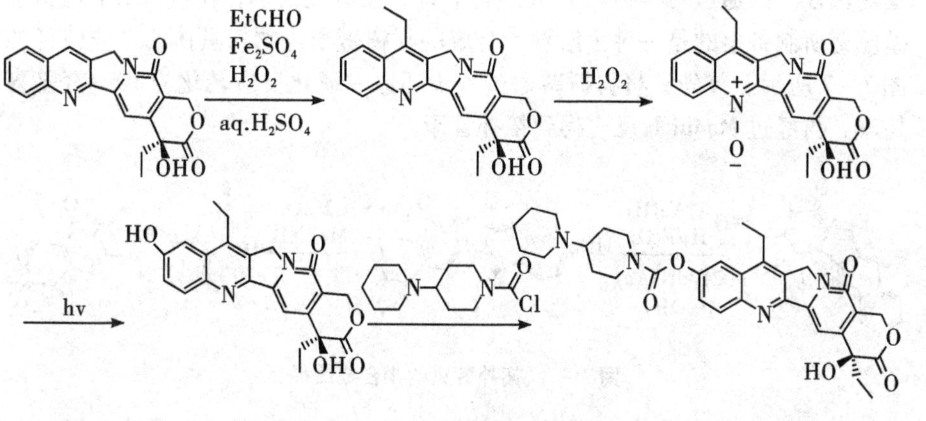

图7-5　伊立替康的半合成路径

伊立替康是一种淡黄色至黄色的疏松块状物或粉末，可溶于水，不溶于三氯甲烷、二氯甲烷等有机溶剂。其主要成分是盐酸伊立替康，结构概念图如图7-6所示。大量临床数据表明，盐酸伊立替康为DNA合成抑制剂，对多种肿瘤如结肠癌、小细胞肺癌、直肠癌、白血病等都有明显的抑制作用。此外，伊立替康及其活性代谢物SN-38可与TopoⅠ-DNA复合物结合，从而阻止断裂单链的再连接。现有研究显示，伊立替康的细胞毒作用归因于其在DNA合成过程中，复制酶与TopoⅠ-DNA-伊立替康（或SN-38）三联复合物相互作用，从而引起DNA双链断裂。该药于2001年3月在中国上市。

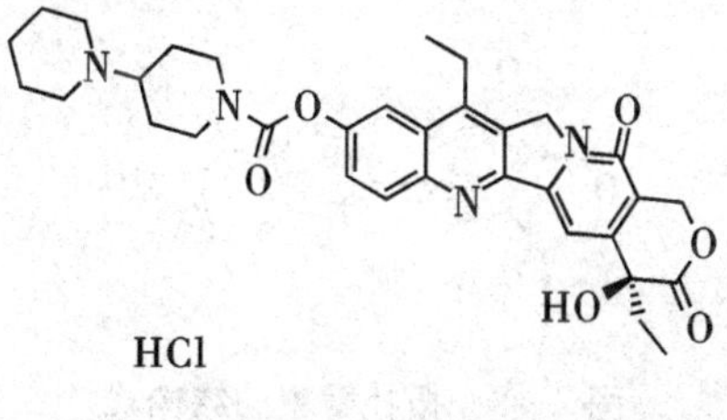

图7-6　盐酸伊立替康的结构式

喜树碱主要通过抑制DNA拓扑异构酶Ⅰ发挥作用，其内酯环结构是与TopoⅠ-DNA复合物结合的关键部分。对内酯环附近的结构进行修饰可以影响药物与靶点的结合能力。例如，拓扑替康在喜树碱的9位有一个甲基取代基，这一修饰增强了药物对TopoⅠ的抑制活性。甲基的引入可能改变了药物分子的空间构象和电子云分布，使得药物与TopoⅠ-DNA复合物的结合更加紧密，从而提高了药物的抗肿瘤活性。1991年Kingsbury等人报道了第一个上市的喜树碱类药物拓扑替康的合成，已于1996年被FDA批准用于治疗卵巢癌治疗。其通过对喜树碱 A 环进行修饰，使其连有 N，N' -二甲基氨甲基侧链所制备出的是一种水溶性半合成的喜树碱衍生物，具体的合成路径如图 7-7 所示。首先，将喜树碱通过一步还原-氧化反应转化为 10-羟基喜树碱，再经过 Mannich 反应得到拓扑替康。

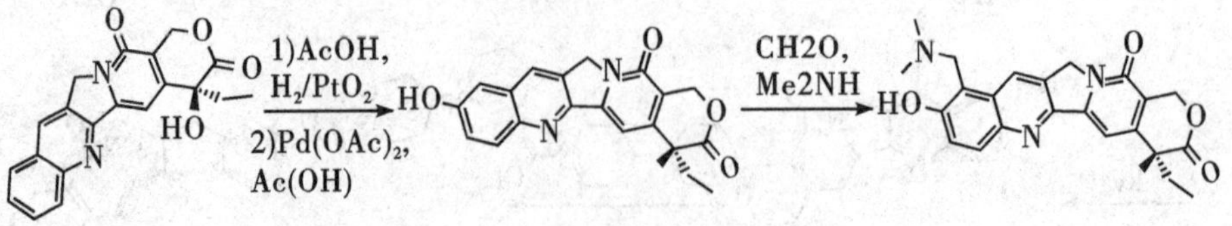

图 7-7 拓扑替康的半合成路径

拓扑替康是一种拓扑异构酶 I 的抑制剂，通过抑制 DNA 单股断链重新连接而使 DNA 损伤（图 7-8）。其细胞毒作用在癌细胞分裂的 S 期，临床用于治疗小细胞肺癌（SCLC）和晚期卵巢癌。拓扑替康盐酸盐具有很好的水溶性，而且酸性的溶液避免了因其内酯开环而导致活性降低的可能。由于其能透过血脑屏障，对中枢神经系统恶性肿瘤及脑转移瘤有一定的疗效，因而与其他抗癌药物合用时需减少剂量。肾脏排泄是该药消除的主要途径，注射 30 分钟后 25%～40% 的药物以原形由肾脏排泄。拓扑替康的最终半衰期为 3.3 小时左右，在所有已知半衰期的喜树碱衍生物中是最短的。其主要不良反应为血液学毒性，包括白细胞、血小板和血红蛋白减少；非血液学毒性有食欲不振、恶心、呕吐、脱发、口腔炎、腹泻、头痛、发热等。

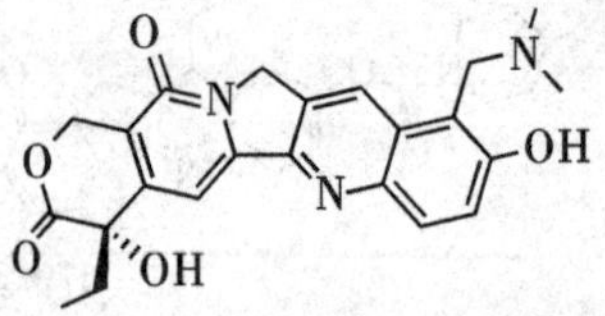

图 7-8 拓扑替康的结构式

2000 年，韩国科学家 Soon Kil Ahn 等以喜树碱为原料，经过甲基化、胺甲基化两步反应制得贝洛替康，总产率为 40.42%。贝洛替康的合成路径如图 7-9 所示。贝洛替康是一种具有抗肿瘤效应的喜树碱衍生物，于 2005 年在韩国被批准上市，用于小细胞肺癌的治疗。临床结果表明其在口腔鳞状癌细胞中诱导 G_2/M 期阻滞。此外，贝洛替康对胶质瘤细胞显示出显著的抗癌作用。

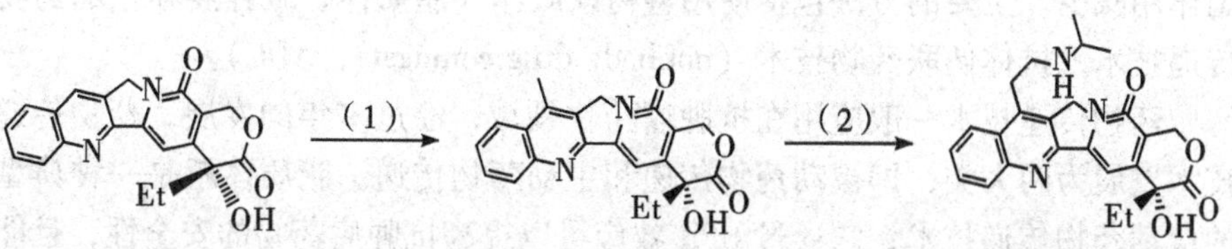

第七章 抗肿瘤先导化合物的发现与新药研发

图7-9 贝洛替康的半合成路径

9-氨基喜树碱是一种水溶性的喜树碱衍生物，在喜树碱的9位上有一个氨基。主要剂量依赖性毒性反应是中性粒细胞减少，血小板减少症较少一些。其他毒性反应包括贫血、乏力、恶心、呕吐、腹泻、脱发和黏膜炎。9-氨基喜树碱无肺毒性，不引起出血性膀胱炎。在Ⅱ期临床研究中，注射9-氨基喜树碱治疗难治性复发淋巴瘤有效率为25%，治疗难治性乳腺癌有效率为17%，非小细胞肺癌有效率11%，对结肠直肠癌的治疗具有一定效果。

除了结构修饰之外，缀合是优化CPT的治疗效果的另一个重要策略，包括内酯稳定性、溶解性/亲脂性、肿瘤细胞识别和DNA损伤的序列特异性。CPT的20-OH基团与内酯的羰基部分产生分子内氢键，从而加速原本稳定的内酯的水解。因此，20-OH基团成为缀合的第一位点，主要的方法是20-OH基团的酯化。需要注意的是，共轭酯化和修饰酯化之间的差异取决于它是否是前药。理想的前药应该是体内稳定的，毒性远低于其母体形式，并且在肿瘤细胞的微环境中或内特异性活化。具有各种连接体的20（S）-O-酯、20（S）-O-酰胺、20（S）-O-碳酸酯和氨基甲酸酯已在最近的研究中用于制备新型CPT类似物。此外，这种酯前药还可以被具有酯酶活性的内源性酶水解。除了20-OH基团之外，还可以利用改性CPT类似物上的反应性官能团，包括氨基、羟基和羧酸基团。这些基团中的大多数是喹啉（A/B）环系统的一部分。

（七）喜树碱及其衍生物新配方的设计

纵观喜树碱类化合物研发过程，大多存在几大问题：首先，成药性差，喜树碱的特殊结构导致脂溶性和水溶性都很差，必须提高水溶性；其次，喜树碱化合物具有一定毒性，水溶性太好也会导致血药浓度的瞬间上升从而引起毒副反应；最后，喜树碱前药改造需要考虑释放效率与稳定性，这在合理前药设计上永远是一对矛盾体。这一系列的问题让喜树碱的新药研究陷入不瘟不火的境地，急需新的策略来解决喜树碱面临的问题。

喜树碱研究的另一个重要领域是喜树碱及其衍生物新配方的设计，使药物具有更好的疗效，例如：稳定性增强、水溶性增加、更好的药代动力学和副作用减少。主要的方法包括使用喜树碱载体（脂质体、微乳液等）的药物传递技术及抗体偶联药物技术（antibody drug conjugate，ADC）。

药物传递技术一般应用在抗肿瘤药物领域，经过多年的发展，药物传递技术发展为两大类，即被动药物传递和主动药物传递。脂质体就是一种典型的被动药物传递技术，它通过EPR效应可以提高抗肿瘤药物的安全性，且能改善药物的溶解性。2015年伊立替康脂质体被FDA批准用于晚期胰腺癌，这对喜树碱类药物面临的困境有很重要的借鉴意义。

ADC技术是一种高度靶向的主动药物传递技术，是由德国著名的免疫学家提出的"魔术弹"概念演变而来。ADC的基本结构是将细胞毒类小分子通过linker与抗体连接。众所周知，抗体具有很好的水溶性，且分子量远大于一般的细胞毒类小分子，因此在ADC里面小分子的水溶性相对不那么重要。另一方面，抗体的强大靶向能力使得ADC分子整体能集中分布于靶组织，小分子的毒性反而是起到治疗效果的有利因素。最后，ADC的linker可以人为地进行合理设计，使得药物分子的释放完全符合预期设想。正是ADC的这些特点使得一些成药性或安全性很差的分子有可能成为药物。

喜树碱类化合物是临床中应用的唯一的Topo I抑制剂，对临床上生长缓慢的实体瘤有良好的疗效，可以克服微管类药物的不足；另外，喜树碱类药物在临床上对免疫类药物有很好的增效作用。随着药物传递系统和ADC技术的发展，可有效地克服喜树碱类药物的水溶性差、组织分布不足等带来的副作用。今后以高活性喜树碱为ADC的效应分子，开发抗肿瘤新药会有长足的发展。

二、长春碱类

（一）长春碱类先导化合物的发现

长春碱类化合物来源于夹竹桃科植物长春花。在20世纪50年代，Beer等和Johnson等分别从长春花中提取并发现了长春碱（vinblastine，VBL）和长春新碱（vincristine，VCR）。最初对长春花的研究并非聚焦于抗肿瘤，而是在探索其药用价值的过程中偶然发现其具有抗肿瘤活性，这为后续长春碱类抗肿瘤药物的研究奠定了基础。当时对长春花的研究发现其对P1534小鼠白血病的疗效显著，从而引起了科研人员对长春碱类化合物抗肿瘤作用的广泛关注。长春花中含有多种生物碱成分，但具有显著抗肿瘤活性的主要是长春碱和长春新碱。研究人员通过对长春花提取物的分离、纯化和生物活性测试等一系列研究工作，确定了这两种生物碱是具有抗肿瘤活性的关键成分。后续随着研究的深入，又陆续从长春花中分离出更多的生物碱成分，并对其结构和活性进行了研究。该类生物碱自发现具有抗肿瘤活性以来，已有长春碱、长春新碱、长春地辛和长春瑞滨已用于临床，而长春氟宁及脱水长春碱等正处于临床研究阶段。

（二）长春碱类先导化合物的作用机制

长春碱对大多数细胞（包括植物细胞）都有细胞毒性，对癌细胞等细胞的积极分裂有更强的作用。研究表明，长春碱可以干扰多种不同的细胞过程，如蛋白质合成和降解、脂质代谢和钙运动。长春碱类药物主要的作用靶点是微管蛋白。微管蛋白是细胞骨架的重要组成部分，包括α-微管蛋白和β-微管蛋白；它们能够聚合形成微管，微管在细胞的形态维持、细胞内物质运输和细胞分裂等过程中发挥关键作用。在细胞有丝分裂期间，微管组成纺锤体，其主要功能是牵引染色体向细胞两极移动，确保遗传物质能够平均分配到两个子细胞中。

长春碱类药物能够与微管蛋白结合。具体来说，它们主要结合在微管蛋白的特定位点，抑制微管蛋白的聚合。当微管蛋白无法正常聚合时，纺锤体的形成就会受到干扰。例如，长春碱类药物可以结合到微管蛋白的异二聚体上，改变其构象，使得微管蛋白难以聚集形成微管结构。同时，长春碱类药物还能够破坏已经形成的微管。这种破坏作用导致纺锤体微管解聚，染色体不能正常地向两极移动。这样一来，细胞的有丝分裂过程就会停滞在中期，最终导致细胞死亡。因为细胞无法完成正常的分裂过程，细胞的增殖就会受到抑制，这是长春碱类药物发挥抗肿瘤作用的关键所在。

肿瘤细胞通常具有较高的增殖速率，其分裂过程对微管的正常功能依赖程度较高。长春碱类药物对肿瘤细胞的这种选择性杀伤作用，是因为肿瘤细胞在进行频繁的分裂活动时更容易受到微管蛋白功能被干扰的影响。相比之下，正常细胞大部分处于静止期或者分裂不活跃状态，所以受到的影响相对较小。不过，长春碱类药物也会对一些正常的增殖活跃的细胞（如骨髓细胞、胃肠道黏膜细胞等）产生一定的毒性作用，这也是其副作用产生的主要原因。

对长春碱类药物的作用机制进行深入研究，有助于开发出更有效的新药。目前已知长春碱类药物主要通过抑制细胞内微管蛋白的聚合，从而影响细胞的有丝分裂，达到杀伤肿瘤细胞的目的。基于这一作用机制，研究人员可以进一步探索如何增强药物与微管蛋白的结合能力，或者如何提高药物对特定类型肿瘤细胞的选择性，以提高药物的疗效。

（三）长春碱类先导化合物的结构修饰与前药设计

Noble等通过研究发现，向试验动物注射白色或粉红色长春花植物的水提取物导致 WBC 计数显著降低（粒细胞减少症），并伴有骨髓抑制。这一发现促使他们调查并确定负责生物活性的确切"部分"。经过几年的全面研究，他们证明了 VBL 和其他物质存在于馏分中，并赋予其卓越的生物活性。Noble 等人将这种首次分离出具有抗细胞增殖作用的天然生物碱称为长春碱（VBL）。VBL 是一种被使用了几十年的双吲哚生物碱（图 7-10）。从机制上讲，VBL 通过微管蛋白（tubulin）结合和微管聚合抑制来抑制细胞周期的有丝分裂（M 期）。微管中存在的 α- 和 β 微管蛋白以非共价方式连接，对 VBL 具有高亲和力和低亲和力结合位点。Sironi 等进行了广泛的分子动力学模拟，并计算了与药物 - 微管蛋白结合相关的自由能变化。研究结论是 α、β 二聚体之间的相互作用是由 VBL 介导的。

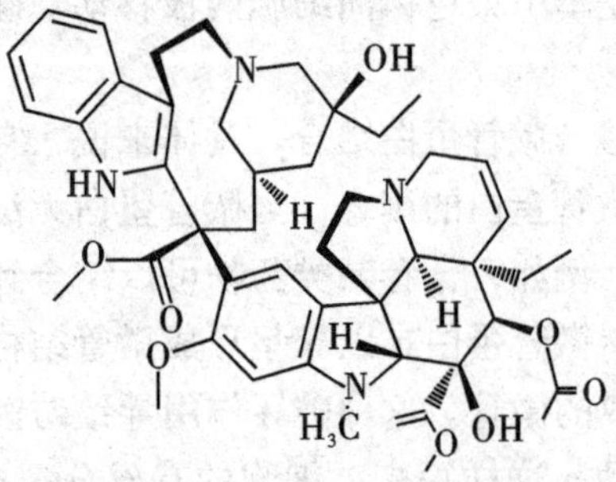

图 7-10　长春碱的结构式

VBL 因此被归类为细胞周期特异性抗肿瘤药。VBL 通过作用于 G_1、S 及 M 期，并对 M 期有延缓作用；能干扰增殖细胞纺锤体的形成，使有丝分裂停止于中期，并有免疫抑制作用。此外，其也可作用于细胞膜，通过干扰细胞膜对氨基酸的转运，使蛋白质合成受抑制。其对何杰金氏病、绒毛膜上皮癌疗效较好；同时，对急性白血病、乳腺癌、卵巢癌、睾丸癌、头颈部癌、口咽部癌、单核细胞白血病均有一定疗效。长春碱抗瘤谱较广，在 0.05～0.10 mg/kg 剂量时对小鼠 L1210 白血病、艾氏腹水癌、S180、C3H 小鼠自发性及转移性乳腺癌等均有明显抗肿瘤活性，对移植于地鼠颊囊中的绒癌细胞的生长亦有抑制作用。

1961 年，Svoboda 从长春花中分离出长春新碱（VCR）。从长春碱与长春新碱的结构可以看出，将 VBL 中的 N—CH_3 换为 N—C = OH 即可得长春新碱（图 7-11），取代基的差异决定了性质的不同。VCR 具有抗肿瘤性能，疗效比 VBL 约高 10 倍。其作用机制除了与 VBL 相同外，还可以选择性集中在癌组织中，对血液肿瘤疗效佳。VCR 目前主要应用于急淋性白血病、淋巴瘤，其联合强的松作为诱导治疗儿童急淋型白血病，完全缓解率可达 80%～

90%，与环磷酰胺、强的松或加用阿霉素治疗非霍奇金淋巴瘤有效率达 90% 以上，是此两种血液肿瘤的一线用药。此外，VCR 还可应用于乳腺癌、支气管肺癌、软组织肉瘤、神经母细胞瘤等的治疗。

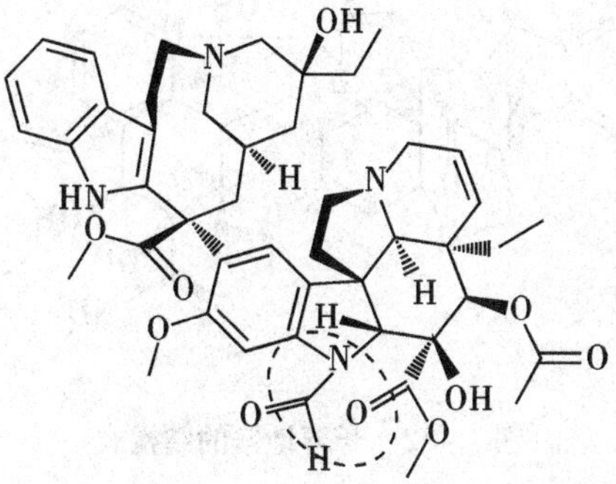

图 7-11　长春新碱的结构式

与 VBL 相比，VCR 的抗瘤谱广、疗效更好，且骨髓抑制及胃肠道反应较轻。然而，其神经毒性是所有长春花碱类药物中最强的，为剂量限制型毒性。此外，长春碱类药物最初是从长春花中提取获得，但长春花的生长周期较长，且野生长春花资源有限，大量采集会对生态环境造成破坏。因此，依靠从天然长春花中提取长春碱类化合物的产量难以满足日益增长的药物需求。

因此，对长春碱分子的不同环结构进行修饰，比如对 C 环、D 环、G 环等进行化学结构的调整和改造。这有助于改善药物的药代动力学特性、提高抗肿瘤活性以及降低毒副作用。例如，将 C-3 位羧酸甲酯基用甲酰胺基替换得到长春地辛；对 C 环进行脱碳缩环、在 C-3、C-4 位上脱水形成双键合成了长春瑞滨等，这些结构的微小改变使药物在瘤谱和毒性谱上都有较大变化。此外，对药物分子侧链进行修饰，引入不同的化学基团，如在长春瑞滨 D 环乙基侧链上引入其他原子或基团等，以增强药物与靶点的结合能力、改善药物的活性和选择性。

1978 年，Lilly 公司对长春碱的 G 环进行修饰，将 C-3 位羧酸甲酯基用甲酰胺基替换得到长春地辛，其结构如图所示 7-12 所示。长春地辛具有类似长春新碱的活性谱，主要成分是长春花碱酰胺；其主要作用于细胞周期的 M 期，与肿瘤细胞的微管蛋白结合，影响纺锤体的形成，使肿瘤细胞无法完成有些分裂的过程，对肿瘤细胞生长具有抑制作用；主要用于治疗黑色素瘤、急性淋巴细胞白血病和晚期非小细胞肺癌。长春地辛在欧洲和其他地区被批准使用，但是在美国，长春地辛只被批准用于临床研究。较长春新碱相比，其抗瘤谱广，不良反应轻。

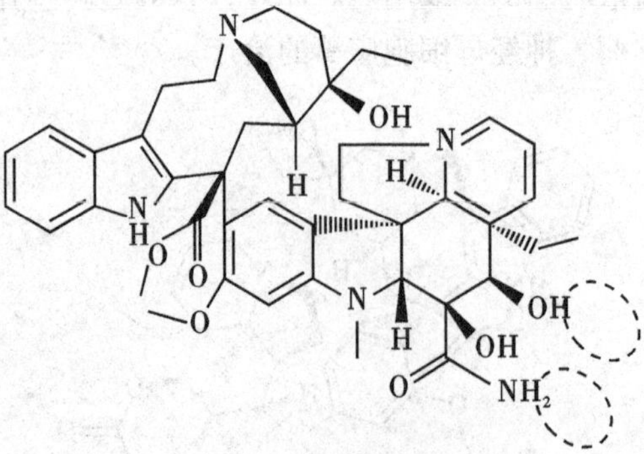

图 7-12　长春地辛的结构式

1979 年，Pierre Fabre 公司对长春碱的 C 环进行脱碳缩环，由九元环变为八元环，并在 C-3、C-4 位上脱水形成双键，合成了长春瑞滨。长春瑞滨是一种新型的半合成长春碱类抗癌药（图 7-13）。与其他抗微管剂一样，已知长春瑞滨是癌细胞凋亡的促进剂。1989 年在法国上市，1993 年底从法国引进中国。1994 年 12 月美国 FDA 批准将单制剂的长春瑞滨和顺铂合用作为晚期非小细胞（NSCLC）癌患者的一线治疗药物。如今已有 40 多个国家将其用于治疗 NSCLC 和晚期乳腺癌一线治疗。

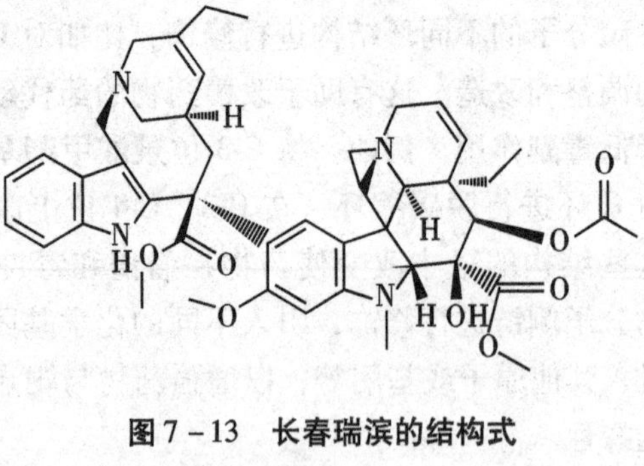

图 7-13　长春瑞滨的结构式

长春瑞滨是一种有丝分裂纺锤体毒物，在有丝分裂期间损害染色体分离。当其浓度接近 IC_{50} 时，可将细胞阻滞在 G_2/M 期；在较高浓度下，可产生多倍性。微管（源自微管蛋白聚合物）是长春瑞滨的主要靶点，已证明长春瑞滨优先结合有丝分裂微管而不是轴突微管的能力。与轴突微管损伤相比，评估抑制纺锤体聚合所需的最低药物浓度的比例为 20∶1。研究表明，长春瑞滨对人类肿瘤细胞系（肺、乳腺、白血病、骨髓瘤、结肠、黑色素瘤、CNS）具有细胞毒性。长春瑞滨的剂量限制性毒性是白细胞减少症。在小鼠胚胎的完整顶盖平面中，长春瑞滨、VCR 和 VBL 诱导有丝分裂微管解聚的效力相同，但长春瑞滨对轴突微管的活性低于其他长春生物碱。因而，长春瑞滨作为第三代长春碱的代表药物，抗肿瘤活性强，疗效确切，而且神经毒性比长春花碱等其他长春花生物碱小。

1994 年，Pierre Fabre 公司在长春瑞滨 D 环乙基侧链上的亚甲基引入两个氟原子，同时将 D 环双键还原，得到了长春氟宁。它与长春瑞滨的区别在于 C—20 位上由两个氟原子取代两个氢原子（图 7-14）。长春氟宁可以和微管相互作用抑制微管聚集，因此可以使细胞在有丝分裂中期停止。尽管该化合物也是一种微管特异性抑制剂，但其微管结合活性和其他长春花碱化合物相比有很大的不同，这可能解释该化合物具有更强的原因。研究表明，长春氟宁比长春瑞滨、长春碱或长春新碱对多种小鼠肿瘤和人类异种肿瘤移植具有更强的活性，1998 年进入 I 期临床试验，2000 年进入 II 期临床试验，2003 年进入 III 期临床试验。

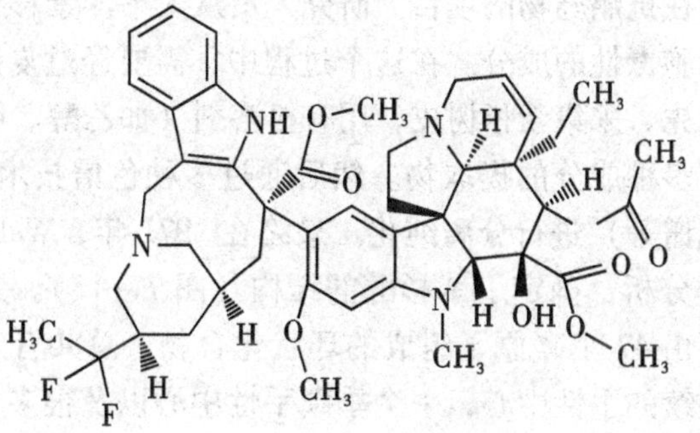

图 7-14　长春氟宁的结构式

利用生物合成方法生产长春碱类药物也是一种值得探索的方法。例如，2022 年有研究人员对酵母进行了基因工程改造，使其能够产生长春碱的前体文多灵和长春质碱，然后将这两种前体结合起来形成长春碱。这种生物合成方法为长春碱类药物的生产提供了新的途径，有望解决药物供应短缺的问题。

长春碱类先导化合物在癌症治疗领域占据着重要地位且展现出广阔的发展前景与深厚的研究价值。在发展进程中，对其类似物的合成与构效关系研究持续深入。生产方式不断革新，从传统的低产率植物提取迈向合成生物学技术与绿色化学合成的探索阶段，如通过改造酵母实现长春碱前体的生物合成，以及致力于环保高效的化学合成方法研究，这将有望解决传统生产方式的诸多局限，实现更稳定、大规模的药物供应。

三、紫杉醇类

紫杉醇（paclitaxel）是一种新型的抗癌药物，具有新的作用机制。它促进微管蛋白二聚体聚合形成微管，并通过防止解聚来稳定微管。紫杉醇是一种复杂的四环二萜类化合物，其化学结构包含紫杉烷环（A、B、C、D四个环）。它具有多个手性中心，这使得其立体化学结构复杂。例如，其分子中的13位侧链对其活性和药理性质至关重要，并且在空间结构上有特定的要求。紫杉醇在水中的溶解度极低，这是其制剂研发面临的一个主要挑战。它的脂溶性相对较好，在一些有机溶剂如乙醇、甲醇等中有一定的溶解性。这种特殊的溶解性特点也影响了它在体内的药代动力学过程。

（一）紫杉醇类先导物的发现

紫杉醇最先是从太平洋紫杉（*Taxus brevifolia*）的树皮中分离得到的。20世纪60年代，美国国家癌症研究所（NCI）发起了大规模筛选天然植物提取物以寻找潜在抗癌药物的项目。研究人员从太平洋紫杉树皮提取物中发现了具有显著细胞毒性的成分。在这个过程中，需要经过复杂的提取、分离和筛选步骤。首先，采集紫杉树皮，用有机溶剂（如乙醇、甲醇等）进行粗提取，得到含有多种成分的提取物。然后通过多种色谱技术（如硅胶色谱、反相高效液相色谱等）进行分离纯化。最终在1971年，Wall等采用X射线衍射和核磁共振分析，确定了紫杉醇的结构（图7-15）。紫杉醇是一种四环二萜化合物，由47个碳原子组成的环状化合物，总共有11个立体中心，其中包含7个连续的手性中心，一个季碳手性中心以及很多个官能团。其核心结构由4个环组成，包括6个A环和C环、8个B环和4个D环。

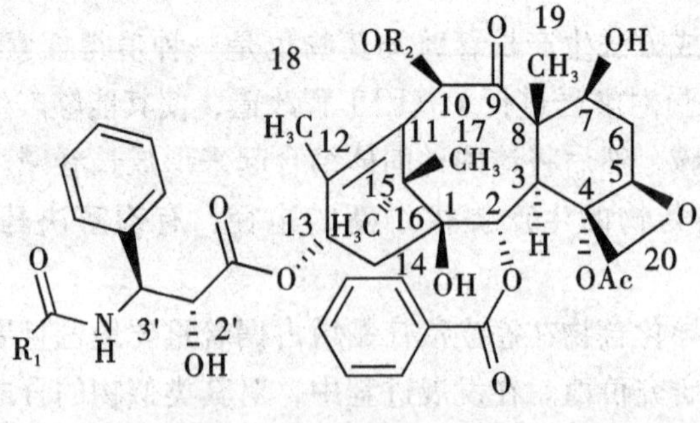

图7-15 紫杉醇的结构式

最初的细胞实验发现紫杉醇对多种肿瘤细胞系有很强的抑制作用。它的独特活性引起了科研人员的关注，从而被确定为先导化合物。后续研究表明，紫杉醇能够抑制细胞的有丝分裂。它的作用靶点是微管蛋白，与长春碱类药物不同的是，紫杉醇促进微管蛋白聚合，并且稳定聚合后的微管结构，使细胞被阻滞在有丝分裂期，最终导致细胞死亡。这种独特的作用机制使紫杉醇与当时已有的抗肿瘤药物有所区别，为其后续的药物研发提供了基础。同时，在动物模型实验中，紫杉醇也展现出了良好的抗肿瘤效果，进一步证实了它作为先导化合物的潜力。

（二）紫杉醇的作用机制

紫杉醇是一种强大的抗有丝分裂剂，通过促进微管的形成和有丝分裂，将细胞阻滞在 G_2 和 M 期。1979 年，美国爱因斯坦医学院的分子药理学家 Horwitz 博士阐明了紫杉醇独特的抗肿瘤作用机制：紫杉醇可使微管蛋白和组成微管的微管蛋白二聚体失去动态平衡，诱导与促进微管聚合的速度、程度和成核阶段、微管装配、防止解聚，从而使微管稳定并抑制癌细胞的有丝分裂和触发细胞凋亡，进而有效阻止癌细胞的增殖，起到抗癌作用。

体外研究表明，紫杉醇能够在体外提高并使微管稳定。与其他抗有丝分裂的药物相比，紫杉醇提高了微管组装的速度和产量。此外，紫杉醇类药物还能在正常情况下不发生聚合的条件下组装微管蛋白，这一重要的生物活性与紫杉醇及其衍生物对微管蛋白解聚过程的体外抑制有关。紫杉醇还产生浓度依赖性抑制人外周血单核细胞和自然杀伤细胞对癌细胞系的细胞毒性。这些作用通过用白细胞介素 –2 预处理而降低。该药物还抑制中性粒细胞的微管相关功能。然而，紫杉醇是以含有聚乙基蓖麻油和乙醇作为溶剂以增加药物溶解度，这会导致溶剂相关毒性，如超敏反应和长期周围神经病变。

此外，紫杉醇显示具有刺激凋亡调节基因的能力，这表明紫杉醇不依赖于微管维持。这可能与许多基因转录过程的调节有关，包括炎症、DNA 损伤反应蛋白、细胞凋亡以及在细胞增殖调节中发挥关键作用的蛋白质或细胞因子。紫杉醇对细胞凋亡影响的速率依赖于暴露的剂量和时间。例如，应用含有 10 nM 的浓度，暴露 12 小时，可通过诱导 S 期而不发生有丝分裂停滞来触发细胞死亡。

（三）紫杉醇类先导化合物的构效关系

紫杉烷环是紫杉醇类化合物的核心结构，其完整性对于保持药物的活性至关重要。对紫杉烷环进行较大的结构改变，如开环、断裂等，会导致药物活性的显著降低甚至丧失。这是因为紫杉烷环的特定空间结构为药物与微管蛋白的结合提供了基础的结合位点和空间构象。此外，在紫杉烷环上的不同位置存在一些取代基，这些取代基的性质和位置对药物活性也有影响。例如，环上的羟基等极性取代基对于药物的溶解性和与靶点的相互作用有一定的贡献。适当的羟基取代可以增强药物分子与微管蛋白的结合能力，提高药物的活性；而过多或不合适位置的羟基取代可能会影响药物的稳定性或生物利用度。在对紫杉醇衍生物的研究中，得到其构效关系如图7-16所示。

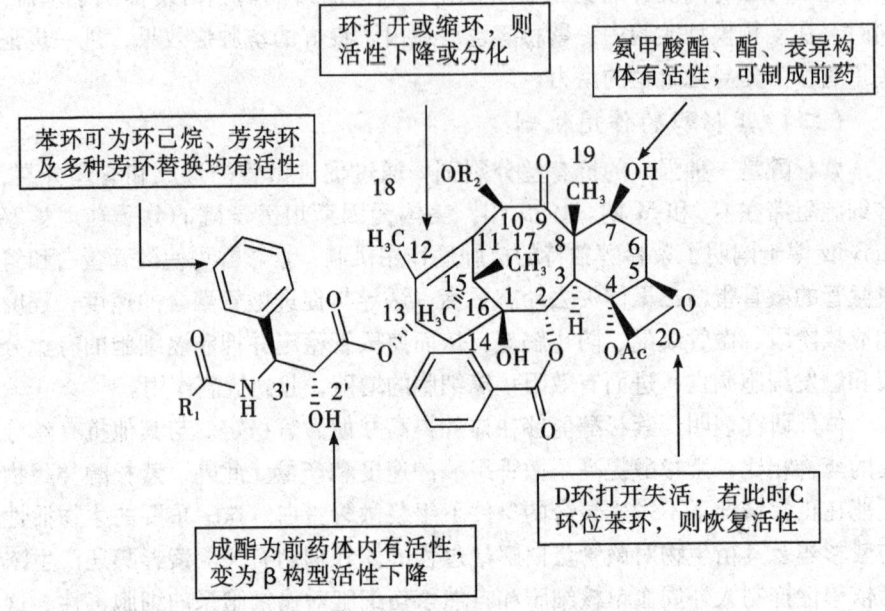

图7-16 紫杉醇的构效关系

（四）紫杉醇类先导化合物的结构修饰与前药设计

紫杉醇因其复杂和新颖的化学结构、独特的生物作用机制、可靠的抗癌活性和严重的资源不足引起了科学家们的极大兴趣。然而，天然红豆杉树生长极其缓慢并且不易繁殖，而且紫杉醇从植物中提取的有效率只有0.004%。从砍伐树木、收集紫杉树皮到分离萃取出紫杉醇，既费时、费力又需要大量的资金投入，而且砍伐树木会导致树木死亡、资源枯竭。因此，在之后长达17年的时间里，紫杉醇的临床研究和化学合成研究几乎同时进行。

紫杉醇的全合成是一项极具挑战性的工作，因为紫杉醇分子具有高度氧化的、复杂的（6-8-6-4）桥环体系、11个手性中心（其中3个为季碳中心）和1个桥头双键。经过20多年的努力，终于在1994年首先由美国佛罗里达州立大学的化学家Holton和美国斯克瑞普斯研究所的化学家Nicolaou两个研究组几乎同时报道完成了紫杉醇的全合成。Nicolaou等采用汇聚式的策略，以McMurry偶联作为关键策略，在C9—10位成功构筑了最具挑战的八元环，最终完成了紫杉醇的全合成，总步骤37步。而Holton等巧妙采用

Grob 碎裂化反应作为核心策略，成功构筑八元环，总步骤 41 步。1995 年，美国哥伦比亚大学的 Danishefsky 课题组报道了第三例紫杉醇的全合成。他们采用 Heck 偶联反应作为核心策略，在 C10—11 位构建八元环，总步骤 47 步。然而，紫杉醇全合成由于步骤多、产率低、反应条件苛刻等导致成本高而无法商业化生产。

因而，在紫杉醇结构复杂而不能实现化学全合成、天然来源又非常有限和社会需求极大的状况下，在红豆杉中寻找含量较高的紫杉醇前体化合物，然后再通过化学方法将其转化为紫杉醇是非常有效的解决途径。此外，侧链的合成使紫杉醇的紫杉烷部分易于酯化，因此紫杉醇的半合成是可行的。

紫杉醇半合成主要是从红豆杉植物中提取紫杉烷类化合物作为起始原料。其中，10-脱乙酰基巴卡 JIII（10-DAB）是最常用的原料。它可以从红豆杉的针叶、树枝等可再生部分提取获得，这样就避免了直接从红豆杉树皮中提取紫杉醇对树木造成的严重破坏。因为红豆杉生长缓慢，树皮的采集会导致树木死亡，而利用枝叶提取 10-DAB 相对更加可持续。在半合成过程中，首先要对 10-DAB 的某些官能团进行保护，防止它们在后续反应中发生不必要的反应。例如，对羟基等活性官能团进行保护，通常采用乙酰化等反应。在完成关键的反应步骤后，再通过脱保护反应将这些保护基团去除，恢复官能团的原始状态。半合成的关键步骤是将合适的侧链连接到 10-DAB 的特定位置上。通常是在 C—13 位连接含有苯基异丝氨酸结构的侧链。这个过程涉及复杂的化学反应，如酯交换反应等。通过使用合适的试剂和反应条件，使侧链与 10-DAB 主链结合，形成紫杉醇或其类似物。半合成能够生产出具有与天然紫杉醇相似的化学结构和生物活性的化合物。通过合理的化学修饰，可以优化产物的性质，如提高溶解度、降低毒性等，并且能够保证产品质量相对稳定，符合药物生产的要求。

随着对紫杉醇类化合物的深入研究，其不溶于水、选择性差及毒副作用大等问题仍然限制了其广泛应用。因此，需要对紫杉醇衍生物或制剂进一步研究，以在一定程度上克服了这些缺陷。随着更多新的紫杉醇衍生物以及剂型的开发，紫杉醇类药物临床疗效会得到进一步提高，且毒性进一步降低，因而得到更为广泛的临床应用。

多西紫杉醇又称为多西他赛（docetaxel），是从欧洲红豆杉（*Taxus baccata*）针叶中提取的无活性前体物质 10-去乙酰基浆果赤霉素 III（10-deacetylbaccatin III），经过半合成得到的紫杉烷类化合物。它的化学结构与紫杉醇相似，主要区别在于 C—13 侧链上的取代基不同。在研发过程中，科学家们对紫杉醇的结构进行改造，重点对 C—13 侧链进行修饰，通过复杂的化学合成手段，引入不同的化学基团，经过大量的实验筛选和活性测试，最终发现了多西他赛这种活性化合物（图7-17）。多西他赛的抗肿瘤机制与紫杉醇相同，为M期周期特异性药物；其作用机制是加强微管蛋白聚合作用和抑制微管解聚作用，导致形成稳定的非功能性微管束，因而破坏肿瘤细胞的有丝分裂。多西他赛的抗癌活性强于紫杉醇，由于它在细胞内的浓度是紫杉醇的4倍，因此在细胞内的留置时间会更长，抗癌活性也就更强。体外实验表明，其对多种小鼠及人体肿瘤细胞株有细胞毒作用，抗瘤谱较紫杉醇广，并且可以减弱Bcl-2和Bcl-xL基因表达的作用。

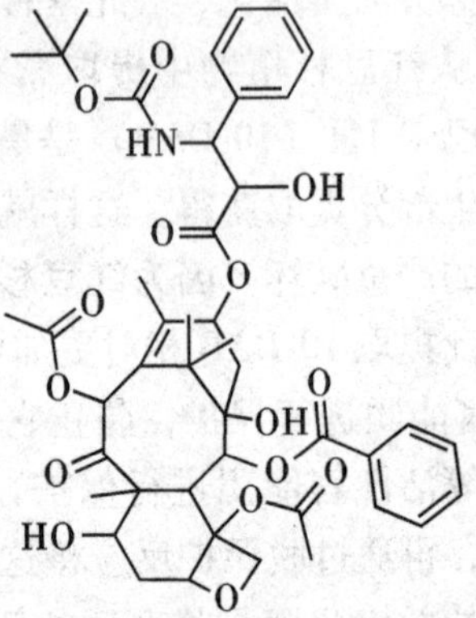

图7-17 多西他赛的结构式

然而，多西他赛的水溶性没有得到明显改善，在应用时依然需要通过使用聚氧乙烯蓖麻油（cremophor EL）和无水乙醇（1∶1）作为溶剂来增加其溶解性。然而，这种溶剂会引起严重的过敏反应，并且可能会导致一些其他的毒性问题，如周围神经毒性、骨髓抑制等。为了克服这些问题，研究人员经过不断地实验，又发明了紫杉醇的新剂型——白蛋白结合紫杉醇和紫杉醇脂质体。这两种类型的相继问世，给众多肿瘤患者带来了福音。

白蛋白紫杉醇是一种新型的紫杉醇制剂，它是将紫杉醇与人血白蛋白通过纳米技术结合而成。白蛋白是一种内源性的蛋白质，具有良好的生物相容性、生物可降解性和非免疫原性。这种结合方式使得药物在水中的溶解度大大提高，并且白蛋白可以作为一种天然的载体，通过与细胞膜上的白蛋白受体结合，实现药物的靶向运输。2005年，白蛋白紫杉醇首次被美国FDA批准上市治疗乳腺癌。随后在2012年和2013年，白蛋白紫杉醇又被批准用于非小细胞肺癌和胰腺癌。因白蛋白属于人体内源性产物，具有安全无毒、无免疫原性、可生物降解、生物相容性好等优点，不需要抗过敏预处理。在肿瘤治疗的过程中，血清白蛋白能够载带着紫杉醇，通过激活细胞膜上的相关蛋白快速将紫杉醇运输到肿瘤组织当中来发挥治疗的功效。

与传统紫杉醇相比，白蛋白紫杉醇具有更好的药代动力学特性。它在体内的分布更加合理，能够更快地进入肿瘤组织，并且在肿瘤组织中的浓度更高。这是因为白蛋白紫杉醇可以利用肿瘤组织的高通透性和滞留效应（EPR效应），使得药物更容易在肿瘤部位积聚。同时，白蛋白紫杉醇的代谢速度相对较慢，能够在体内维持较长时间的有效药物浓度，从而提高了药物的治疗效果。

在对乳腺癌的治疗中，常规的紫杉醇治疗只能达 19% 的缓解率，而白蛋白紫杉醇可以提高到 33%。此外，白蛋白紫杉醇也大大降低了对中性粒细胞的毒性，治疗后严重中性粒细胞减少事件只有紫杉醇的一半，同时也大大缩短了注射所需时间，半小时即可完成注射。白蛋白紫杉醇的发现为癌症治疗开辟了一条新道路，目前的三大适应证是转移性乳腺癌的二线治疗、非小细胞肺癌的一线治疗（与卡铂联用），以及晚期胰腺癌一线治疗（与吉西他滨联用）。然而，此药生产条件及工艺复杂，故价格昂贵。

紫杉醇脂质体是一种新型的紫杉醇制剂。它是将紫杉醇包载于由卵磷脂和胆固醇按一定比例形成的直径 400 nm 的细胞膜磷脂双分子结构脂质体中，形成的纳米级微粒。脂质体主要由磷脂和胆固醇等成分组成，磷脂分子具有亲水性头部和疏水性尾部，在水溶液中能够自动形成双层膜结构，将紫杉醇包裹在内部水相或者镶嵌在脂质双分子层中。此外，紫杉醇脂质体使用脂质体作为载体，避免了这些易致敏溶媒的使用，从而显著降低了过敏反应的发生率，既解决了紫杉醇的水溶性相关问题，也对癌细胞、淋巴结具有较强的靶向识别作用。而且，脂质体的包裹为紫杉醇提供了相对稳定的环境，使其免受外界因素（如光照、氧化等）的影响。这有助于保持药物的化学结构完整性，延长药物的保质期，并且在储存和运输过程中更方便。

紫杉醇脂质体和白蛋白紫杉醇，都相较于单纯的紫杉醇注射液，多了一种"介质"，脂质体和白蛋白。也就是说，因为媒介的不同（脂质体和白蛋白），帮助减轻紫杉醇在人体内过敏反应。而且，白蛋白包裹的紫杉醇相比紫杉醇和脂质体紫杉醇分布至组织的速度更快、更广泛，导致药物在血液中的暴露比同剂量的溶剂型紫杉醇更低，更容易进入肿瘤细胞、在细胞中的滞留时间更长，因而作用效果时间更长。

四、小结

天然来源的抗肿瘤先导化合物在临床上广泛用于多种肿瘤的治疗，包括乳腺癌、卵巢癌、非小细胞肺癌、头颈部肿瘤等。随着对这些先导化合物的结构和作用机制的深入理解，新剂型的研发和联合治疗的探索将进一步拓展其临床应用范围。同时，解决药物耐药性问题、优化药物合成和制剂工艺、降低成本等方面的研究也将推动这些先导化合物在抗肿瘤领域持续发挥重要作用。

 第二节　新型分子靶向抗肿瘤药物

一、小分子激酶抑制剂

小分子激酶抑制剂是一类重要的药物，在过去几十年中取得了显著的发展。1986年后，小分子激酶抑制剂的开发迅速成为全球最广泛、最受关注的药物发现领域之一，特别是通过靶向治疗对抗癌症。2001年，蛋白激酶抑制剂格列卫（伊马替尼，imatinib）首次获得FDA批准，这是靶向抗癌疗法的重要突破，也预示着蛋白激酶抑制剂在肿瘤学和其他治疗领域的兴起。20年之后，全球范围内已经有87款小分子激酶抑制剂获得批准，其中包括71款FDA批准的小分子激酶抑制剂。而在临床试验中，大约110种创新激酶正在成为开发靶点。

激酶是一种催化磷酸基从ATP转移到特定蛋白质或小生物分子，包括（脂类和碳水化合物）的酶。磷酸化作用使底物发生结构变化，从而影响其与其他分子结合的能力、亚细胞定位和/或催化活性。激酶磷酸化控制复杂细胞过程的分子，如生长、增殖、分化、运动和凋亡。由于激酶活性的失调在调节细胞内稳态和细胞外信号转导中起着不可或缺的作用，它直接参与了包括癌症在内的许多进展性疾病。对疾病生物学的了解不断增加，已有助于验证多种蛋白质和脂质激酶作为药物靶点，从而刺激了人们对小分子激酶抑制剂的研究。小分子激酶抑制剂这类药物的研究通常是在有关的细胞信号转导途径和肿瘤细胞分解（蛋白酪氨酸激酶，芳香酶，拓扑异构酶等）为靶，高效率，低毒性，低增殖中的关键酶特异性分子化合物中选择对特定目标的选择性作用。抗肿瘤药物的单激酶目标是小分子化合物，如吉非替尼（gefitinib）和厄洛替尼（erlotinib）等。在获批的小分子激酶抑制剂中，最常见的作用机制是通过与靶点的ATP结合位点相结合，抑制蛋白激酶的活性。蛋白激酶主要分为丝氨酸/苏氨酸激酶和酪氨酸激酶。

然而，由于细胞中ATP浓度较高、对激酶活性调节机制认识不足以及ATP结合口袋较为保守等原因，开发与ATP位点结合的激酶抑制剂被认为是

一项艰巨的挑战。在 20 世纪 80 年代到 21 世纪初，小分子激酶抑制剂的发展进入到突破阶段。

（一）伊马替尼的发现与发展

伊马替尼是 FDA 批准的首个靶向 BCR-ABL 融合蛋白的小分子激酶药物，同时也是有效的 KIT 抑制剂，可与其他多靶点激酶抑制剂联用治疗具有 KIT 突变的胃肠道间质瘤。

1914 年，德国病理学家西奥多·博韦里（Theodor Boveri）提出癌症发生的遗传学说，认为染色体异常是癌症发生的重要原因。1956 年，西奥多用显微镜对细胞染色体进行拍照，并按大小排列出细胞核型，最后对白血病细胞和正常细胞的核型对比分析，惊奇发现慢性髓性白血病中的第 22 号染色体出现了缩短。缩短的 22 号染色体以两位发现者所在的城市命名，称为"费城染色体"。1973 年，罗利借助新技术可在显微镜下更清晰地观察染色体，发现 22 号染色体和 9 号染色体之间发生了交换。罗利进一步在白血病中鉴定出更多类型染色体易位，后来其他科学家在实体瘤中也发现这种现象，从而使科学界逐渐接受染色体异常是癌症发生的一个重要原因。1983 年，加利福尼亚大学旧金山分校的迈克尔·毕晓普在人类 9 号染色体上鉴定出 ABL 的对应基因与 22 号染色体基因 BCR 融合出一个新基因 BCR-ABL。这种情况导致 ABL 所拥有的酪氨酸蛋白激酶过度活化，由此引发了细胞失控性增殖。这意味着 BCR-ABL 即是慢性髓性白血病发生的重要原因。BCR-ABL 的发现为慢性髓性白血病治疗提供了一个重要靶点。因此开发一类"神奇"化合物，可在众多蛋白激酶中只选择性抑制 ABL 活性。

许多科学家开始寻找这种神奇的化合物。1986 年，莱登和同事合成一系列化合物，从中大规模筛查和验证以鉴定出特异的抑制剂。最终筛选到化合物 STI571，又名伊马替尼，可选择性抑制 ABL 酶活性（图 7-18）。但是，制药公司一方面考虑到体外实验到最终临床尚需克服重重困难，不确定因素太多；另一方面慢性髓性白血病发病率较低（全球才有几万患者），盈利空间很窄，因此公司缺乏进一步开发的热情。1993 年，美国俄勒冈健康和卫生大学肿瘤学家布莱恩·德鲁克（Brian Druker）与莱登取得联系，成立合作小组。他们发现伊马替尼在体外对含有 BCR-ABL 的白血病细胞有 92% 以上的抑制效果，并对正常白细胞几乎无任何影响。为了更好检测伊马替尼效果，布莱恩·德鲁克于 1995 年招募加州大学洛杉矶分校年轻肿瘤学家查尔斯·索耶（Charles Sawyers）加入研究团队，开展临床前测试，展示出较为理想的效果。然而在进一步和 Ciba-Geigy 制药公司沟通开展临床试验时，再一次由于考虑市场小等因素而被拒绝。1997 年，诺华公司对伊马替尼表现出极大热情。1998年6月启动临床试验，副作用极小，临床效果极佳。伊马替尼是一种针对BCR-ABL酪氨酸激酶的小分子抑制剂，能够与BCR-ABL融合蛋白的ATP结合位点结合，抑制其酪氨酸激酶活性，从而阻断异常信号通路的传递。2001年5月10日，在临床试验不足3年的情况下，伊马替尼被美国食品和药品管理局批准用于慢性髓性白血病的治疗。2002年，伊马替尼还被批准应用于肠胃基质肿瘤的治疗。诺华公司正式销售伊马替尼，商品名为格列卫（gleevec），属新型酪氨酸激酶抑制剂，具有阻断一种或多种蛋白激酶的作用。

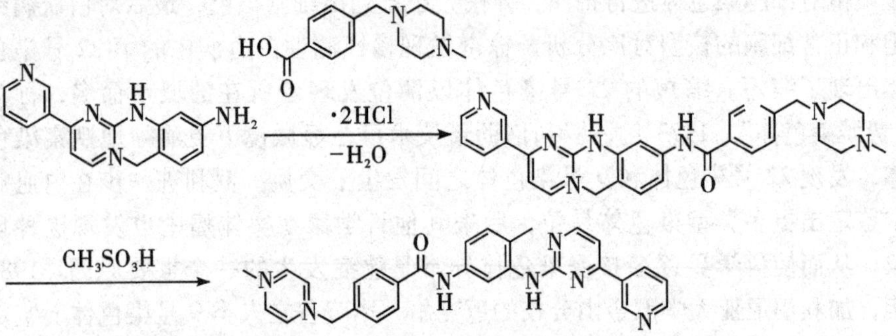

图7-18 甲磺酸伊马替尼的合成

甲磺酸伊马替尼为淡黄色或类白固体。该药于2001年5月经快速审批在美国上市，而后于2005年12月经正常程序获得完全批准。伊马替尼的上市开启了替尼类药物大规模发展的浪潮，揭开了小分子酪氨酸激酶抑制剂抵抗肿瘤的序幕，是一种里程碑式的药物。

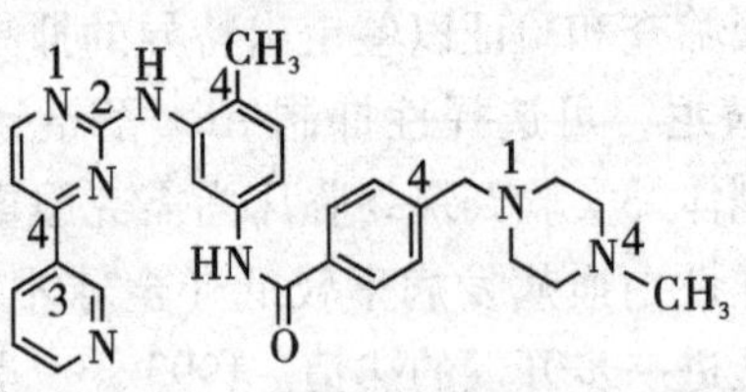

图7-19 甲磺酸伊马替尼的结构式

伊马替尼口服易于吸收，2～4小时后血药浓度达峰值，口服生物利用度为98%，蛋白结合率为95%。临床前研究表明，该药物不易透过血-脑脊液屏障。该药物主要在肝脏被代谢为具有药理活性的代谢物（N-去甲基哌嗪衍生物），原型药和代谢物的半衰期分别为18小时、40小时，其最常见的不良反应可能包括头痛、消化不良、肢体水肿、体重增加、恶心、呕吐、肌肉痉挛、肌肉骨骼疼痛、腹泻、皮疹、疲劳和腹痛等，而且血液中中性粒细胞和血小板明显减少。

在格列卫应用之前，干扰素治疗慢性髓性白血病的5年生存率只有30%，而应用后可达90%以上。格列卫的发明将慢性髓性白血病转变成为与中风和糖尿病等一类的慢性病。然而，格列卫如同其他抗生素一样也出现耐药性。通过对其结构修饰开发出达沙替尼（dasatinib），并于2006年被美国食品和药品管理局批准应用于格列卫治疗出现抗性后的慢性髓性白血病患者。

（二）其他小分子抑制剂的发现

除了与ATP结合位点结合的抑制剂外，别构抑制剂的研究也取得了重要进展。别构抑制剂通过与激酶的别构位点结合，调节激酶的活性，具有更高的特异性。自2013年EGFR抑制剂阿法替尼（afatinib）和BTK抑制剂依鲁替尼（ibrutinib）获得FDA批准以来，越来越多的小分子共价抑制剂被开发出来。

多靶点激酶抑制剂的典型例子为索拉非尼（sorafenib）和舒尼替尼（sunitinib），这两种药物都可以抑制VEGFR1、VEGFR2、KIT和PDGFR-α等多种靶标。此外，研究发现，高选择性小分子激酶抑制剂具有潜在的拮抗靶标的潜力，同时最大限度地减少了可能导致剂量降低或无法忍受的副作用所带来的脱靶效应。EGFR抑制剂如厄洛替尼和吉非替尼，最初在没有特定患者选择的情况下开发，后发现部分患者显著获益，将EGFR突变定为可预测的生物标记物，并重新定义了这两种药物。这些抑制剂通过与激酶形成共价键，发挥更持久的抑制作用。

小分子激酶抑制剂的发现为肿瘤治疗带来了新的希望。高选择性小分子激酶抑制剂的出现，使得肿瘤治疗更加精准化和个性化，减少了副作用，提高了治疗效果。表7-1列举了其他小分子激酶抑制剂。

表7-1 其他小分子激酶抑制剂

中文名 英文名 上市时间	结构式	药用形式	靶点	适应证
索拉非尼 sorafenib 2005		对甲苯磺酸盐	VEGFR/PDEFR/C-Raf/B-Raf	用于不能手术的晚期肝癌和局部复发或转移或进展的分化型甲状腺癌
舒尼替尼 sunitinib 2006		苹果酸盐	VEGFR/PDEFR/Kit/RET	胃肠道间质瘤、晚期胃癌和晚期胰腺神经内分泌肿瘤
达沙替尼 dasatinib 2006		盐酸盐	BCR-ABL/Src	费城染色体阳性的急性淋巴细胞白血病（Ph+ALL）/慢性髓性白血病（CML）
尼洛替尼 nilotinib 2007		盐酸盐	BCR-ABL	慢性髓细胞性白血病
拉帕替尼 lapatinib 2007		甲苯磺酸盐	HER2/EGFR	过度表达HER2的复发/顽固性炎症性乳癌/乳癌脑转移

(续上表)

中文名 英文名 上市时间	结构式	药用形式	靶点	适应证
帕唑帕尼 pazopanib 2009		盐酸盐	VEGFR/PDEFR/FGDR/Kit	晚期肾细胞癌/软组织肉瘤/上皮性卵巢癌/非小细胞肺癌
凡德他尼 vandetanib 2011		/	VEGFR/EGFR	不能切除，局部晚期或转移的有症状或进展的髓样甲状腺癌
维罗非尼 vemurafenib 2011		/	BRAF	晚期转移性或不能切除的黑色素瘤
克唑替尼 crizotinib 2011		/	ALK/C-Met/HGFR	ALK 阳性转移性非小细胞肺癌
鲁索利替尼 ruxolitinib 2011		磷酸盐	JAK1/JAK2	骨髓增殖性肿瘤/移植物抗宿主病（GVHD）
埃克替尼 icotinib 2011		盐酸盐	EGFR	非小细胞肺癌

(续上表)

中文名 英文名 上市时间	结构式	药用形式	靶点	适应证
阿昔替尼 axitinib 2012	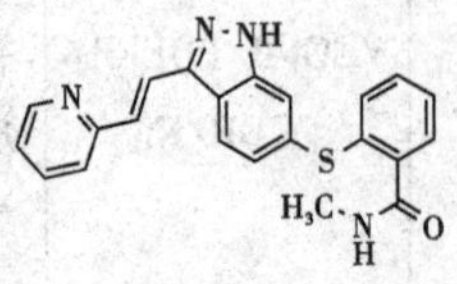	/	VEGFR3/VEGFR2/VEGFR1	既往接受过一种酪氨酸激酶抑制剂或细胞因子治疗失败的进展期肾细胞癌
瑞戈非尼 regorafenib 2012	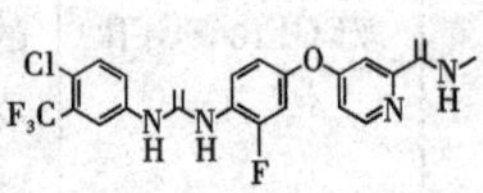	/	VEGFR/PDGFR	转移性结直肠癌/胃肠道间质瘤
卡博替尼 cabozantinib 2012	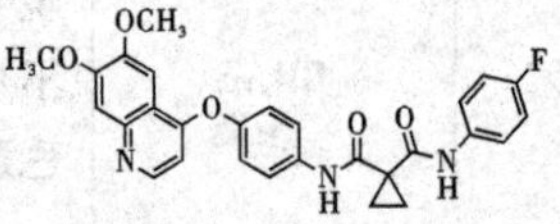	S-苹果酸盐	MET/VEGFR1-3/RET/AXL	治疗进展期、转移性的甲状腺髓样癌/晚期肾细胞癌
普纳替尼 ponatinib 2012	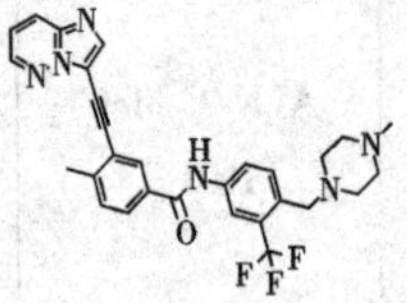	盐酸盐	BCR-ABL	急性淋巴细胞白血病/慢性髓细胞白血病
博舒替尼 bosutinib 2012	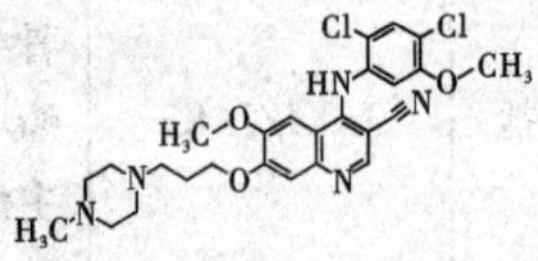	/	BCR-ABL/Src	慢性髓细胞白血病
拉多替尼 radotinib 2012	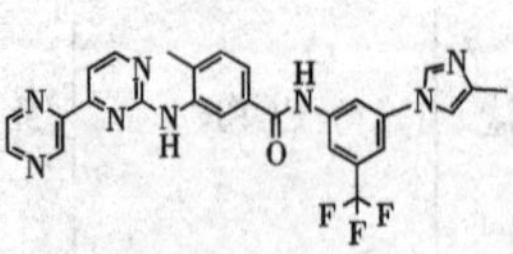	/	BCR-ABL	慢性髓细胞白血病

(续上表)

中文名 英文名 上市时间	结构式	药用形式	靶点	适应证
依鲁替尼 ibrutinib 2013	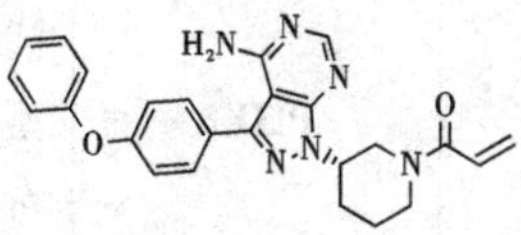	/	BTK	慢性淋巴细胞白血病（CLL）/小淋巴细胞淋巴瘤（SLL）/套细胞淋巴瘤（MCL）的治疗
曲美替尼 trametinib 2013	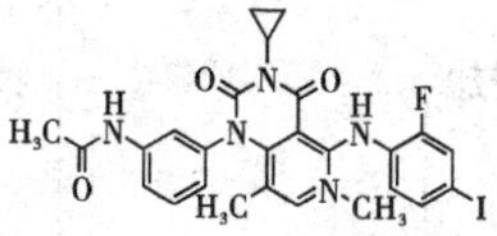	二甲基亚砜	MEK1/MEK2	非小细胞肺癌/转移性黑色素瘤/BRAF 突变黑色素瘤/黑色素瘤
达拉菲尼 dabrafenib 2013	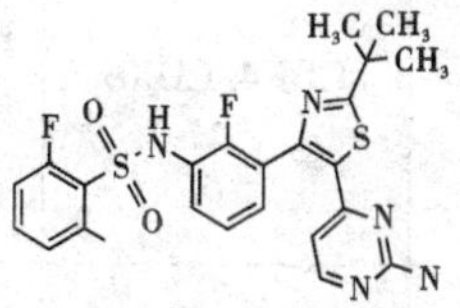	甲磺酸盐	BRAF	BRAF V600E 突变的不可切除或转移黑色素瘤
阿法替尼 afatinib 2013	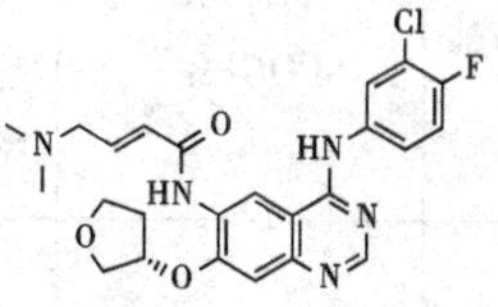	马来酸盐	HER2/HER4/EGFR	转移性鳞状细胞非小细胞肺癌/非小细胞肺癌
色瑞替尼 ceritinib 2014	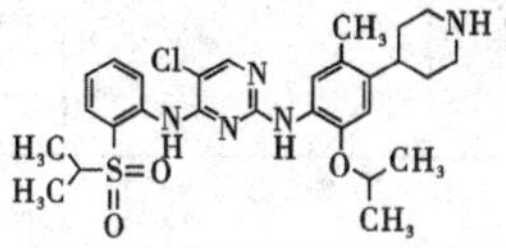	/	ALK	ALK 阳性的转移性非小细胞肺癌

(续上表)

中文名 英文名 上市时间	结构式	药用形式	靶点	适应证
艾代拉里斯 idelalisib 2014	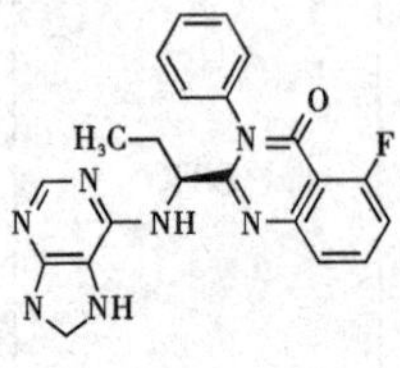	/	PI3Kδ	难治性慢性淋巴细胞性白血病/难治性滤泡型 B 细胞非霍奇金淋巴瘤和难治性小淋巴细胞淋巴瘤
阿帕替尼 apatinib 2014	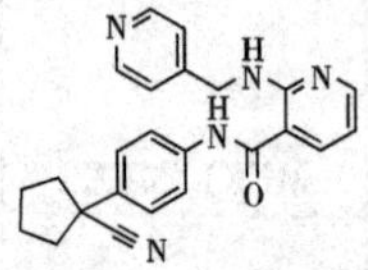	甲磺酸盐	VEGFR2	转移性胃癌
帕布昔利布 palbociclib 2015	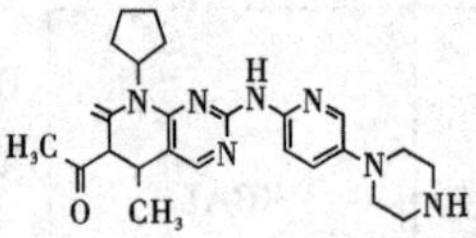	/	CDK4/CDK6	HR 阳性、HER2 阴性乳腺癌
乐伐替尼 lenvatinib 2015	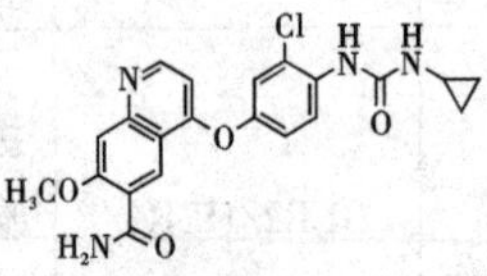	甲磺酸盐	VEGFR/PDGFRα	局部复发或转移、进展和放疗难治性分化型甲状腺癌
考比替尼 cobimetinib 2015	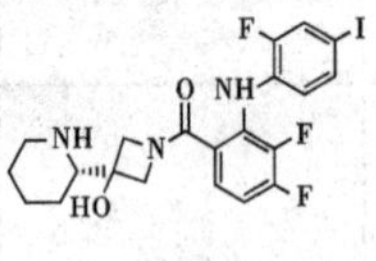	半富马酸盐	MEK1/MEK2	晚期黑色素瘤/黑色素瘤

(续上表)

中文名 英文名 上市时间	结构式	药用形式	靶点	适应证
奥西替尼 osimertinib 2015	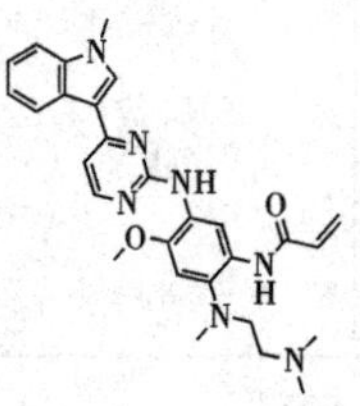	甲磺酸盐	EGFR	非小细胞肺癌
奥莫替尼 olmutinib 2016	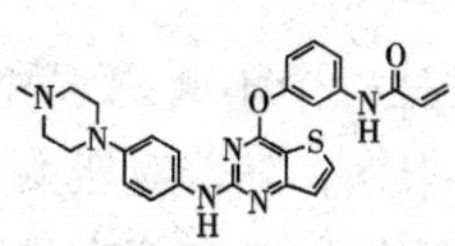	/	EGFR	非小细胞肺癌
来那替尼 niratinib 2017	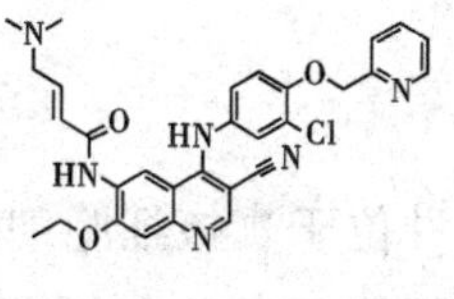	/	HER2/HER4/ EGFR	HER2 阳性转移性乳腺癌
布格替尼 brigatinib 2017	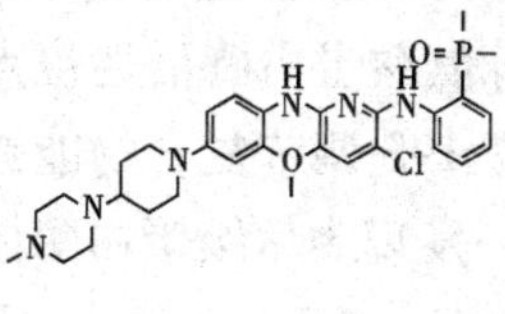	/	MERTK/EGFR	间变性淋巴瘤激酶阳性的局部晚期或转移性的非小细胞肺癌
阿可替尼 acalabrutinib 2017	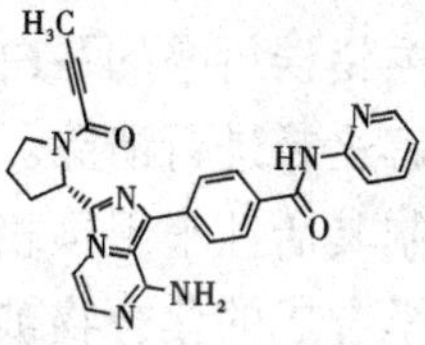	/	BTK	套细胞淋巴瘤

(续上表)

中文名 英文名 上市时间	结构式	药用形式	靶点	适应证
福他替尼 fostamatinib 2018	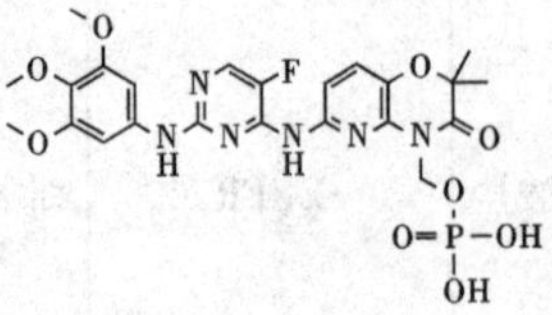 (结构式)	/	Syk	慢性免疫性血小板减少症（ITP）成人患者

（三）小结

总之，小分子激酶抑制剂的发现与发展是一个不断探索和创新的过程，为人类疾病的治疗提供了新的手段和方法。未来，随着对激酶生物学的深入理解和药物研发技术的不断进步，小分子激酶抑制剂有望在更多疾病的治疗中发挥重要作用。

二、蛋白酶体抑制剂

蛋白酶体于1968年被首次发现，是一种位于真核细胞细胞核和细胞质中的复合酶。大部分蛋白酶体为26S蛋白酶体，由1个20S的核心复合物（催化亚基）和两端的一个或两个19S的调节复合物（调节亚基）组成。20S核心复合物中间的两个β环含有具有苏氨酸蛋白酶活性位点的3个组成型表达β亚基，可发挥蛋白酶的水解作用。19S调节复合物能够识别泛素化底物、去折叠底物并将其送入降解腔。这一发现为后续蛋白酶体抑制剂的研究奠定了基础。

通过对蛋白酶体的早期研究，科学家们逐渐认识到蛋白酶体在细胞内蛋白质降解和稳态维持中起着关键作用。细胞内错误折叠的蛋白、受损的蛋白以及一些需要调控的蛋白都通过蛋白酶体降解途径进行清除。对蛋白酶体功能的深入理解，使人们开始思考如何通过抑制其活性来干预相关疾病的发生发展。在实验室研究中，一些天然产物和化学合成的化合物被发现具有抑制蛋白酶体活性的作用，但这些早期的抑制剂效果并不理想，且缺乏特异性，不过为后续的研究提供了重要的线索和思路。

随着研究的进行，"佐米"类药物被研发出来。"佐米"类药物主要是通过抑制泛素-蛋白酶体途径达到治疗多发性骨髓瘤的作用。泛素-蛋白酶体途径是降解胞内蛋白质的重要途径，蛋白质通过与泛素活化酶、泛素结合酶、泛素连接酶相互作用从而进行泛素化标记，泛素化标记的蛋白质被26S蛋白酶体所识别并降解。26S蛋白酶体由两部分组成：20S核心颗粒、19S调节颗粒。肿瘤细胞因其增殖的需求，对蛋白质稳态更加敏感。目前，已经有3个重要的"佐米"类药物上市，且首个上市药物硼替佐米至今仍为该领域的重要一线用药。

（一）硼替佐米

2003年5月，硼替佐米（bortezomib）获得美国FDA批准上市，成为全球首个被批准用于治疗多发性骨髓瘤的蛋白酶体抑制剂。这是蛋白酶体抑制剂发展的一个重要里程碑。硼替佐米的作用机制是通过抑制蛋白酶体降解相关蛋白，使细胞内错误折叠的蛋白积累，导致异常增生的骨髓浆细胞发生凋亡。它的出现为多发性骨髓瘤等血液系统疾病的治疗带来了新的希望，显著提高了患者的缓解率和生存率。硼替佐米是黄色固体，溶解性和稳定性较差，尤其见光易分解，在一定程度上影响其临床应用。

蛋白酶体是分解蛋白质的细胞复合物。在一些癌症中，通常杀死癌细胞的蛋白质分解得太快。硼替佐米通过抑制泛素-蛋白酶体途径，导致多泛素化标记的蛋白质累积，并影响相关的信号通路，最终达到诱导肿瘤细胞凋亡的目的。硼替佐米是哺乳动物细胞中26S蛋白酶体糜蛋白酶样活性的可逆抑制剂，目前已广泛应用于多发性骨髓瘤治疗领域。26S蛋白酶体是一种大的蛋白质复合体，可降解泛蛋白。泛蛋白酶体通道在调节特异蛋白在细胞内浓度中起到重要作用，以维持细胞内环境的稳定。蛋白水解会影响细胞内多级信号串联，这种对正常的细胞内环境的破坏会导致细胞的死亡。而对26S蛋白酶体的抑制可防止特异蛋白的水解。体外试验证明硼替佐米对多种类型的癌细胞具有细胞毒性。临床前肿瘤模型体内试验证明硼替佐米能够延迟包括多发性骨髓瘤在内的肿瘤生长。

硼替佐米中的硼原子以高亲和力和高特异性结合到26S蛋白酶体的催化位点。如果蛋白酶存在于正常细胞中，则需要通过降解泛素化蛋白来调节蛋白的表达和功能，同时也要清除细胞中异常或错误折叠的蛋白。然而，临床数据支持维持骨髓瘤细胞的永生化表型，细胞培养和异种移植数据支持实体瘤癌症中的类似功能。虽然可能涉及许多机制，但蛋白酶体抑制可以阻止促凋亡因子的降解，从而导致肿瘤细胞的程序性细胞死亡。最近，人们发现硼替佐米引起蛋白酶体产生的细胞内肽水平迅速而显著的变化。研究表明，一些细胞内肽具有生物活性，因此硼替佐米对细胞内肽水平的影响可能导致一些药物副作用。硼替佐米经皮下给药后，血浆峰值水平为25～50 nM，并且该峰值持续1～2小时。静脉注射后，血浆峰值水平约为500 nM，但仅持续约 5 分钟。之后该药物分布到组织时水平迅速下降（分布容积约为 500 L）。两种途径均提供相同的药物暴露和通常相当的治疗功效。该药物主要通过肝脏代谢清除，消除半衰期为 9～15 小时。最常见的不良事件包括发热、肺炎、腹泻、呕吐、脱水和恶心等。通常不良症状较轻，一般都可以承受。

尽管骨髓瘤患者还不能被完全治愈，但随着靶向药物的发展和检测方法的改进，但骨髓瘤的治疗缓解率和深度都有了很大的提高。在干细胞移植联合新药治疗中，经过巩固治疗和长期维持治疗，50% 以上的患者可以达到完全缓解。硼替佐米是一种新的骨髓瘤靶向药物，它的发现引起了医学界的广泛关注，其作用机制获得了 2021 年的诺贝尔化学奖，并在 2021 年获得了制药领域的最高荣誉——格林奖，被誉为"肿瘤治疗的革命，多发性骨髓瘤治疗的巨大进步"。

（二）卡非佐米

在硼替佐米成功应用的基础上，科研人员不断探索和研发新的蛋白酶体抑制剂。2012 年 7 月，卡非佐米（carfilzomib）获得美国 FDA 批准上市，主要用于治疗复发/难治性多发性骨髓瘤成人患者。卡非佐米不可逆地结合至 20S 蛋白酶体含苏氨酸 N-端活性部位，临床用于治疗之前接受至少 2 种药物（包括硼替佐米和免疫调节剂治疗）的多发性骨髓瘤患者。

注射用卡非佐米是一种抗肿瘤药物只供利用静脉使用，是一种蛋白酶体抑制剂，主要用于治疗多发性骨髓瘤患者。多发性骨髓瘤是发生在血浆细胞中的血癌，它通常生长在骨髓、大多数的骨骼海绵软组织内。血细胞由骨髓生产。卡非佐米是环氧甲酮四肽蛋白酶体抑制剂衍生物，主要抑制 20S 蛋白酶体的糜蛋白酶。它的结构和作用机理不同于二肽硼酸衍生物硼替佐米。硼替佐米与蛋白酶体的催化 β5 亚组可逆性结合，而卡非佐米不可逆共价结合蛋白酶体的催化 β5 亚组和免疫蛋白酶体 β5i（LMP7）亚组，相比于硼替佐米具有更好的效力和耐药性。卡非佐米治疗在临床试验中观察到的最常见不良反应（发生率≥30%）是疲乏、贫血、恶心、血小板减少、呼吸困难、腹泻和发热；最常见的严重不良反应（总发生率为 45%）是肺炎、急性肾衰竭、发热和充血性心力衰竭。

卡非佐米和 20S 蛋白酶体的糜蛋白酶是不可逆结合，而硼替佐米是可逆结合。另外，卡非佐米还可以抑制胰蛋白酶和类半酰天冬酶。不可逆性抑制和选择性抑制赋予卡非佐米一个潜在的优势，在疗效和耐受性都超过硼替佐米。卡非佐米有抗增殖和凋亡活性在体外在实体和血液学中粒细胞。在动物中，其抑制蛋白酶体活性在血液和组织和在多发性骨髓瘤，血液学和实体瘤模型中延迟肿瘤生长。

（三）伊沙佐米

在硼替佐米、卡非佐米相继获批上市之后，武田制药公司又研发了一种口服的、具有高选择性的蛋白酶体抑制剂——伊沙佐米（ixazomib），且于 2015 年在美国获 FDA 批准上市。伊沙佐米的最大优势，为此类药物中的首个口服治疗药物，真正解决了临床所需，为后续的口服药物联合开发奠定了重要的物质基础。伊沙佐米是第三个上市的可逆性蛋白体抑制剂，可以优先结合和抑制胰凝乳蛋白酶样 20S 蛋白酶体的 β5 亚单位的活性。

伊沙佐米通过与来那度胺和地塞米松联用，主要用于多发性骨髓瘤的二线疗法。相对于硼替佐米每周注射给药，伊沙佐米可以口服给药，大大减轻了患者依从性。伊沙佐米是在筛选含硼蛋白酶体抑制剂时发现的，其药代动力学特性优于硼替佐米，作用机制几乎与硼替佐米相同，但发现其更有效，不易产生不良副作用（特异性更高），甚至可用于某些对硼替佐米产生耐药性的肿瘤患者。图 7-20 列出了目前已上市的蛋白酶抑制剂。

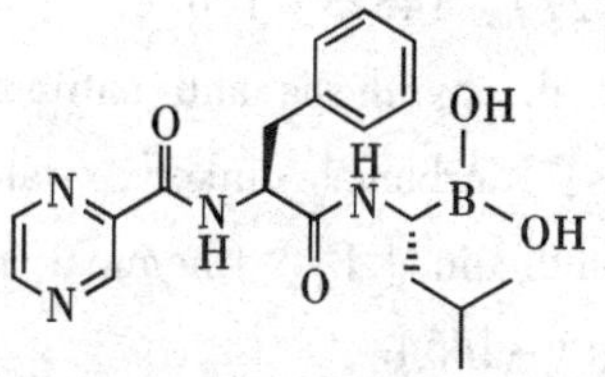

硼替佐米（bortezomib） 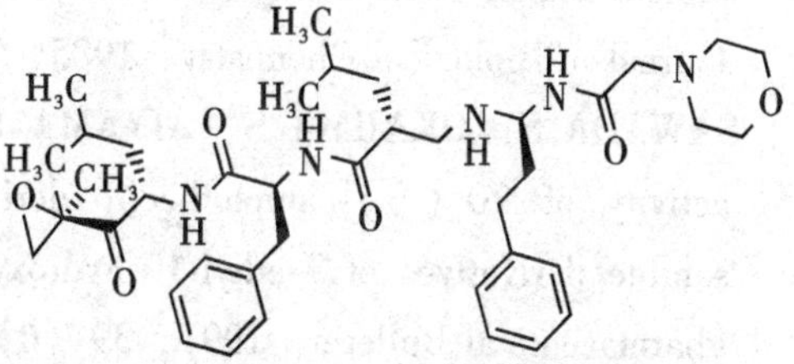　　卡非佐米（carfilzomib）

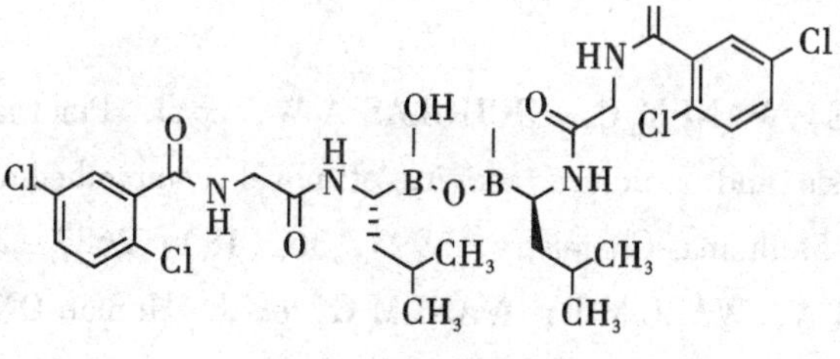

伊沙佐米（ixazomib）

图 7-20　目前已上市的蛋白酶抑制剂

（四）小结

总的来说，蛋白酶体抑制剂的发现与发展是一个不断深入和拓展的过程。从蛋白酶体的发现到第一代蛋白酶体抑制剂的成功上市，再到第二代抑制剂的出现和应用范围的拓展，蛋白酶体抑制剂为多种疾病的治疗提供了新的策略和方法，并且在未来还有着广阔的发展前景。

参考文献

［1］ STEWART B, WILD C P. World cancer report ［J］. World Cancer Report, 2014.

［2］ WALL M E, WANI M C, COOK C E, et al. Plant antitumor agents. 1. The isolation and structure of camptothecin, a novel alkaloidal leukemia and tumor inhibitor from camptotheca acum inata ［J］. Journal of the American Chemical Society, 1966, 88: 3888.

［3］ MOERTEL C G, SCHUTT A J, REITEMEIER R J, et al. Phase II study of camptothecin (NSC-100880) in the treatment of advanced gastrointestinal cancer ［J］. Cancer Chemotherapy Reports, 1972, 56: 95.

［4］ HSIANG Y H, HERTZBERG R, HECHT S, et al. Camptothecin induces protein-linked DNA breaks via mammalian DNA topoisomerase I ［J］. Journal of Biological Chemistry, 1985, 260 (27): 14873 - 14878.

［5］ SAWADA S, OKAJIMA S, AIYAMA R, et al. Synthesis and antitumor activity of 20 (S)-camptothecin derivatives: Carbamate-linked, water-soluble derivatives of 7-ethyl-10-hydroxycamptothecin ［J］. Chemical and Pharmaceutical Bulletin, 1991, 39 (6): 1446 - 1454.

［6］ KINGSBURY W D, BOEHM J C, JAKAS D R, et al. Synthesis of water-soluble (aminoalkyl) camptothecin analogs: inhibition of topoisomerase I and antitumor activity ［J］. Journal of Medicinal Chemistry, 1991, 34: 98.

［7］ WALL M E, WANI M C, NICHOLAS A W, et al. Plant antitumor sgents. 30. synthesis and structure activity of novel camptothecin analogs ［J］. Journal of Medicinal Chemistry, 1993, 36 (18): 2689 - 2700.

［8］ HOLDEN J A, WALL M E, WANI M C, et al. Human DNA topoisomerase I: Quantitative analysis of the effects of camptothecin analogs and the benzophenanthridine alkaloids nitidine and 6-ethoxydihydronitidine on DNA topoisomerase I -induced DNA strand breakage ［J］. Archires of Biochemistry and Biophysics, 1999, 370 (1): 66 - 76.

［9］ COMINS D L, NOLAN J M. A practical six-step synthesis of (S)-camptothecin ［J］. Organic Letters, 2001, 3 (26): 4255 - 4257.

［10］ DHOLWANI K K, SALUJA A K, GUPTAL A R, et al. A review on plant-derived natural products and their analogs with anti-tumor activity [J]. Indian Jounal of Pharmacology, 2008, 40 (2): 49-58.

[11] CHAMPOUX J J. DNA topoisomerases: Structure, function, and mechanism [J]. Annual Review of Biochemistry, 2001, 70 (1): 369-413.

[12] DIAS D A, URBAN S, ROESSNER U. A historical overview of natural products in drug discovery [J]. Metabolites, 2012, 2 (2): 303-336.

[13] BEHERA A, PADHI S. Passive and active targeting strategies for the delivery of the camptothecin anticancer drug: A review [J]. Environmental Chemistry Letters, 2020, 18 (5): 1557-1567.

[14] YAMAUCHI T, YOSHIDA A, UEDA T. Camptothecin induces DNA strand breaks and is cytotoxic in stimulated normal lymphocytes [J]. Oncology Reports, 2011, 25 (2): 347-352.

[15] DRUMMOND D C, NOBLE C O, GUO Z, et al. Development of a highly active nanoliposomal irinotecan using a novel intraliposomal stabilization strategy [J]. Cancer Research, 2006, 66 (6): 3271.

[16] CHEN Z, LIU M, WANG N, et al. Unleashing the potential of camptothecin: Exploring innovative strategies for structural modification and therapeutic advancements [J]. Journal of Medicinal Chemistry, 2024, 67 (5): 3244-3273.

[17] ZHANG H, LI L, LI W, et al. Endosomal pH, redox dual-sensitive prodrug micelles based on hyaluronic acid for intracellular camptothecin delivery and active tumor targeting in cancer therapy [J]. Pharmaceutics, 2024, 16 (10: 1327.

[18] NOBLE R L, BEER C T, CUTTS J H. Further biological activities of vincaleukoblastine: An alkaloid isolated from Vinca rosea (L.) [J]. Biochemical Pharmacology, 1959, 1 (4): 347-348.

[19] SVOBODA G H. Alkaloids of Vinca rosea Linn. IX: Extraction and characterization of leurosidine and leucocristine [J]. Lloydia, 1961, 24: 173-178.

[20] LANGLOIS N, GUERITTE F, LANGLOIS Y, et al. Application of a modification of the Polonovski reaction to the synthesis of vinblastine-type alkaloids [J]. Journal of the American Chemical Society, 1976, 98 (22): 7017-7024.

[21] RENDINE S, PIERACCINI S, SIRONI M. Vinblastine perturbation of tubulin protofilament structure: A computational insight [J]. Physical Chemistry Chemical Physics, 2010, 12 (47): 15530-15536.

[22] 邵宜. 长春碱的提取、分离纯化和半合成研究 [D]. 杭州: 浙江大学, 2011.

[23] 胡领军. 长春瑞滨衍生物的设计、合成和抗肿瘤构效关系研究 [D]. 杭州: 浙江工业大学, 2013.

[24] WANI M C, TAYLOR H L, WALL M E, et al. Plant antitumor agents. Ⅵ. isolation and structure of taxol, a novel antileukemic and antitumor agent from Taxus brevifolia [J]. Journal of the American Chemical Society, 1971, 93 (9): 2325-2327.

[25] LIEBMANN J E, COOK J A, LIPSCHULTZ C, et al. Cytotoxic studies of paclitaxel (Taxol) in human tumour cell lines [J]. British Journal of Cancer, 1994, 68 (6): 1104-1109.

[26] ROWINSKY E K, DONEHOWER R C. Paclitaxel (taxol) [J]. New England Journal of Medicine, 1995, 332 (15): 1004.

[27] HOY, SHERIDAN M. Albumin-Bound Paclitaxel: A Review of its use for the first-line combination treatment of metastatic pancreatic cancer [J]. Drugs, 2014, 74 (15): 1757-1768.

[28] ZONG Y, WU J, SHEN K. Nanoparticle albumin-bound paclitaxel as neoadjuvant chemotherapy of breast cancer: A systematic review and meta-analysis [J]. Oncotarget, 2017, 8 (10): 17360.

[29] SHARIFI-RAD J, QUISPE C, PATRA J K, et al. Paclitaxel: Application in modern oncology and nanomedicine-based cancer therapy [J]. Oxidative Medicine and Cellular Longevity, 2021, 2021 (1): 3687700.

[30] ATTWOOD M M, FABBRO D, SOKOLOV A V, et al. Trends in kinase drug discovery: Targets, indications and inhibitor design [J]. Mational Reviews Drug Discovery, 2021, 20 (11): 839-861.

[31] AYALA-AGUILERA C C, VALERO T, et al. Small molecule kinase inhibitor drugs (1995—2021): Medical indication, pharmacology, and synthesis [J]. Journal of Medicinal Chemistry, 2022, 65 (2): 1047-1131.

[32] TOBINAI K. Proteasome inhibitor, bortezomib, for myeloma and lymphoma

[J]. International Journal of Clinical Oncology, 2007, 12: 318-326.
[33] MUCHTAR E, GERTZ M A, MAGEN H. A practical review on carfilzomib in multiple myeloma [J]. European Journal of Haematology, 2016, 96 (6): 564-577.
[34] XIE J, NING. Ixazomib-the first oral proteasome inhibitor [J]. Leukemia and Lymphoma, 2019, 60 (3): 610-618.
[35] SANA M K, ABDULLAH S M, JAVED S, et al. Efficacy of ixazomib and bortezomib with lenalidomide combination regimens for multiple myeloma: A systematic review [J]. Blood, 2020, 136: 40-41.